计算机应用基础实训指导

主　编　张明祥　底利娟

副主编　李桂春　庞文强　封春年　周　斌

参　编　吴振华　黄　欣　文珑燕　龙露霞

主　审　甘丹丹

北京理工大学出版社
BEIJING INSTITUTE OF TECHNOLOGY PRESS

内容简介

本书根据教育部最新颁布的《中等职业学校计算机应用基础教学大纲》的要求编写。通过书中提供的与学习、工作、生活密切相关的实际案例，结合学生所学专业的内容开展计算机应用实训，可进一步提高学生的计算机实践操作技能。

本书采用“任务驱动”方式设计教材体系，每个“任务”都是培养和锻炼学生动手能力、实践能力和综合素质的一个重要环节，它是对学生学习的一次综合实践，也是对教师教学的一次综合检验。这种引入案例的实践操作，便于激发学生的学习兴趣，使“教、学、做”统一协调。

图书在版编目（CIP）数据

计算机应用基础实训指导/张明祥，底利娟主编.—北京：北京理工大学出版社，2018.6

ISBN 978-7-5682-5777-0

Ⅰ.①计…　Ⅱ.①张…　②底…　Ⅲ.①电子计算机-中等专业学校-教材　Ⅳ.①TP3

中国版本图书馆CIP数据核字（2018）第133509号

出版发行 / 北京理工大学出版社有限责任公司
社　　址 / 北京市海淀区中关村南大街5号
邮　　编 / 100081
电　　话 / （010）68914775（总编室）
（010）82562903（教材售后服务热线）
（010）68948351（其他图书服务热线）
网　　址 / http：//www.bitpress.com.cn
经　　销 / 全国各地新华书店
印　　刷 / 定州启航印刷有限公司
开　　本 / 787毫米×1092毫米　1/16
印　　张 / 12
字　　数 / 270千字
版　　次 / 2018年6月第1版　2018年6月第1次印刷
定　　价 / 29.00元

责任校对 / 周瑞红
责任印制 / 边心超

前言

PREFACE

“计算机应用基础”课程是中等职业学校学生必修的一门公共基础课。该课程在中等职业学校人才培养计划中与语文、数学、外语等课程具有同等重要的地位，具有文化基础课的性质。

当今社会已进入信息时代，计算机的应用日益深入人们工作、学习、生活的各个方面。对计算机的了解程度和对信息技术的掌握水平已成为一个人的基本能力和素养的反映。因此，中等职业学校必须高质量地完成计算机应用基础课程的教学，每一位学生必须认真学好这门课程。

根据教育部最新颁布的《中等职业学校计算机应用基础教学大纲》的要求，“计算机应用基础”课程的任务是：使学生掌握必备的计算机应用基础知识和基本技能，培养学生应用计算机解决工作与生活中实际问题的能力，初步具有应用计算机学习的能力，以便为其职业生涯发展和终身学习奠定基础；提升学生的信息素养，使学生了解并遵守相关法律法规、信息道德及信息安全准则，培养学生成为信息社会的合格公民。

根据这一要求和“计算机应用基础”课程的教学目标，我们编写了《计算机应用基础实训指导》这本书，与《计算机应用基础项目教程（Win7+Office2010）》配套使用。该书侧重于对学生基础知识的掌握和计算机应用技能的培养，通过有针对性的上机操作，使学生掌握文字录入、Windows7、Word 2010、Excel 2010、PowerPoint 2010、计算机网络应用的基本知识和基本操作方法以及应用技巧，从而提高学生的独立操作能力和独立解决问题能力。

本书采用“任务驱动”方式设计教材体系，每个“任务”都是培养和锻炼学生动手能力、实践能力和综合素质的一个重要环节，它是对学生学习的一次综合实践，也是对教师教学的一次综合检验。这种引入案例的实践操作，便于激发学生的学习兴趣，使“教、学、做”统一协调。全书结构清晰、文字精练。

教师一般可用64课时来讲解《计算机应用基础项目教程（Win7+Office2010）》一书的内容，然后配合本书，再分配约64课时的上机实训，可顺利完成教学任务，总共需要约128课时。

每个实训由以下几个部分组成。

实训目的：罗列出本次实训的主要内容，教师可用其作为简单的备课提纲，学生可通过其对本次实训的内容有大体的认识。

实训内容：给出本次实训的最终制作效果图以及题目要求。

操作步骤：给出本次实训的详细操作步骤，使学生能够顺利完成实训内容，做到关键步骤时，会及时提醒学生应注意的问题。

《计算机应用基础实训指导》教材各部分的推荐学时如下：

序号	课程内容	教学时数	
		讲授与上机实训	说明
1	文字录入	10	建议在多媒体机房组织教学，使课程内容讲授与上机实习合二为一
2	Windows 7 操作系统	4	
3	Word 2010 基本编辑操作	6	
4	Word 2010 的图文混排操作	4	
5	Word 2010 的自选图形操作	4	
6	Word 2010 的表格编辑操作	6	
7	Word 2010 的目录制作	2	
8	Word 2010 的邮件合并操作	4	
9	Word 2010 的组织结构图操作	4	
10	Excel 2010 的操作	12	
11	PowerPoint 2010	6	
12	网络应用操作	2	

由于编写时间紧迫，加之编者水平有限，书中难免存在不足之处，敬请读者指正。

编　者

目 录
CONTENTS

实训一　文字录入

实训目的 ⇨ 通过“金山打字通”软件的打字训练，能熟练地进行中、英文录入。

实训内容 ⇨ 1．进入“金山打字通”软件，进行英文打字练习。
2．进行拼音打字练习。

操作步骤

1．双击桌面“金山打字通”快捷图标，打开“金山打字通”软件。

2．进入“金山打字通”界面，单击“英文打字”按钮，进入“英文打字”界面，如图1-0-1所示，依次进行“键位练习（初级）”“键位练习（高级）”“单词练习”“文章练习”。

键位练习(初级)　键位练习(高级)　单词练习　文章练习

图 1-0-1

3．反复练习上述内容，熟练后进入拼音打字练习。

4．单击“拼音打字”按钮，进入“拼音打字”界面，如图1-0-2所示，依次进行“音节练习”“词汇练习”“文章练习”。

音节练习　词汇练习　文章练习

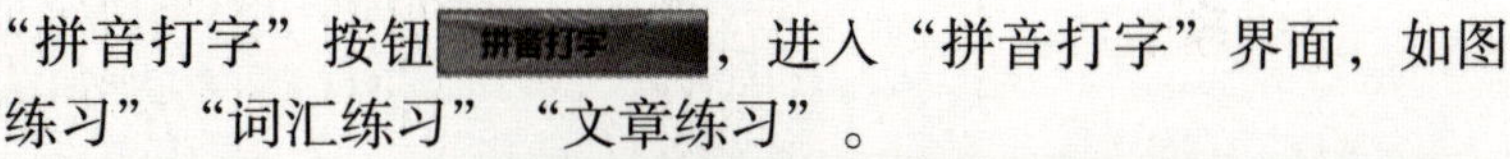

图 1-0-2

5．反复练习上述内容，熟练后进入速度测试练习。

6．单击“速度测试”按钮，进入“速度测试”界面，如图1-0-3所示，进行“屏幕对照”测试。首先单击“课程选择”，如图1-0-4所示，选择需要测试的中、英文文章，然后单击“设置”，如图1-0-5所示，选定“时间设定模式”，输入需要测试的时间（如20）。反复测试，直至熟练。

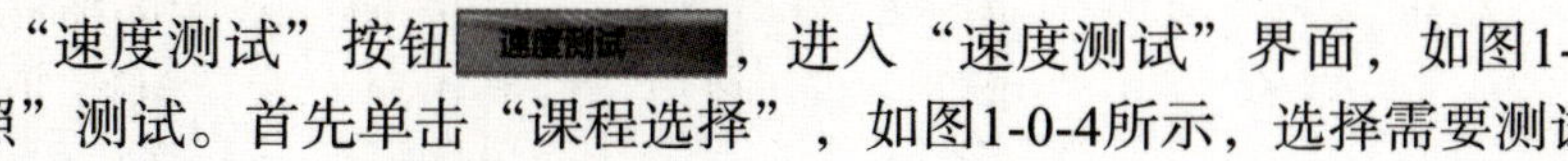

屏幕对照

速度测试/屏幕对照 —— E_General: 冰灯.txt　排行榜　课程选择　设置

图 1-0-3

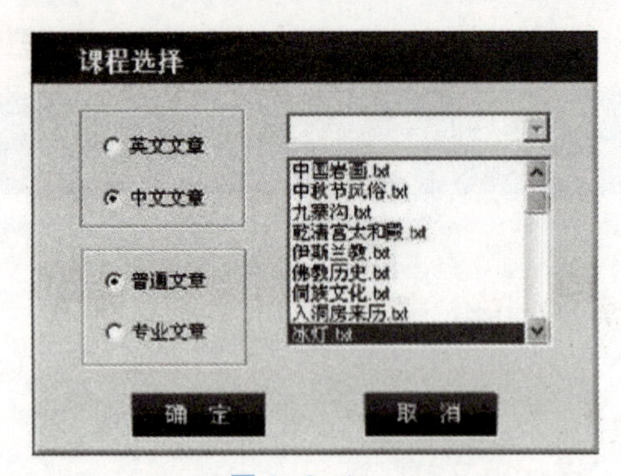
课程选择
英文文章
中文文章
普通文章
专业文章
中国岩画.txt
中秋节风俗.txt
九寨沟.txt
乾清宫太和殿.txt
伊斯兰教.txt
佛教历史.txt
侗族文化.txt
入洞房来历.txt
冰灯.txt
确 定
取 消

图 1-0-4

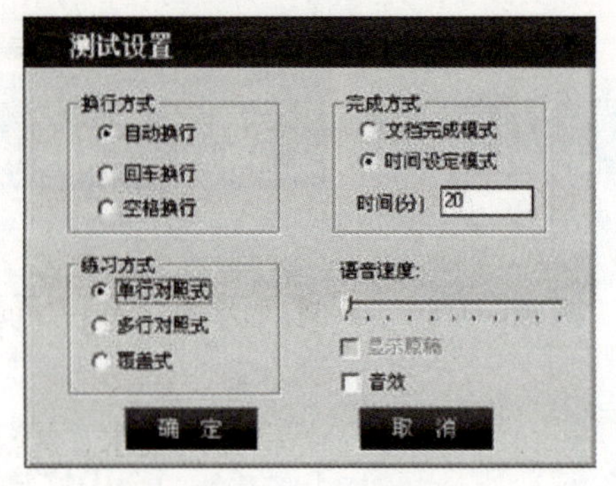
测试设置
换行方式
自动换行
回车换行
空格换行
完成方式
文档完成模式
时间设定模式
时间(分)
20
练习方式
单行对照式
多行对照式
覆盖式
语音速度:
显示原稿
音效
确 定
取 消

图 1-0-5

实训二 Windows 7操作系统-1

实训目的 ⇨ 掌握Windows 7系统的基本操作。

实训内容 ⇨ 按照任务要求，完成以下的操作。

任务一

为计算机设置桌面图标和任务栏。

任务要求

1. 在桌面显示控制面板图标。
2. 将桌面图标以“小图标”方式显示，并以“项目类型”进行排序。
3. 在桌面添加“计算器”快捷方式图标。
4. 将“计算器”程序锁定到任务栏。
5. 在任务栏通知区域，将“音量”图标隐藏。
6. 将任务栏设置为自动隐藏。

操作步骤

1. 设置桌面图标。

① 在桌面任意空白处，单击鼠标右键，弹出快捷菜单，选择“个性化”命令，打开“个性化”窗口。

② 在该窗口中选择“更改桌面图标”命令，如图2-1-1所示，打开“桌面图标设置”对话框。

③ 在该对话框中，勾选“控制面板”复选框，如图2-1-2所示，单击“应用”按钮，单击“确定”按钮，即可将“控制面板”图标显示在桌面上。

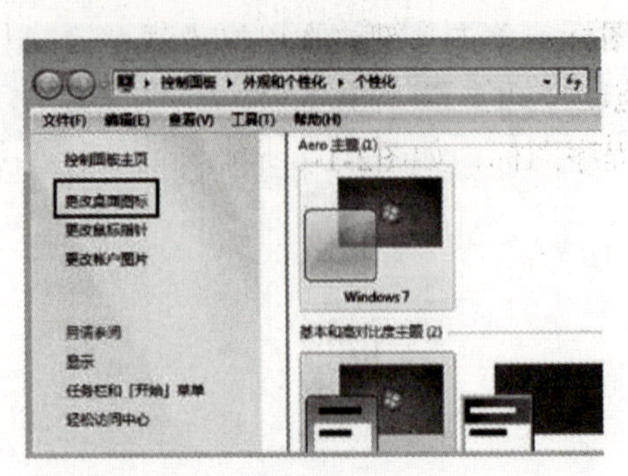

图 2-1-1

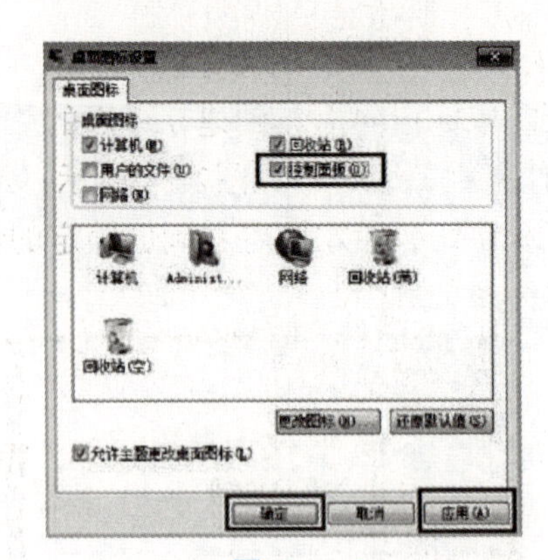

图 2-1-2

2．设置桌面图标显示及排序方式。

① 桌面任意空白处，单击鼠标右键，弹出快捷菜单，选择“查看”命令→“小图标”子命令，如图2-1-3所示，将桌面图标设置成小图标显示。

② 在桌面任意空白处，单击鼠标右键，弹出快捷菜单，选择“排序方式”命令→“项目类型”子命令，如图2-1-4所示，将桌面图标设置成以“项目类型”排序。

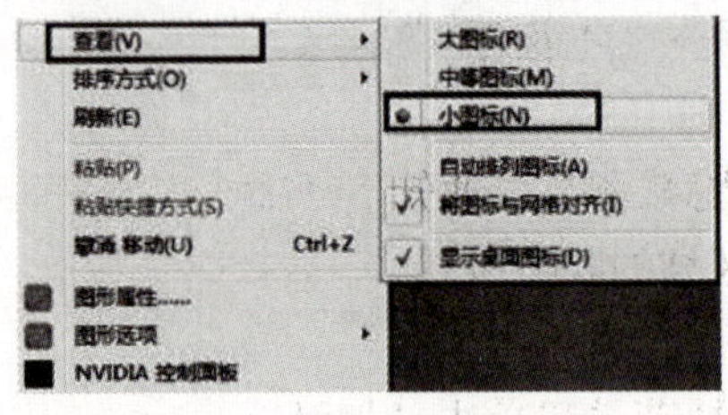

图 2-1-3

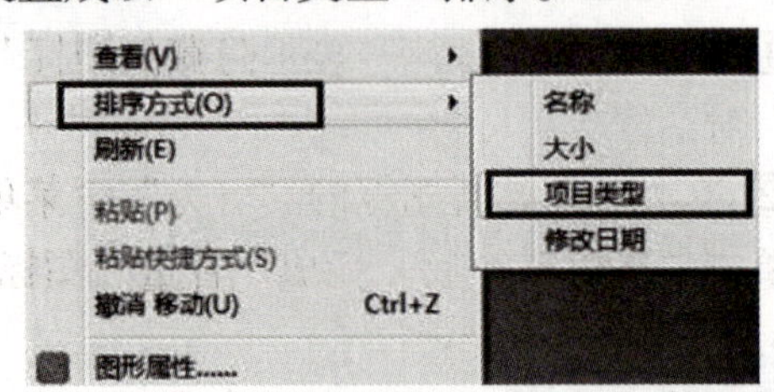

图 2-1-4

3．创建桌面图标。

① 单击“开始”按钮→“所有程序”按钮→“附件”文件夹。

② 鼠标指向“附件”文件夹里的“计算器”命令，单击右键，弹出快捷菜单，单击“发送到”命令→“桌面快捷方式”子命令，如图2-1-5所示。

③ 返回桌面，“计算机”程序的桌面图标创建完成，如图2-1-6所示。

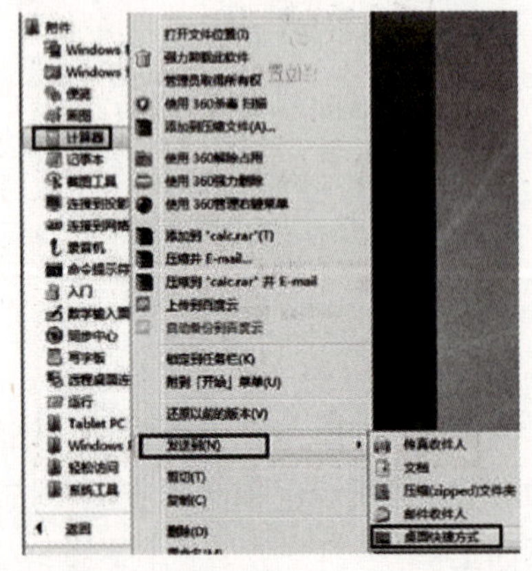

图 2-1-5

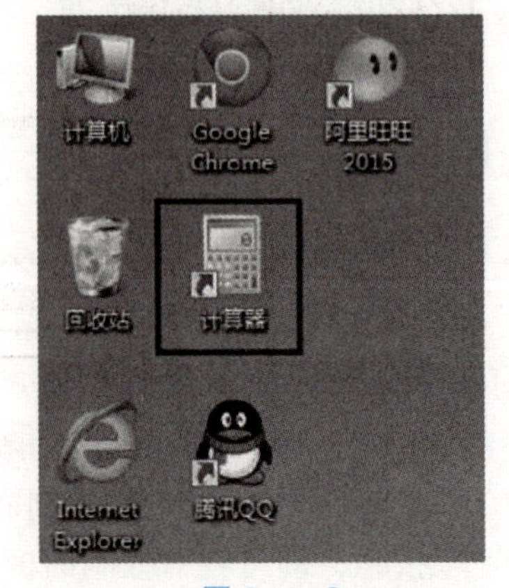

图 2-1-6

4．将程序锁定到任务栏。

① 鼠标指向上步创建在桌面的“计算器”图标，单击右键，弹出快捷菜单，单击“锁定到任务栏”命令，如图2-1-7所示；或是直接拖动“计算器”图标到任务栏左侧。

② 在任务栏左侧可看到已锁定的快速启动程序图标，如图2-1-8所示，单击可直接启动该程序。

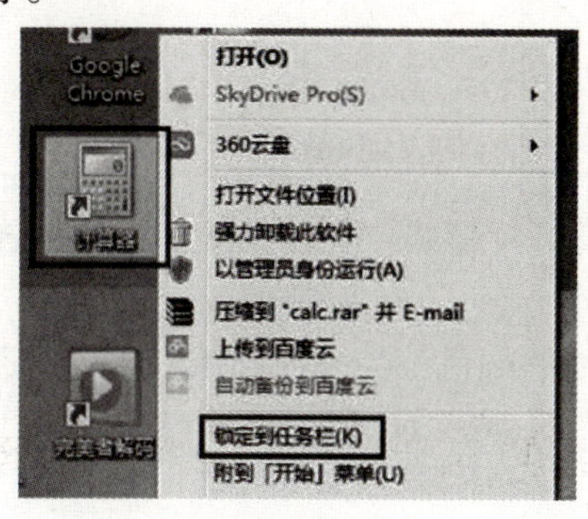

图 2-1-7

图 2-1-8

5．设置通知区域。

① 单击任务栏右侧“显示隐藏的图标”按钮→“自定义…”命令，打开“通知区域图标”对话框。

② 单击“音量”图标的“行为”子菜单里的“隐藏图标和通知”子命令，如图2-1-9所示，单击“确定”按钮，完成“音量”图标在通知区域的隐藏设置。

6．设置任务栏属性。

① 在任务栏空白处单击鼠标右键，在弹出的快捷菜单里单击“属性”命令，打开“任务栏和『开始』菜单属性”对话框。

② 在对话框里选择“任务栏”选项卡，勾选“自动隐藏任务栏”复选框，如图2-1-10所示，单击“应用”和“确定”按钮，完成任务栏自动隐藏的设置。

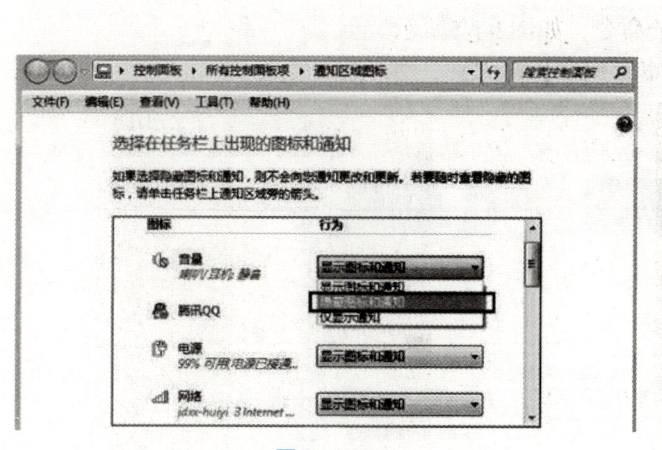

图 2-1-9

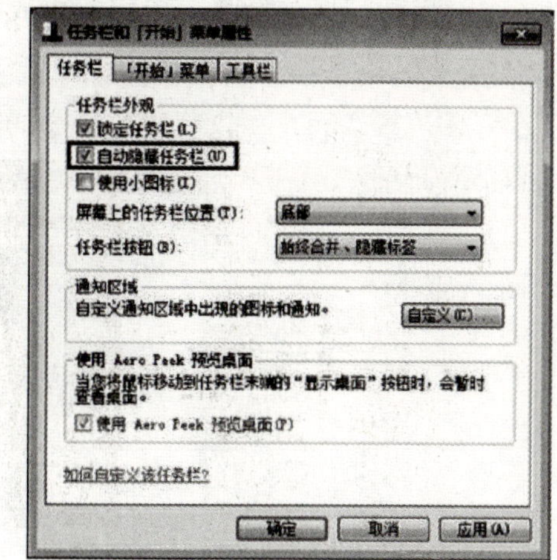

图 2-1-10

任务二

为计算机设置个性化桌面。

任务要求

1．设置桌面背景为自己所喜欢的5张图片，以幻灯片形式“无序播放”，更改图片的时间间隔为“10分钟”，图片位置为“填充”。

2．设置窗口颜色（窗口边框、开始菜单和任务栏的颜色）为“深红色”，启用透明效果。

3．为桌面设置特色主题。

4．设置屏幕保护为“气泡”，等待时间为“5分钟”，“在恢复时显示登录界面”。

操作步骤

1．设置桌面背景。

① 在网上下载5张自己喜欢的高清图片，保存在计算机里。

② 在桌面空白处单击鼠标右键，选择“个性化”命令，选择“桌面背景”选项。

③ 弹出“选择桌面背景”窗口，在“图片位置”列表中选择图片存放的路径，或是单击“浏览”按钮 浏览(B)... 来选择图片存放路径。

④ 单击“全选”按钮，在“更改图片时间间隔”下拉框里选择“10分钟”选项，勾选“无序播放”复选框，在“图片位置”下拉框里选择“填充”选项，如图2-2-1所示。

⑤ 单击“保存修改”按钮，完成设置。

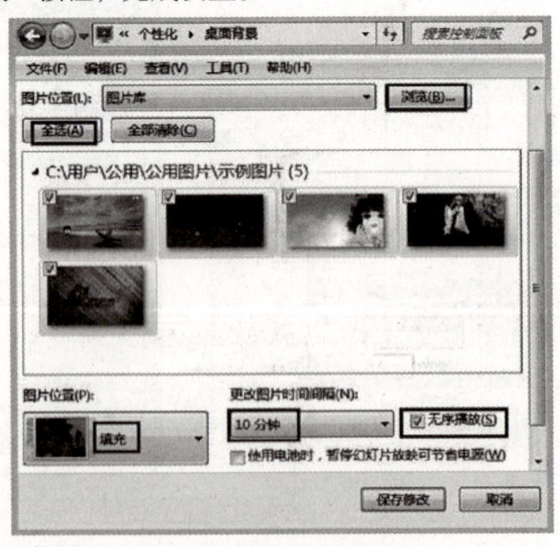

图 2-2-1

2．设置窗口颜色。

① 在桌面空白处单击鼠标右键，选择“个性化”命令，选择“窗口颜色”选项，打开“窗口颜色和外观”对话框。

② 单击“深红色”按钮，勾选“启用透明效果”复选框，如图2-2-2所示，单击“保存修改”按钮，完成设置。

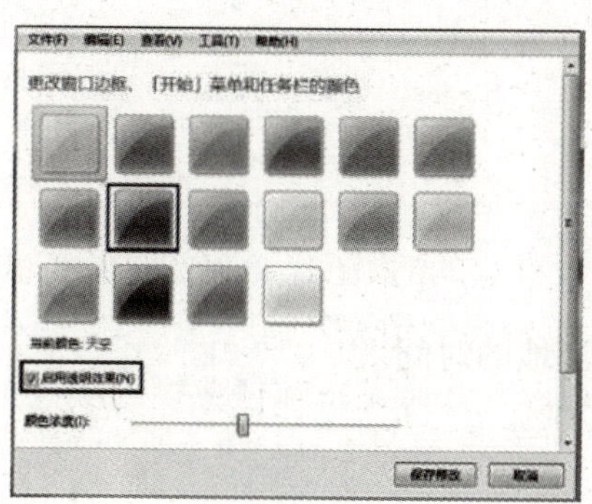

图 2-2-2

3．设置主题。

① 在桌面空白处单击鼠标右键，选择“个性化”命令，打开“个性化”对话框。

② 单击“我的主题”栏里的“联机获取更多主题”命令，打开“主题—Microsoft Windows”网页。

③ 在网页页面里单击喜欢的某一主题的“下载”链接按钮，将其下载到计算机。

④ 双击下载的“主题”安装包，完成该主题的安装。

4．设置屏保。

① 在桌面空白处单击鼠标右键，选择“个性化”命令，打开“个性化”对话框，单击右下角“屏幕保护程序”命令按钮，打开“屏幕保护程序设置”对话框。

② 在“屏幕保护程序设置”下拉框里，选择“气泡”选项，“等待”设为“5分钟”，勾选“在恢复时显示登录屏幕”复选框，单击“应用”和“确定”按钮，如图2-2-3所示，完成设置。

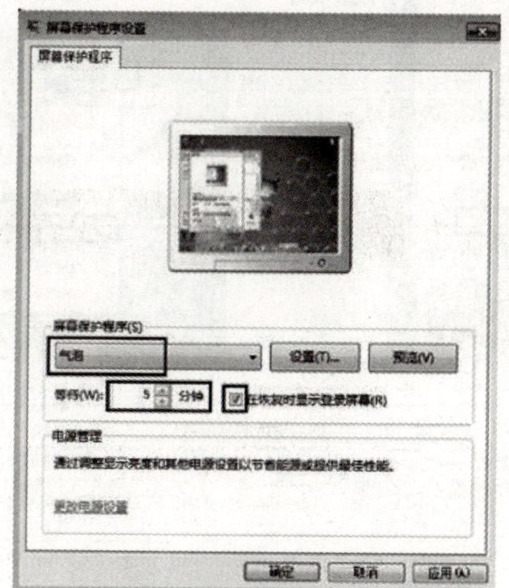

图 2-2-3

任务三

为桌面添加有用的小工具。

任务要求

1．在桌面添加时钟小工具。
2．设置喜欢的时钟样式。
3．使时钟显示“伦敦”当地的时间。
4．设置时钟不透明度为20%。

操作步骤

1．在桌面上任意空白地方单击鼠标右键，从弹出的快捷菜单中选择“小工具”命令，在弹出的“小工具库”中，选择“时钟”工具图标，用鼠标将其直接拖动到桌面。

2．单击时钟小工具右侧的“选项”按钮，选择喜欢的时钟样式。

3．在“时区”下拉框里选择“（UTC）都柏林，爱丁堡，里斯本，伦敦”，单击“确定”按钮，完成显示“伦敦”时间的设置，如图2-3-1所示。

4．在桌面时钟小工具图标上，单击鼠标右键→“不透明度”命令→“20%”选项，如图2-3-2所示，完成设置。

图 2-3-1

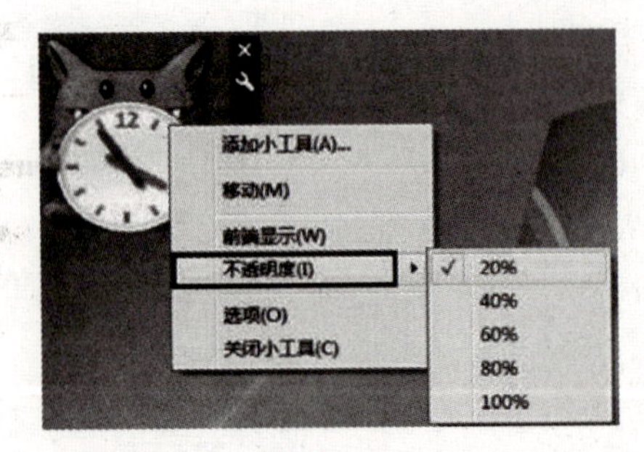

图 2-3-2

实训三 Windows 7操作系统-2

实训目的 ⇨ 1. 掌握文件和文件夹的管理方法。
2. 掌握控制面板的操作。

实训内容 ⇨ 按照任务要求，完成以下的操作。

任务一

按照图3-1-1所示样张中的结构，在D盘中创建“文件管理实验”文件夹并完成下列操作。

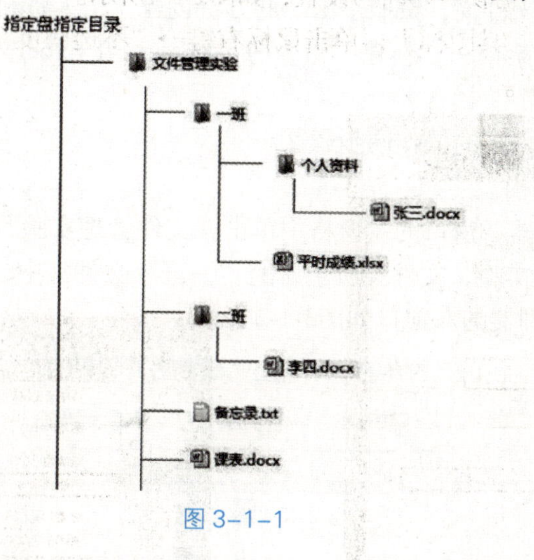

图 3-1-1

任务要求

1. 创建如图3-1-1所示的文件及文件夹。
2. 查看“文件管理实验”文件夹结构。

3．以“详细资料”方式显示“文件管理实验”文件夹的内容。

4．把“一班”文件夹的“个人资料”子文件夹重命名为“个人学籍档案”。

5．把“一班”文件夹中的“个人学籍档案”子文件夹复制到“二班”文件夹中。

6．移动“二班”文件夹的“个人学籍档案”子文件夹到“文件管理实验”文件夹。

7．删除“文件管理实验”文件夹中的“个人学籍档案”子文件夹。

8．将“文件管理实验”文件夹的属性设置为“隐藏”，并刷新隐藏，然后再将该文件夹显示出来。

操作步骤

1．创建文件和文件夹。

① 双击“桌面”上“计算机”图标，打开“资源管理器”窗口，然后双击窗口工作区中的D盘。

② 在窗口中单击“文件”菜单→“新建”命令→“文件夹”子命令，输入文件夹名“文件管理实验”。

③ 双击“文件管理实验”文件夹，以步骤②的方法创建“一班”和“二班”文件夹。

④ 单击“文件”菜单→“新建”命令→“文本文档”子命令，输入文件名“备忘录”。

⑤ 单击“文件”菜单→“新建”命令→“Microsoft Word文档”子命令，输入文件名“课表”。

⑥ 双击“一班”文件夹，按照步骤②的方法创建“个人资料”文件夹。

⑦ 单击“文件”菜单→“新建”命令→“Microsoft Excel文档”子命令，输入文件名“平时成绩总表”。

⑧ 其他文件及文件夹的操作同步骤②～④。

2．查看文件夹结构。

① 在“资源管理器”窗口的左窗格中单击“文件管理实验”文件夹左边的⊞图标。

② 在“文件管理实验”文件夹所包含的“一班”文件夹中，单击左边的◢图标，完成以上操作后，资源管理器的左窗口如图3-1-2所示。

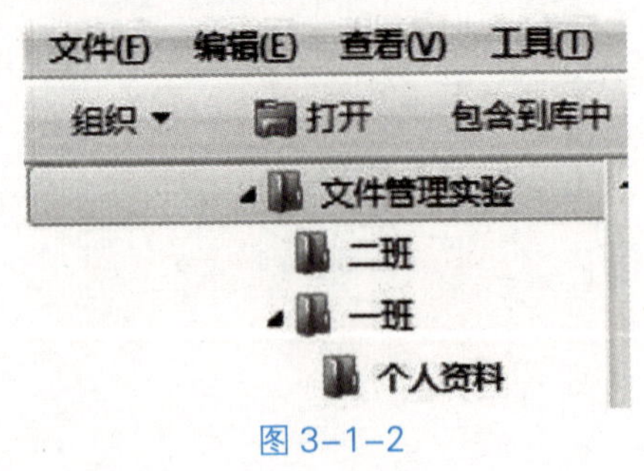

图 3-1-2

3．设置文件视图方式。

① 双击打开“文件管理实验”文件夹。

② 单击打开“更改您的视图”命令的下拉框，选择“详细信息”子命令，如图3-1-3所示。

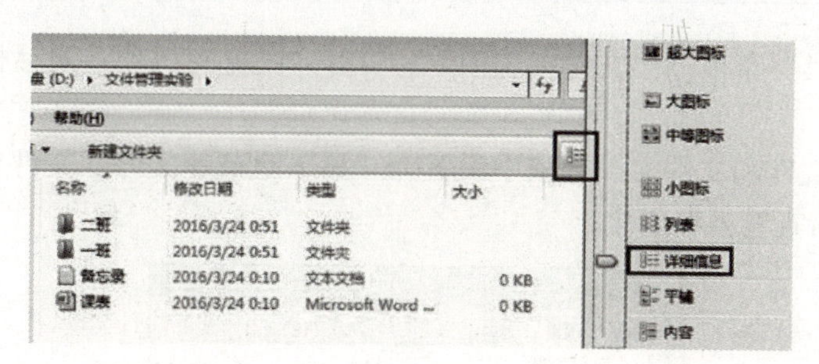

图 3-1-3

③ 依次在窗口中单击“名称”“修改时间”“类型”“大小”，查看文件及文件的排列顺序。

4. 重命名文件夹。

① 单击“个人资料”文件夹，选择“文件”菜单→“重命名”命令，单击键盘上的“Delete”键。

② 输入“个人学籍档案”，按回车（Enter）键。

5. 复制文件夹。

① 单击“个人学籍档案”文件夹，按“Ctrl+C”快捷键复制该文件夹。

② 打开“二班”文件夹，按“Ctrl+V”快捷键粘贴文件夹。

6. 移动文件夹。

① 单击“二班”文件夹的“个人学籍档案”子文件夹，按“Ctrl+X”快捷键剪切该文件夹。

② 打开“文件管理实验”文件夹，按“Ctrl+V”快捷键粘贴文件夹。

7. 删除文件。

① 单击“文件管理实验”文件夹里的“课表”文件，单击键盘“Delete”键，弹出如图3-1-4所示的“删除文件”对话框。

图 3-1-4

② 在“删除文件”对话框中，单击“是”按钮。

8. 设置文件夹“隐藏”属性并将其再次显示。

① 选择“文件管理实验”文件夹，单击“文件”菜单→“属性”命令，打开“文件管理实验属性”对话框。

② 在“属性”选项组中，设置属性为“隐藏”。

③ 在窗口空白处单击鼠标右键，打开右键快捷菜单，选择“刷新”命令。

④ 单击“工具”菜单→“文件夹选项”，打开“文件夹选项”对话框，单击“查看”选项卡。

⑤ 在“隐藏文件和文件夹”选项中设置为“显示隐藏的文件、文件夹和驱动器”，如图3-1-5所示，然后查看窗口变化。

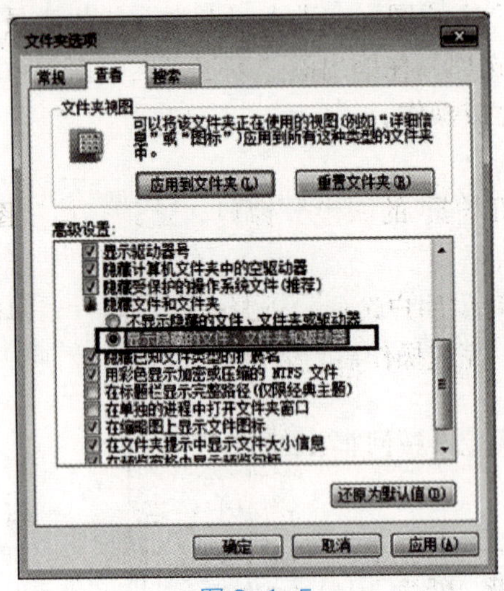

图 3-1-5

任务二

为Windows 7系统添加新的账户。

任务要求

1. 为系统添加一个名为“计算机学员”的标准账户。
2. 为该账户设置登录密码为“123456”。
3. 为该账图标户更换一个你喜欢的图片。

操作步骤

1. 添加账户。

① 打开“控制面板”，在该窗口中选择“用户账户和家庭安全”功能区→“添加或删除用户账户”选项。

② 选择“创建一个新账户”选项。

③ 弹出“创建新账户”窗口，输入账户名“计算机学员”，单击选中“标准用户”选框，单击“创建账户”按钮，完成账户创建，如图3-2-1所示。

2．创建密码。

① 单击“计算机学员”账户图标，进入“更改 计算机学员 的账户”窗口。

② 单击“创建密码”选项，在弹出的“创建密码”窗口中输入登录密码“123456”，单击“创建密码”按钮，完成操作。

3．更改图片。

① 返回“更改 计算机学员 的账户”窗口，选择“更改图片”选项，弹出“选择图片”窗口。

② 系统提供了很多图片供用户选择，选择喜欢的图片，单击“更改图片”按钮，如图3-2-2所示，即可更改图片。完成操作后，效果如图3-2-3所示。

图 3-2-1

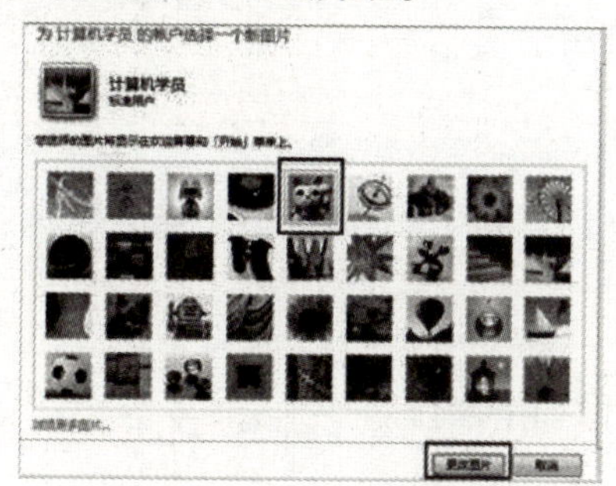

图 3-2-2

图 3-2-3

实训四 Word 2010基本编辑操作

实训目的 ⇨ 1. 掌握文档的新建、保存与保护。
2. 掌握文本的选择、复制、移动、查找与替换等基本编辑操作。

实训内容 ⇨ 按照任务要求，完成以下的操作。

任务一

新建文档，并做如下操作。

任务要求

1. 建立Word文档，输入如图4-1-1所示的文本内容，并以“任务一”为名，保存在桌面上。
2. 将第三自然段“马赛克原义为……”与第二自然段“考古发现最多的……”互换位置。
3. 将文中所有“Mosaic”改成“马赛克”。

马赛克

Mosaic 按照材质、工艺可以分为若干不同的种类，玻璃材质的马赛克按照其工艺可以分为机器单面切割、机器双面切割以及手工切割等，非玻璃材质的 Mosaic 按照其材质可以分为陶瓷 Mosaic、石材 Mosaic、金属马赛克、夜光 Mosaic 等等。

考古发现最多的是古希腊时代，古希腊人的大理石 Mosaic 铺石应用很普遍，当时最常用的形式是用黑色与白色相互搭配而成的铺石 Mosaic，当时只有权威的统治者及有钱的富人才请得起工匠和购得起材料，用 Mosaic 镶嵌成各种各样的图案装饰自己住的地方。用 Mosaic 作装饰表现当时是奢侈的艺术，发展到古希腊晚期时，一些能工巧匠和艺术家为了更多元化地丰富其建筑装饰作品，开始使用更细小的碎石片，并用自己手工切割的小石片通过各种颜色的搭配，组合来完成一幅幅马赛克镶嵌作品，铺贴在建筑物的墙上、地上、圆柱上，其原始、粗犷的艺术表现形式，是马赛克历史和文化的宝贵财富。

马赛克原义为镶嵌，镶嵌图案，镶嵌工艺。成为装饰材料，最早被发现使用在建筑装饰上的 Mosaic 是苏美人的神殿墙，在横贯欧洲的两河流域的美索不达米亚平原的神殿墙上有 Mosaic 镶嵌的装饰图案，据说苏美人的太阳狗的镶嵌图案是发现很多最早的马赛克拼画。

图 4-1-1

操作步骤

1．新建、保存文档。

① 启动Word 2010应用程序，输入如图4-1-1所示的文字内容，并用空格调整文字位置。

② 按下“Ctrl+S”快捷键，打开“另存为”对话框，设置保存位置为“桌面”、文件名为“任务一”，单击“保存”命令按钮，保存文档。

③ 单击文档右上角“关闭”按钮，关闭该文档。

2．移动文本。

① 将光标定位到第三自然段“马赛克原义为……”之前，连续单击鼠标三下，可快速选择整段落。

② 按下“Ctrl+X”快捷键，剪切该自然段并复制到剪贴板。

③ 将光标定位到第二自然段“考古发现最多的……”之前，按下“Ctrl+V”快捷键，将剪贴板上的原第三自然段的内容粘贴到光标处，完成段落位置的移动。

3．查找和替换文本。

① 将光标定位到整篇文档开头。

② 单击“开始”选项卡→“编辑”组→“替换”命令，弹出“查找和替换”对话框，定位在“替换”选项卡，在“查找内容”文本框中输入“Mosaic”，在“替换”文本框中输入“马赛克”，单击“全部替换”命令按钮，如图4-1-2所示，完成替换操作。

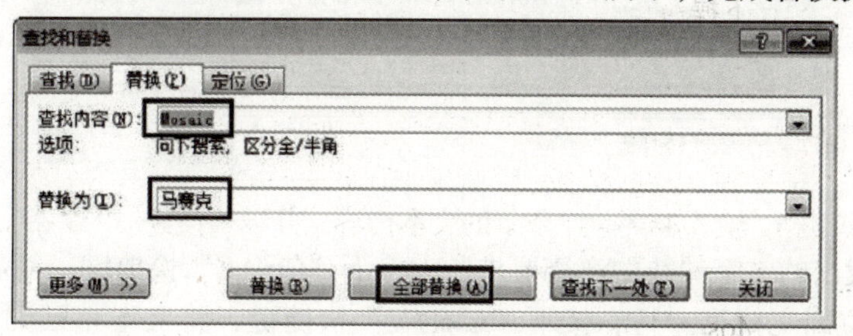

图 4-1-2

任务二

打开“素材/实训四/礼的道德要求.docx”文档，并做如下操作。

任务要求

1．将文档里所有的错误句号“.”改为“。”。

2. 在第一行插入一个空白行，将文档中的文字“礼的道德要求”复制到此行并居中。

3. 设置文档打开权限密码为“RENWU2”。

操作步骤

1. 替换文本。

① 将光标定位到整篇文档开头。

② 按下“Ctrl+H”快捷键，打开“查找和替换”对话框，选择“替换”选项卡，在“查找内容”文本框中输入英文句号“.”，在“替换”文本框中输入中文句号“。”，单击“全部替换”命令按钮，改正全文错误的标点符号。

2. 查找和复制文本。

① 将光标定位到整篇文档开头，单击“回车（Enter）”键，插入一个空白行。

② 按下“Ctrl+F”快捷键，弹出“导航”窗格，在导航窗格里输入“礼的道德要求”，按下回车键，查找到该文本所在的位置（呈反色显示），如图4-2-1所示。

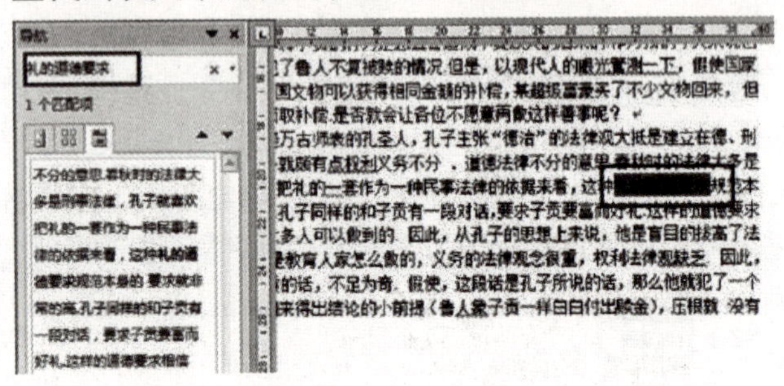

图 4-2-1

③ 选中查找出的文字“礼的道德要求”，按下“Ctrl+C”快捷键，复制该文本。

④ 光标点位到文档第一行，按下“Ctrl+V”快捷键，将文本粘贴到光标处，并按下“空格”键调整该本位置，将其居中。

3. 设置文档保护。

① 单击“文件”选项卡→“信息”选项→“保护文档”命令→“用密码进行加密”子命令，打开“加密文档”对话框，如图4-2-2所示。

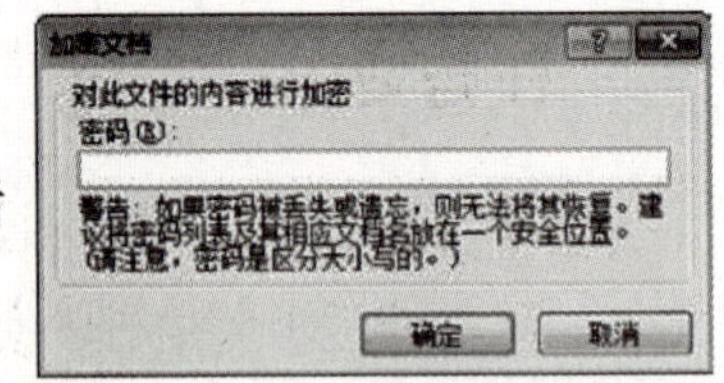

图 4-2-2

② 在对话框中输入密码“RENWU2”，单击“确定”按钮。

③ 在弹出的“确认密码”对话框中再次输入密码“RENWU2”，单击“确定”按钮，完成文档保护的密码设置。

④ 再次启动该文档时，需输入正确密码“RENWU2”，单击“确定”按钮，方能打开文档。

实训五 Word 2010的文字编辑操作-1

实训目的 ⇨ 掌握Word 2010的基本操作、排版布局及版面美化。

实训内容 ⇨ 参照样张，按照任务要求，完成以下文档的操作。

任务一

参照图5-1-1所示样张完成“十大物理学家.doc”文档的编辑工作。

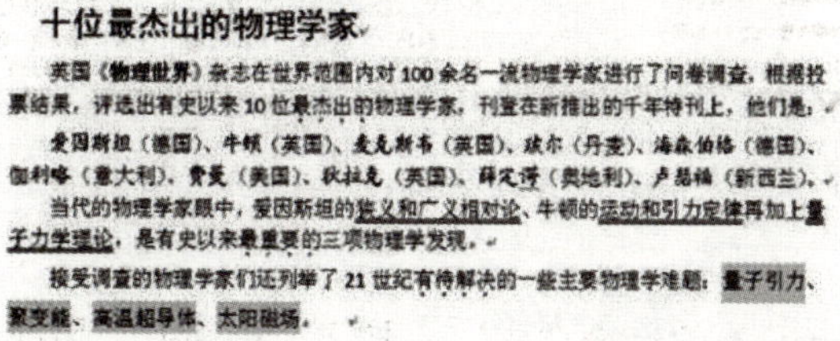

十位最杰出的物理学家

英国《**物理世界**》杂志在世界范围内对100余名一流物理学家进行了问卷调查，根据投票结果，评选出有史以来10位最杰出的物理学家，刊登在新推出的千年特刊上，他们是：

爱因斯坦（德国）、牛顿（英国）、麦克斯韦（英国）、玻尔（丹麦）、海森伯格（德国）、伽利略（意大利）、费曼（美国）、狄拉克（英国）、薛定谔（奥地利）、卢瑟福（新西兰）。

当代的物理学家眼中，爱因斯坦的狭义和广义相对论、牛顿的运动和引力定律再加上量子力学理论，是有史以来最重要的三项物理学发现。

接受调查的物理学家们还列举了21世纪有待解决的一些主要物理学难题：量子引力、聚变能、高温超导体、太阳磁场。

图 5-1-1

任务要求

1. 新建Word文档，输入样张内容，以“十大物理学家”为文件名将其保存到桌面上。

2. 将文档“十大物理学家”设置为样张格式：

① 将标题“十位最杰出的物理学家”设置为“黑体、三号”。

② 将第一段中的“物理世界”加粗、“最杰出的”加着重号。

③ 将第2段中的人名设置成“楷体”。

④ 将第三段中的“狭义和广义相对论”“运动和引力定律”“量子力学理论”设置成双下划线；将“最重要的”加着重号。

⑤ 将第四段中的“有待解决的”加着重号。

⑥ 将第五段中的文字加底纹。

⑦ 以“物理学家”为文件名保存。

操作步骤

1. 文件设置。

启动Word 2010程序，单击“文件”选项卡→“新建”→“空白文档”→“创建”命令，如图5-1-2所示，参照样张输入文字。单击“文件”→“保存”命令，弹出“另存为”对话框，在该对话框中的“保存位置”中选择“桌面”，在文件名框中输入“十大物理学家”，单击“保存”按钮，如图5-1-3所示。

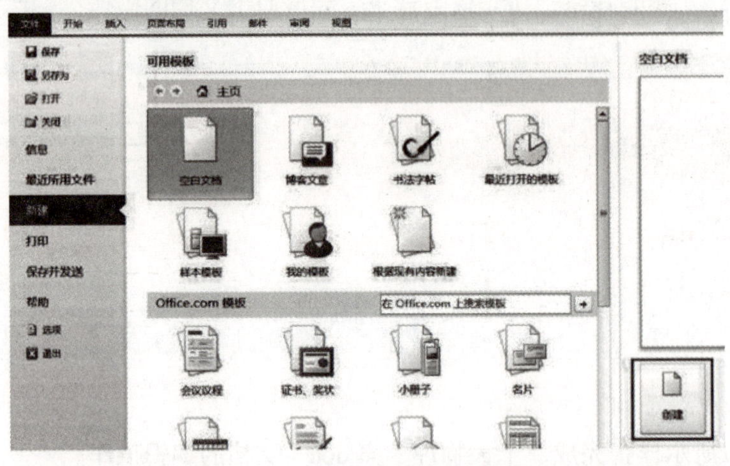

图 5-1-2

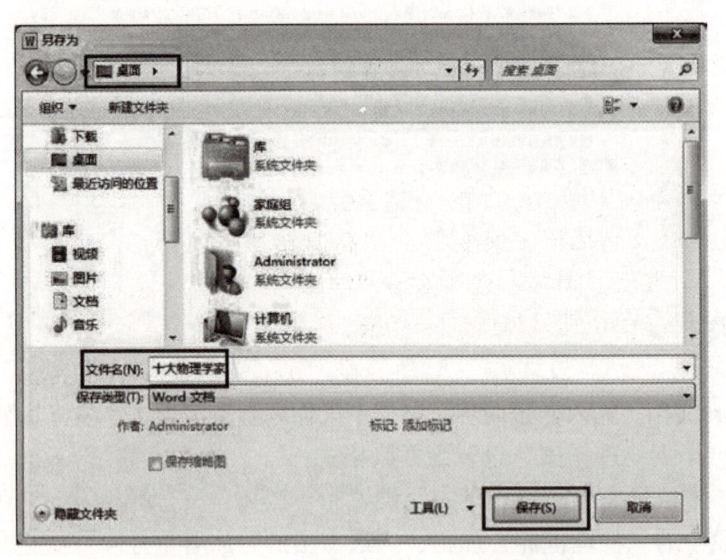

图 5-1-3

2. 文档设置。

① 单击鼠标左键选中文章标题，单击“开始”选项卡→“字体”功能区，设置“字体”为“黑体”，“字号”为“三号”，如图5-1-4所示。

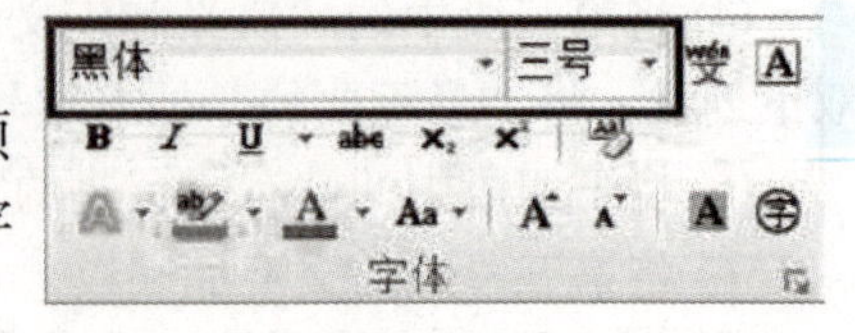

图 5-1-4

② 单击鼠标左键选中“物理世界”，单击“开始”选项卡→“字体”功能区“加粗” **B** 命令按钮；单击鼠标左键选中“最杰出的”，单击“开始”选项卡→“字体”功能区，在“字体”对话框“字体”项选取“着重号”，单击“确定”按钮，如图5-1-5所示。

③ 单击鼠标左键选中第2段中的人名，单击“开始”选项卡→“字体”功能区，设置“字体”为“楷体”。

④ 单击鼠标左键选中第三段中的“狭义和广义相对论”，按住“Ctrl”键，再分别选择“运动和引力定律”“量子力学理论”，单击“开始”选项卡→“字体”功能区→“下划线”→“双下划线”命令，如图5-1-6所示。

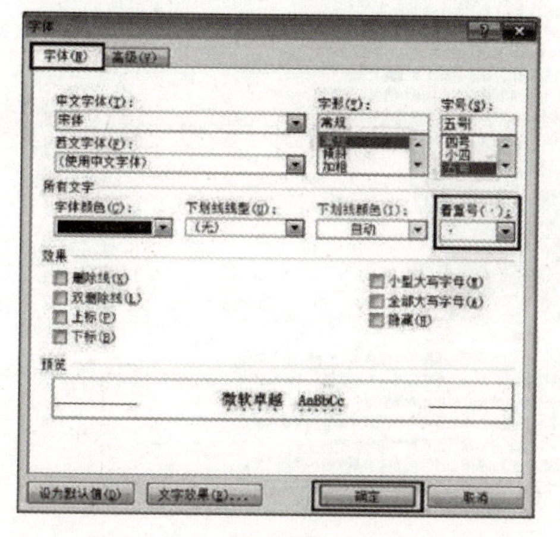

图 5-1-5

图 5-1-6

⑤ 单击鼠标左键选中第四段中的“有待解决的”，单击“开始”选项卡→“字体”功能区，在“字体”对话框“字体”项选取“着重号”，单击“确定”按钮，如图5-1-5所示。

⑥ 单击鼠标左键选中第五段中的“量子引力”，按住“Ctrl”键，再分别选中“聚变能”“高温超导体”“太阳磁场”，单击“开始”选项卡→“字体”功能区→“字符底纹”命令按钮，如图5-1-7所示。

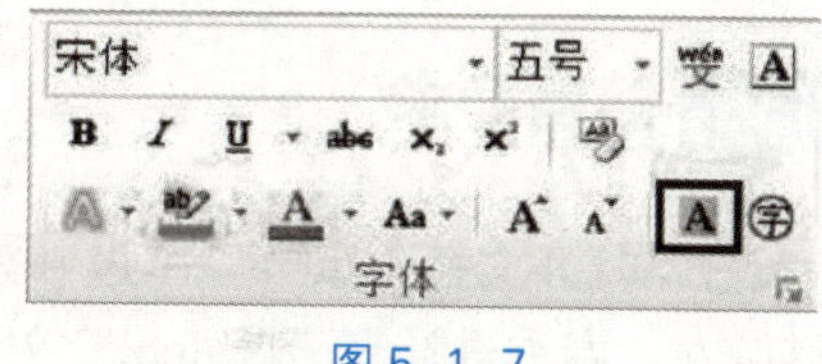

图 5-1-7

⑦ 单击“文件”→“另存为”命令，在“另存为”对话框的文件名框中输入“物理学家”，单击“保存”按钮。

任务二

参照图5-2-1所示样张完成“春季进补宜平淡.doc”中文档的编辑工作。

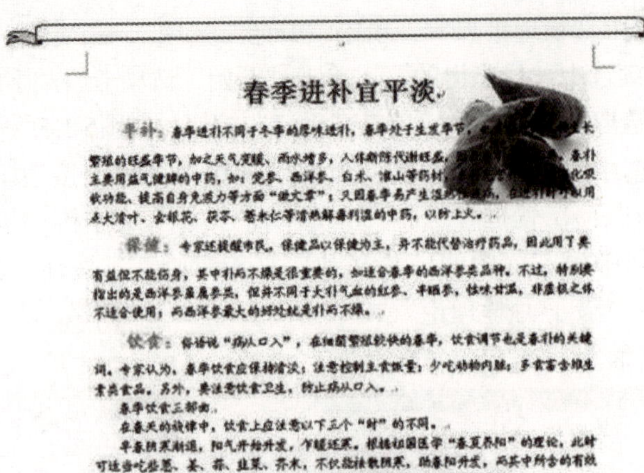

春季进补宜平淡

平补：春季进补不同于冬季的厚味进补，春季处于生发季节，……长繁殖的旺盛季节，加之天气变暖、雨水增多，人体新陈代谢旺盛，……春补主要用益气健脾的中药，如：党参、西洋参、白术、淮山等药材，……化吸收功能、提高自身免疫力等方面“做文章”；又因春季易产生湿……用点大清叶、金银花、茯苓、薏米仁等清热解毒利湿的中药，以防上火。

保健：专家还提醒市民，保健品以保健为主，并不能代替治疗药品，因此用了要有益但不能伤身，其中补而不燥是很重要的，如适合春季的西洋参类品种。不过，特别要指出的是西洋参虽属参类，但并不同于大补气血的红参、丰栖参，性味甘温，非虚弱之体不适合使用；而西洋参最大的好处就是补而不燥。

饮食：俗话说“病从口入”，在细菌繁殖较快的春季，饮食调节也是春补的关键词。专家认为，春季饮食应保持清淡；注意控制主食饭量；少吃动物内脏；多食富含维生素类食品。另外，要注意饮食卫生，防止病从口入。

春季饮食三部曲

在春天的旋律中，饮食上应注意以下三个“时”的不同。

早春阴寒渐退，阳气开始升发，乍暖还寒。根据祖国医学“春夏养阳”的理论，此时可适当吃些葱、姜、蒜、韭菜、芥末，不仅能祛散阴寒，助春阳升发，而其中所含的有效成分，还具有杀菌防病的功效。此时宜少吃性寒食品，以防阻遏阳气发越。

荠菜

仲春古人云，春应在肝。肝属风木，仲春时节肝气随万物升发而偏于亢盛。祖国医学认为，肝亢可伤脾（木克土），影响脾胃运化。因此，唐代药王孙思邈曾讲：“春日宜省酸增甘，以养脾气”。此时可适当进食大枣、蜂蜜、锅巴之类滋补脾胃的食物，少吃过酸或油腻等不易消化的食物。这时正值各种既富含营养又有疗疾作用的野菜繁荣茂盛之时，如荠菜、马齿苋、鱼腥草、蕨菜、竹笋、香椿等，应不失时机地择食。

晚春气温日渐升高，此时应以清淡饮食为主，在适当进食优质蛋白类食物及蔬果之外，可饮用绿豆汤、赤豆汤、酸梅汤以及绿茶，防止体内积热。不宜进食羊肉、狗肉、麻辣火锅以及辣椒、花椒、胡椒等大辛大热之品，以防邪热化火，变发疮痈疖肿等疾病。

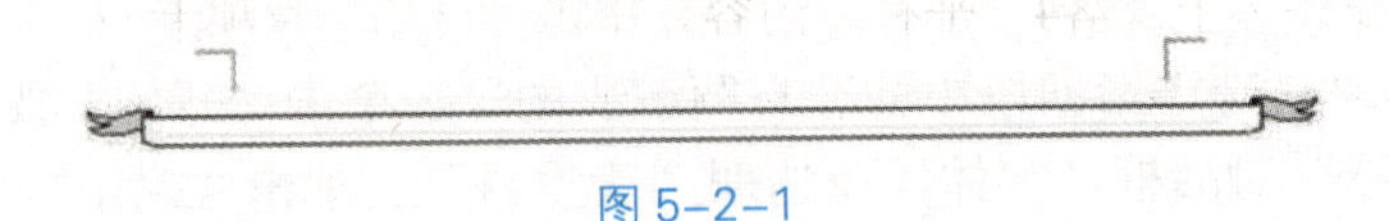

图 5-2-1

题目要求

1. 打开文档，以“春季进补宜平淡.doc”为文件名将文档保存在桌面上，并参照样张继续在“春季进补宜平淡.doc ”文件中完成下列操作。

2. 参照样张将段落4“平补”内容的文字移动到段落2“保健”内容之前。

3. 将文中所有的字符“&”删除。

4. 设置第2行开始所有文字：楷体、五号字、首行缩进两个字符。

5. 将文字“平补”“保健”和“饮食”设置为：四号字、加粗、橙色、强调文字颜色6。

6. 设置全文所有段落：单倍行距、段前、段后距为0。

7. 为荠菜图片添加题注，标签为“插图”，题注文字为“荠菜”，五号、加粗，题注水平居中。

8. 参照样张设置艺术型页面边框：颜色为绿色、宽度30磅。

9. 保存文件。

操作步骤

1．文件设置。

按照路径打开文件，单击“文件”选项卡→“另存为”命令按钮，弹出“另存为”对话框，在该对话框中的保存位置框中选择“桌面”，文件名文本框中输入“春季进补宜平淡.doc”，单击“保存”按钮，如图5-2-2所示。

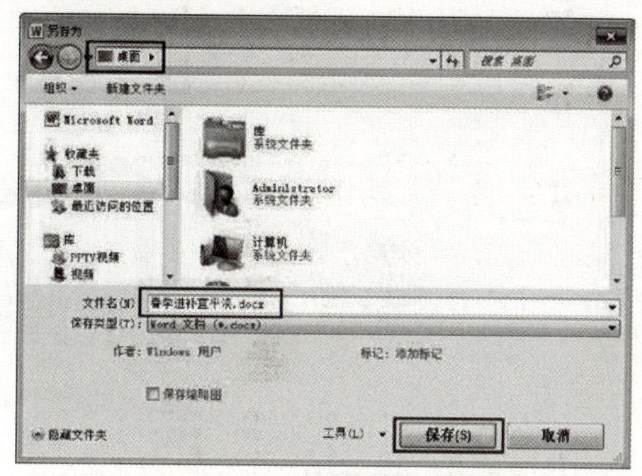

图 5-2-2

2．文档设置。

① 单击鼠标左键选中段落4“平补”内容，单击“开始”选项卡→“剪贴板”功能区→“剪切”命令，再将光标定位在段落2“保健”两字之前，单击“开始”选项卡→“剪贴板”功能区→“粘贴”→“保留源格式”命令按钮，如图5-2-3所示。

图 5-2-3

② 单击鼠标左键选中“&”，单击“开始”选项卡→“剪贴板”功能区→“复制”命令，单击“编辑”→“替换”命令，在“查找和替换”对话框单击“替换”项，在“查找内容”文本框中单击“开始”选项卡→“剪贴板”功能区→“粘贴”命令，单击“全部替换”按钮，如图5-2-4所示。

图 5-2-4

③ 单击鼠标左键选中第2行开始所有文字，单击“开始”选项卡→“字体”功能区，设置“字体”为“楷体”，“字号”为“五号”，单击“开始”选项卡→“字体”功能区，将“段落”对话框“缩进和间距”项设置“特殊格式”为“首行缩进”，“磅值”为“2字符”，如图5-2-5所示。

④ 单击鼠标左键选中“平补”，按住“Ctrl”键，再分别选中“保健”和“饮食”，单击“开始”选项卡→“字体”功能区，设置“字号”为“四号”，单击“加粗”命令按钮，“字体颜色”选择“橙色”，如图5-2-6所示。

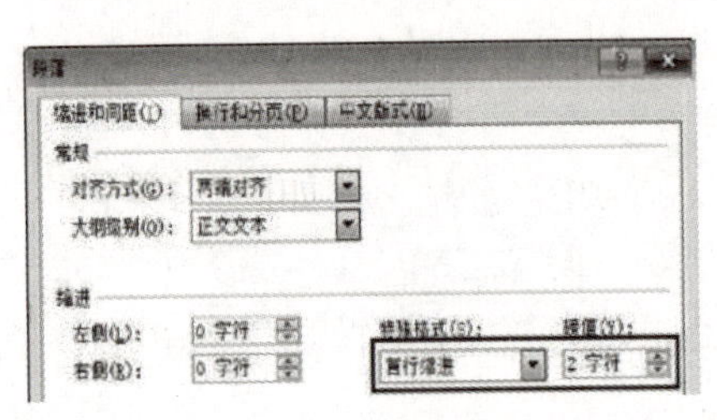

图 5-2-5

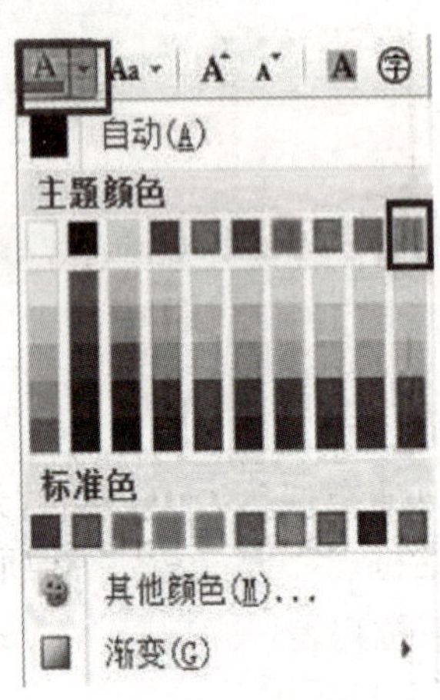

图 5-2-6

⑤ 单击鼠标左键选中全文所有段落，单击“开始”选项卡→“段落”功能区，“段落”对话框“缩进和间距”选项卡中，设置“间距”中“段前”“段后”均为“0行”，设置“行距”为“单倍行距”，单击“确定”按钮，如图5-2-7所示。

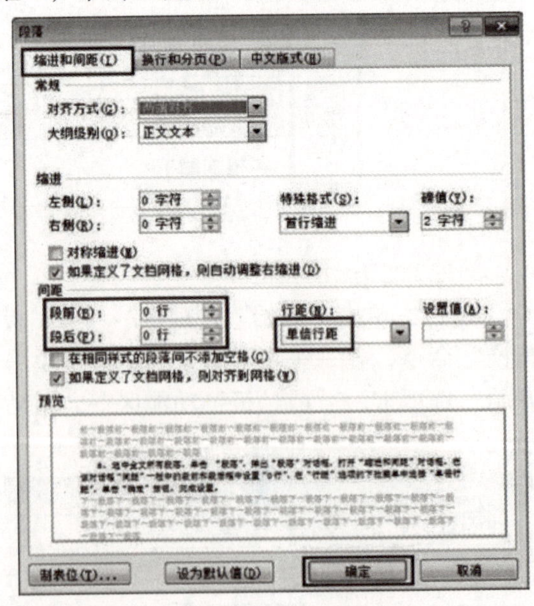

图 5-2-7

3．题注设置。

选中“荠菜”图片，单击“引用”→“题注”→“插入题注”，如图5-2-8所示，弹出“题注”对话框，如图5-2-9所示，选择默认设置，单击“确定”按钮。在“荠菜”图片下方出现文本框，删除文本框中的文字，输入“荠菜”，单击“开始”选项卡→“段落”功能区的“居中”命令按钮。

图 5-2-8

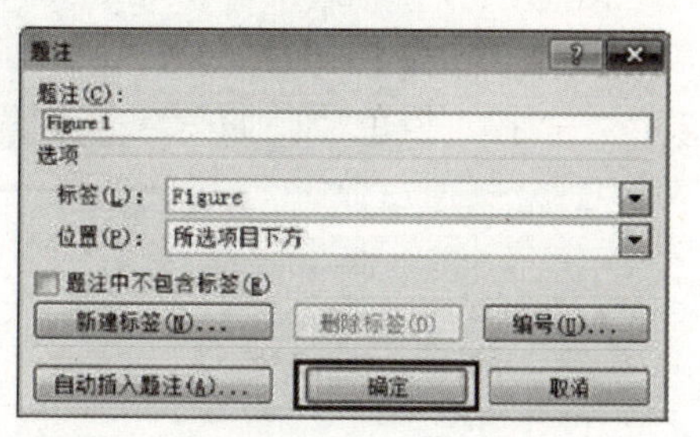

图 5-2-9

4．边框设置。

单击“页面布局”→“页面背景”→“页面边框”命令，如图5-2-10所示，在“边框和底纹”对话框“页面边框”选项卡，“设置”为“方框”，“颜色”为“绿色”，在“艺术型”下拉列表框中选择“ ”，“宽度”为“30磅”，单击“确定”按钮，如图5-2-11所示。

图 5-2-10

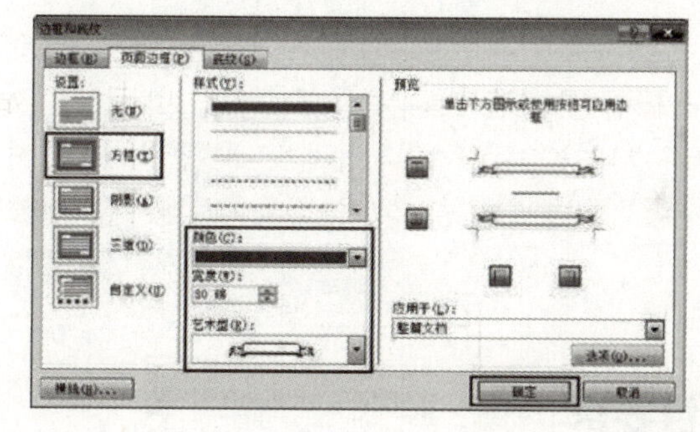
图 5-2-11

5．保存。

单击“文件”选项卡→“保存”按钮。

任务三

参照图5-3-1所示样张完成“蒜香烟肉蒸扇贝.doc”中文档的编辑工作。

蒜香烟肉蒸扇贝

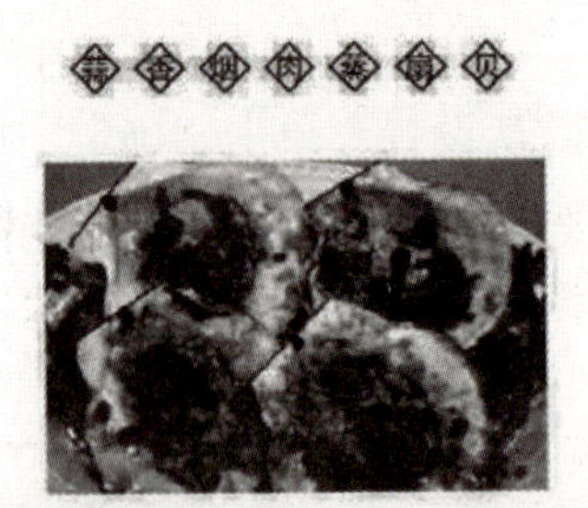

主料营养：扇贝是一种极为鲜味的贝壳，它的种类有很多，常见的有北方的栉孔扇贝和南方的华贵栉孔扇贝，广东沿海一带所产的叫“日月贝”，因它长期生活在海底，贝壳受到日照的那面呈粉红色，另一面则呈白色，两面壳的颜色好像“日月”。

扇贝跟其他海产一样，都含有丰富的营养，有些地方的渔民用小扇贝和北芪煮汤，是一种保健的汤品。干贝也是扇贝干制而成的，它是海味中的“八珍”之一。

扇贝以蒸、煮为佳，食肆里常有“粉丝蒜茸蒸扇贝”和“金银蒜蒸扇贝”等菜肴，也有以酱汁烧焗的做法。其实，烹制扇贝着重火候，过火则会失真，当然鲜活更重要。

带格式的：列数：2，分

- 菜品特色：“蒜茸烟肉蒸扇贝”一菜讲究香口，这里选用西餐的烟肉，其烟味并非太浓，与蒜头相配可达和味。
- 原料：扇贝、烟肉、蒜茸、红椒（切粒）、葱花、花生油、盐、味精、绍酒、麻油、胡椒粉。
- 做法：将烟肉切碎，开镬炒香，沥去油分备用。用刀起出扇贝的一边贝壳，去掉脏物，洗净备用。将炒香的烟肉、蒜茸、红椒、盐、味精、绍酒、麻油、胡椒粉均匀撒在扇贝上，淋上花生油，下镬蒸熟，撒上葱花便成。
- 提示：烟肉与胡椒味极配，选用原粒磨制的胡椒粉，可达更佳的效果。

带格式的：节的起始位置：连续

图 5-3-1

题目要求

1．打开文档，以“蒜香烟肉蒸扇贝.doc”为名将其保存在桌面上，并参照样张继续在“蒜香烟肉蒸扇贝.doc”文档中完成下列操作。

2．应用中文版式，将第一行文字“蒜香烟肉蒸扇贝”制作成带圈字符，使用菱形圈号并增大圈号。

3．将从“主料营养”开始以后3个段落文字全部移动到第3行。

4．参照样张设置段落边框，颜色为绿色，且左、右两侧没有框线。

5．设置从“菜品特色”开始的所有文字格式：幼圆、小四号、右下斜偏移阴影效果。

6．参照样张设置项目符号。

7．启动修订功能，并设置标记，插入文字的颜色为蓝色。

8．参照样张设置分栏：分两栏，栏间距为4个字符，有分隔线。

9．保存文档。

操作步骤

1. 文件设置。

按照路径打开文件，单击“文件”选项卡→“另存为”命令按钮，弹出“另存为”对话框，在该对话框中的保存位置框中选择“桌面”，文件名文本框中输入“蒜香烟肉蒸扇贝.doc”，单击“保存”按钮，如图5-3-2所示。

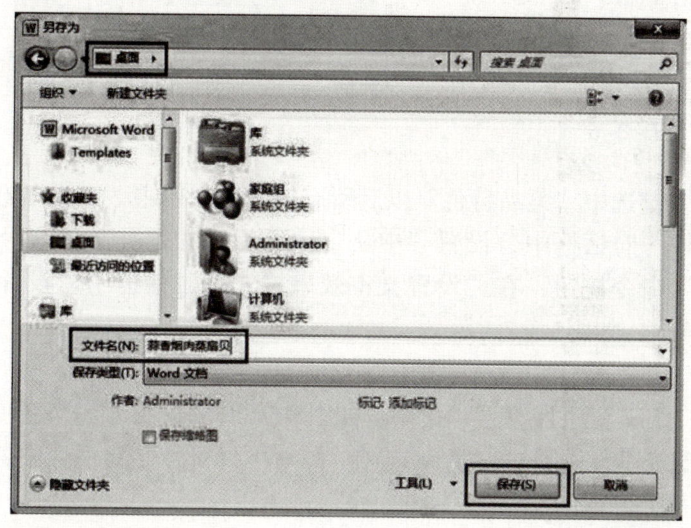

图 5-3-2

2. 文档设置。

① 单击鼠标左键选中第一行文中的“蒜”字，单击“文件”选项卡→“字体”功能区→“带圈字符”命令，在“带圈字符”对话框中，设置“样式”为“增大圈号”，“圈号”为“◇”，如图5-3-3所示，依次将其他文字设置为此样式。

② 单击鼠标左键选中“主料营养”以后所有文字，单击“文件”选项卡→“剪贴板”功能区→“剪切”命令（或“Ctrl+X”组合键），将光标插入点移至目标地址，单击“文件”选项卡→“剪贴板”功能区→“粘贴”命令（或“Ctrl+V”组合键），如图5-3-4所示。

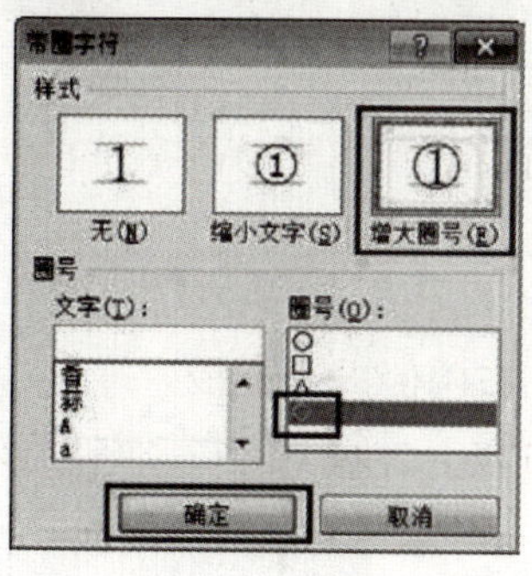

图 5-3-3

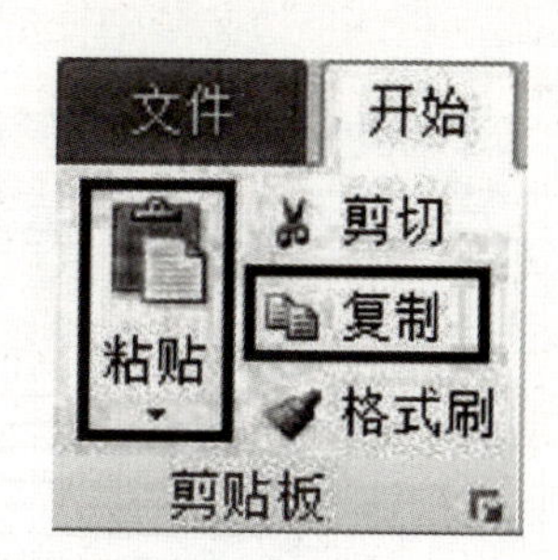

图 5-3-4

③ 参照样张，单击鼠标左键选中指定文字，单击“页面布局”选项卡→“页面背景”功能区→“页面边框”命令，如图5-3-5所示。在“边框和底纹”对话框“边框”项，参照

样张设置“样式”，“颜色”设置为“绿色”，在“预览”中取消左右两侧的框线，单击“确定”按钮，如图5-3-6所示。

图 5-3-5

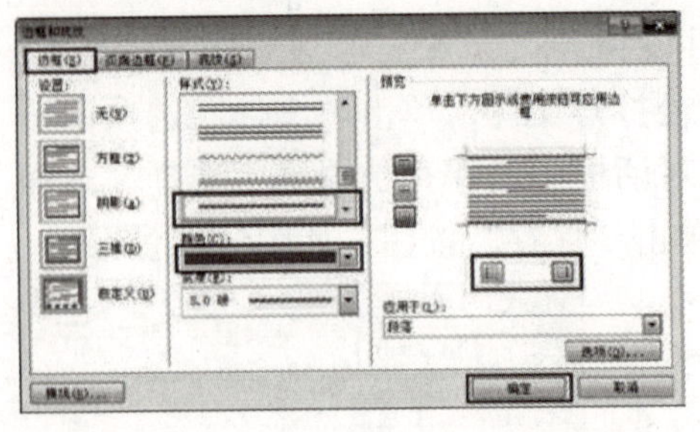

图 5-3-6

④ 单击鼠标左键选中“菜品特色”以后所有的文字，单击“文件”选项卡→“字体”功能区，在“字体”对话框中，设置“中文字体”为“幼圆”，“字号”为“小四”，单击“文字效果”命令按钮，在“设置文本效果格式”对话框中，设置“阴影”为“外部”“右下斜偏移”，如图5-3-7所示。

⑤ 参照样张，单击鼠标左键选中指定文字，单击“文件”选项卡→“段落”功能区→“项目符号”→“定义新项目符号”命令，如图5-3-8所示；在“定义新项目符号”对话框单击“图片”命令按钮，如图5-3-9所示；在“图片项目符号”对话框中，选择样张中的符号，单击“确定”命令按钮，如图5-3-10所示。

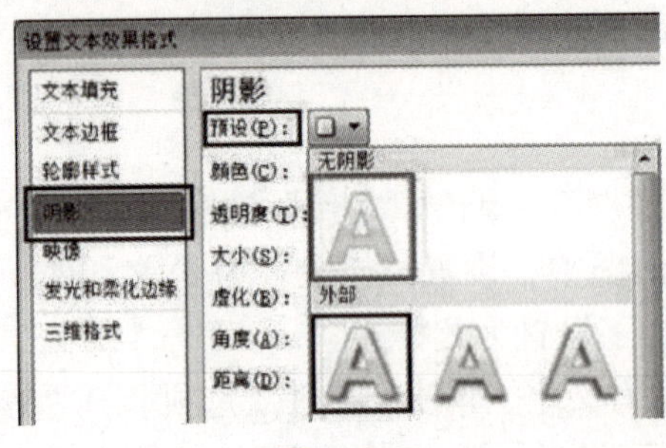

图 5-3-7

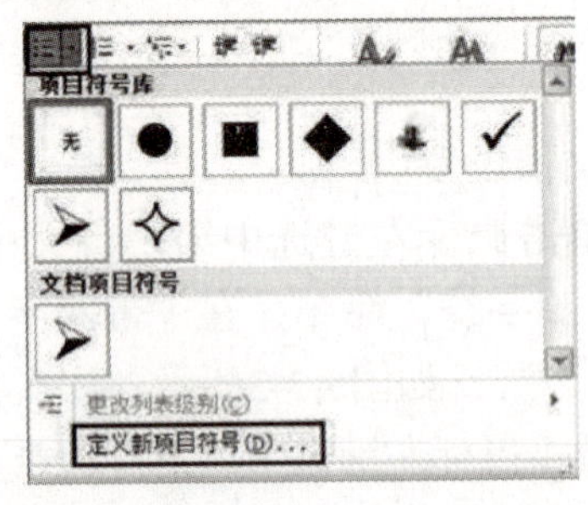

图 5-3-8

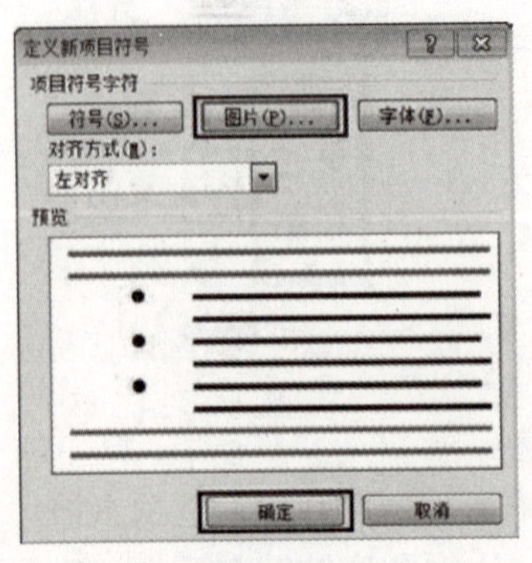

图 5-3-9

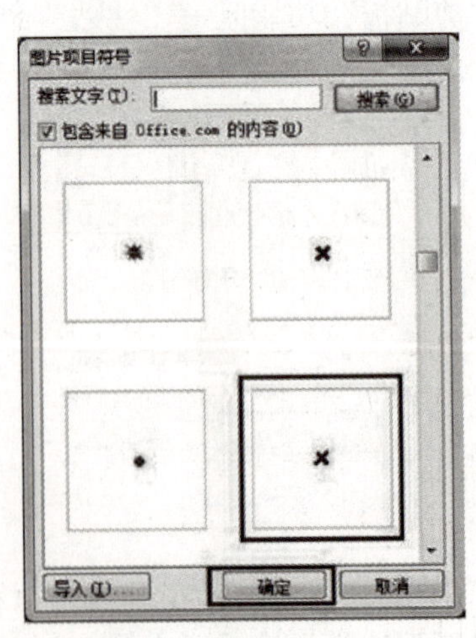

图 5-3-10

⑥ 单击“审阅”选项卡→“修订”功能区→“修订”→“修订选项”命令，如图5-3-11所示。在“修订选项”对话框中设置“标记”中的“插入内容”为“仅颜色”，“颜色”为“蓝色”，如图5-3-12所示。

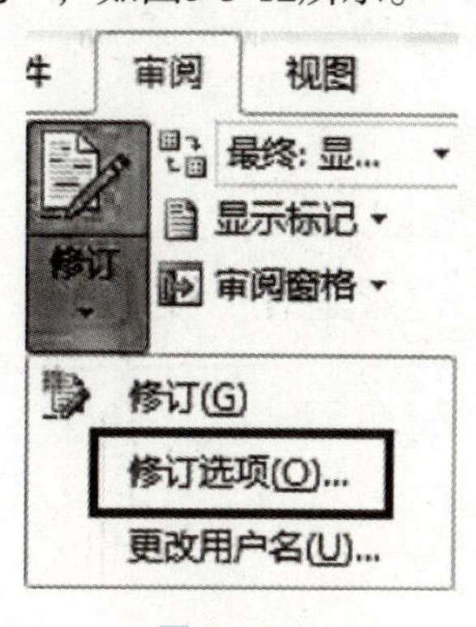

图 5-3-11

图 5-3-12

⑦ 参照样张，单击鼠标左键选中指定文字，单击“页面布局”→“分栏”→“更多分栏”，如图5-3-13所示。在“分栏”对话框中设置“预设”为“两栏”，“间距”为“4”，单击“分隔线”复选框，单击“确定”按钮，如图5-3-14所示。

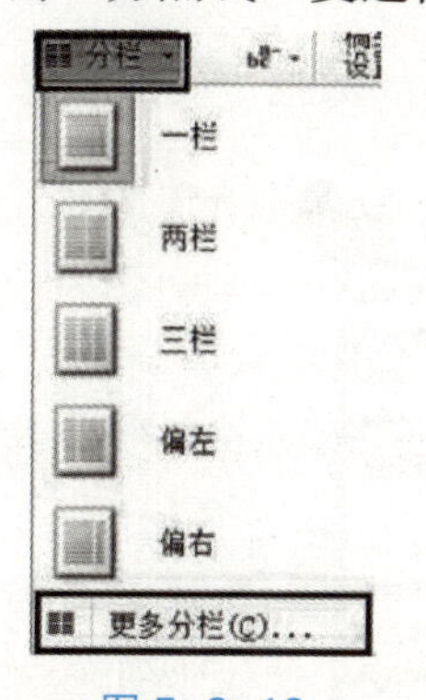

图 5-3-13

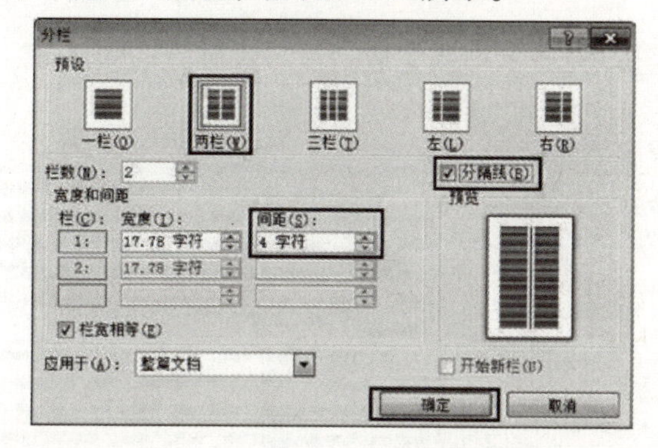

图 5-3-14

3．保存。

单击“文件”选项卡→“保存”按钮。

实训六 Word 2010的文字编辑操作-2

实训目的 ⇨ 掌握Word 2010的排版布局及版面美化。

实训内容 ⇨ 参照样张，按照任务要求，完成以下文档的操作。

任务一

参照图6-1-1所示样张完成“夏日进补宜清淡.doc”中文档的编辑工作。

夏日进补宜清淡[1]

夏季气候炎热，出汗较多，会造成人体内部各种营养物质，特别是无机盐类的大量消耗，如果不及时补充，就会造成体液失调甚至代谢功能紊乱；同时，[illegible]热会影响人体脾胃功能，减少胃液分泌，加上睡眠不足，进而又影响[illegible]，以致造成摄入减少而消耗增多，故不少人夏季体重下降。消耗越大，越要滋补，否则难免造成机体失调，影响健康长寿，因此，夏季亦须重视进补。

夏季进补应以养阴清热，清淡爽口为原则，故应施以清凉补品，以清心防暑、滋阴生津。此外，夏季食欲减退，脾胃功能较为迟钝，此时食用清淡补品，有助于开胃增食、健脾助运。如果过食肥腻之物，则致损胃伤脾，影响营养消化吸收，有损健康。因此，绿豆、薏苡仁、蔬菜、瓜果、百合、玉竹、石斛、黄精、瘦肉、鲫鱼、鸡肉等，均是夏季最好的滋补佳品。

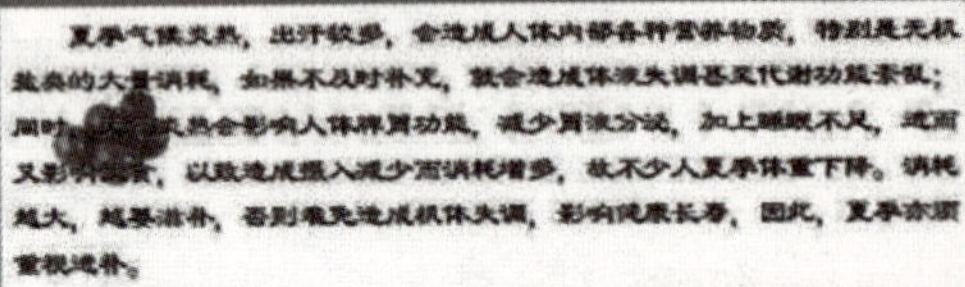

夏季宜服用清暑和补气生津的饮料。从事高温作业者应多饮乌梅汤，可用乌梅适量熬水，加入少量白糖做成酸梅汤，冷却后当茶饮用，不但酸甜可口，生津止渴，还可以加速胃液分泌，增加食欲，并[illegible]防暑降温的作用。此外，多食绿豆汤，或用绿豆、金银花、扁豆、[illegible]也具有[illegible]的功效。橙汁、苹果汁、柠檬汁、番茄汁、葡萄汁等果[illegible]对人体有补[illegible]，均含有丰富的营养物质，特别是新鲜的原汁补益功效更好。新鲜果汁除富有营养外，还具有帮助消化、健康开胃、提高食欲的功效，饮用时最好用温开水冲淡后再喝，以免由于大量营养素进入血液而引起不良反应，如恶心、头晕等。冷饮虽有一定营养价值，但含糖量偏多，更不宜在饭前饮用，否则会损伤脾胃，影响食欲。汽水虽能解渴，但缺少营养物质，又含有碳酸的香物质，多饮亦会危害身体健康。

夏季进补应遵从清补、健脾、开胃、祛暑化湿的原则，以食补为主，药补为辅，这样可以全面均衡地补充人体内部的消耗，维持人体正常的代谢功能，促进身体健康。

[1] 摘自中国营养保健网(http://www.cnyybj.com)

图 6-1-1

任务要求

1．打开文档，以“夏日进补宜清淡.doc”为名将其保存在桌面上，并参照样张继续在“夏日进补宜清淡.doc”文档中完成下列操作。

2．删除百合的图片，删除所有的空格。

3．参照样张合并第4～6段落。

4．设置第1行文字格式：华文彩云，二号，水平居中，红色。

5．设置第2行开始的所有文字缩放90%，并且有左上斜偏移阴影效果。

6．设置第2行开始的所有段落：行间距为固定值20磅，且段落不分页。

7．在第1行标题后添加脚注，文字为“摘自中国营养保健网（http://www.cuyybj.com）”。

8．参照样张设置段落边框：颜色为紫色，宽度为6磅。

9．保存文档。

操作步骤

1．文件设置。

按照路径打开“第2题-夏日进补宜清淡.doc”文件，选择“文件”→“另存为”命令按钮，弹出“另存为”对话框。在该对话框中的保存位置框中选择“桌面”，文件名文本框中输入“夏日进补宜清淡”，单击“保存”按钮，如图6-1-2所示。

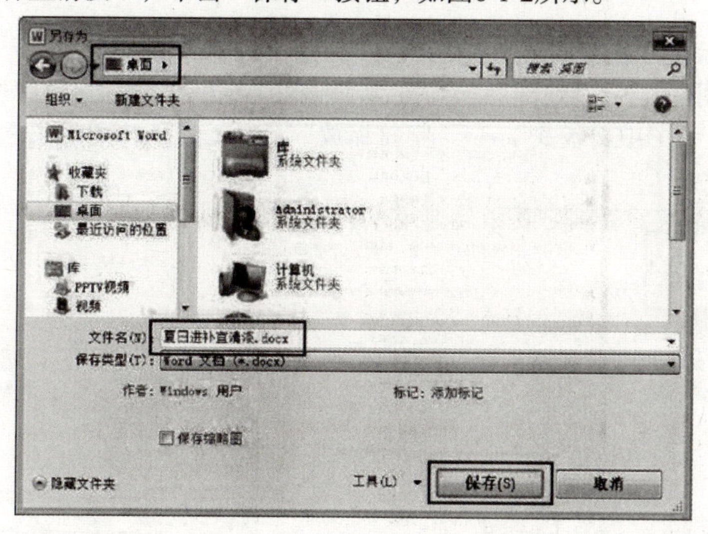

图 6-1-2

2．图片设置。

选择百合的图片，单击键盘上的“Del”键，删除图片。将插入点光标定位到文章开头，单击“开始”选项卡→“编辑”→“替换”命令，如图6-1-3所示。在“查找和替换”对话框“替换”选项卡“查找内容”选项框中单击键盘上的空格按钮，单击“全部替换”按钮，如图6-1-4所示，在弹出的提示框中单击“确定”按钮。

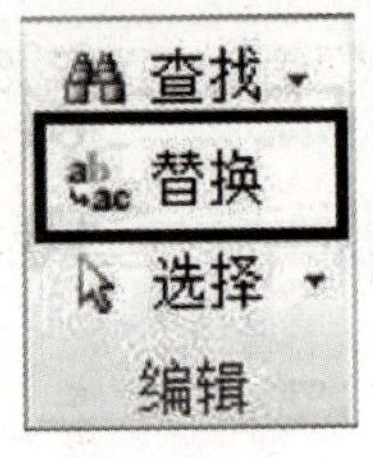

图 6-1-3

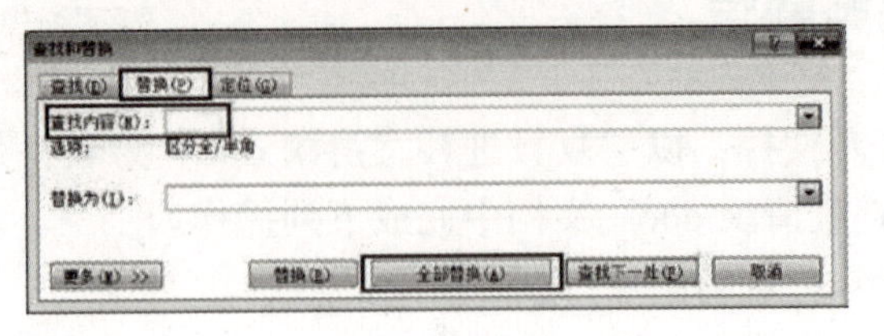

图 6-1-4

3．段落设置。

将插入点光标定位到第4段“冬瓜煮汤，”的后面，单击键盘上的“Del”键，合并段落；继续将插入点光标定位本段“特别是新”的后面，单击键盘上的“Del”键，合并段落。

4．页面设置。

① 单击鼠标左键选中第1行文字，单击“开始”选项卡→“字体”命令，在“字体”工具栏中选择“字体”为“华文彩云”、“字号”为“二号”、“文字颜色”为“红色”，如图6-1-5所示，单击“开始”选项卡→“段落”→“居中”命令，如图6-1-6所示。

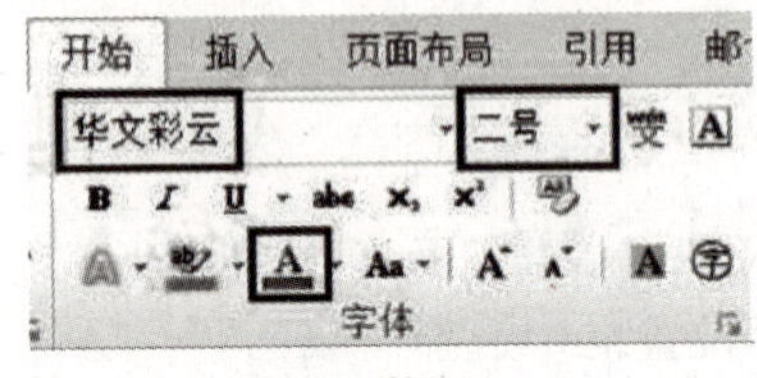

图 6-1-5

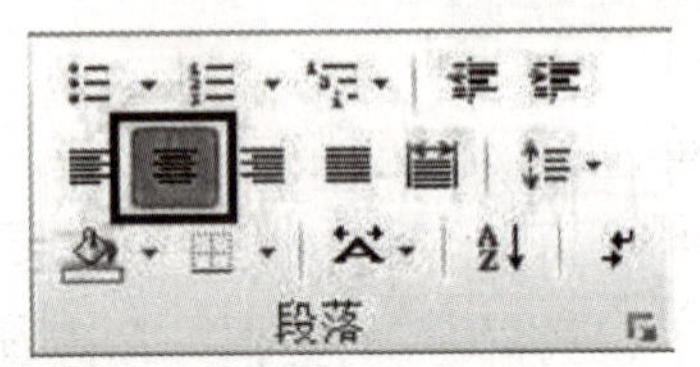

图 6-1-6

② 单击鼠标左键选中第2行开始的所有文字，单击“开始”选项卡→“字体”→“文本效果”→“阴影”→“外部”→“左上斜偏移”命令，如图6-1-7所示；单击“开始”→“段落”→“中文版式”→“字符缩放”命令，在下拉列表中选择“90%”，如图6-1-8所示。

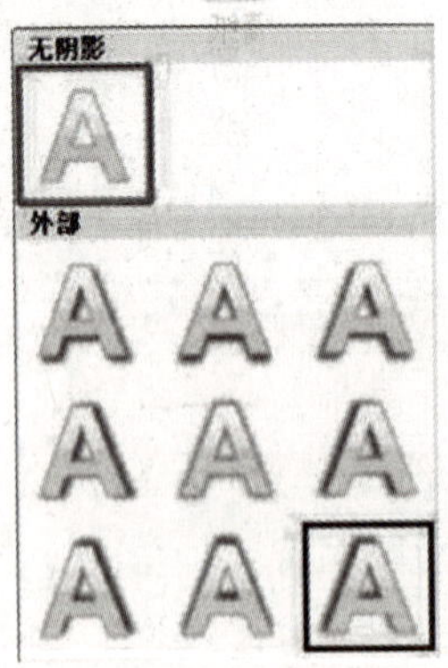

图 6-1-7

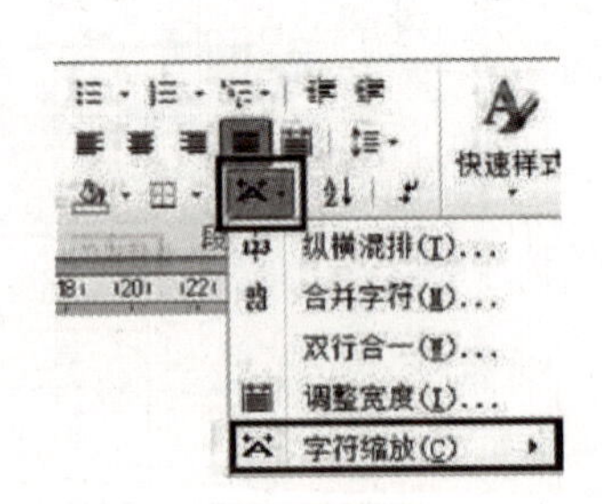

图 6-1-8

③ 单击鼠标左键选中第2行开始的所有文字，单击“开始”选项卡→“段落”→“行和段落间距”→“行距选项”，如图6-1-9所示。在“段落”选项卡 “缩进和间距”对话框中，“行距”选择“固定值”，“设置值”输入“20磅”，单击“确定”按钮，如图6-1-10所示。

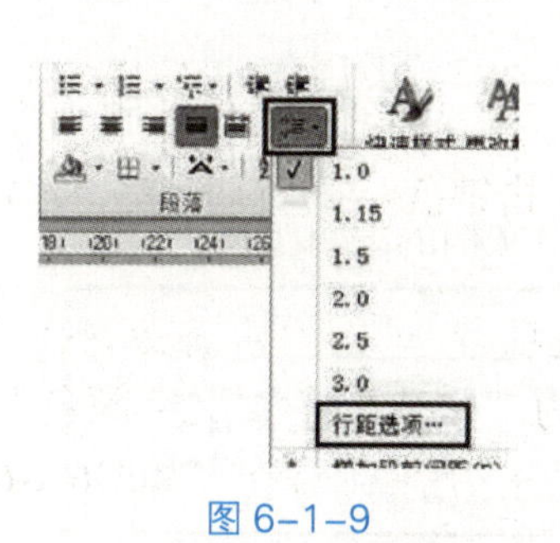

图 6-1-9

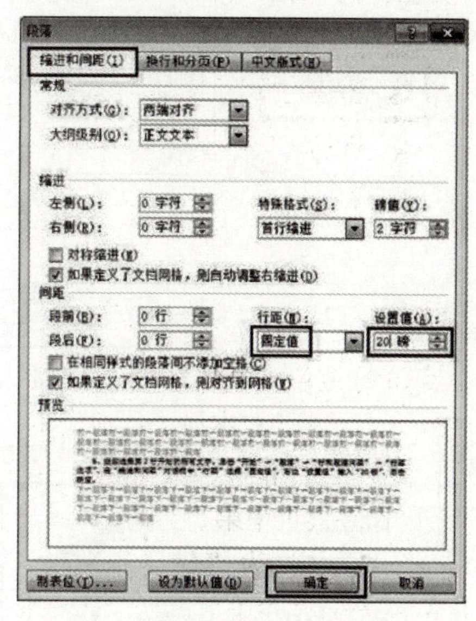

图 6-1-10

④ 单击鼠标左键选中标题，单击“引用”选项卡→“脚注”→“插入脚注”命令，如图6-1-11所示，在光标出现的地方，参照样张输入脚注文字。

⑤ 单击鼠标左键选中第2行开始的所有段落，单击“页面布局”选项卡→“页面边框”命令，如图6-1-12所示，单击“边框和底纹”对话框→“边框”选项卡，参照样张选择线型，并设置“颜色”为“紫色”，设置“宽度”为“6磅”，“应用于”“段落”，单击“确定”按钮，如图6-1-13所示。

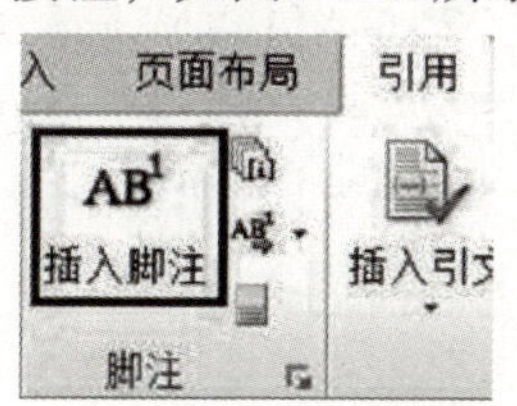

图 6-1-11

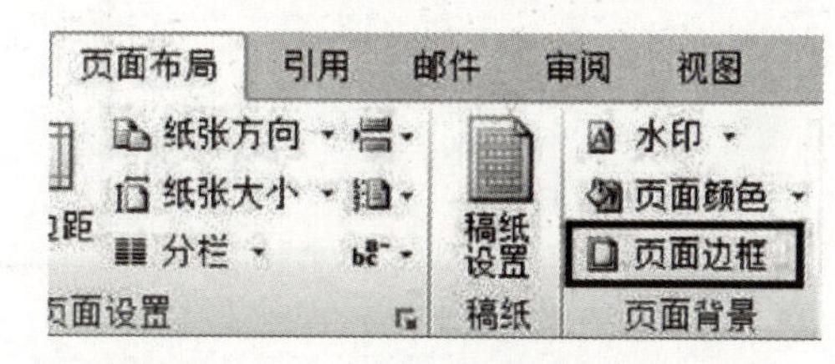

图 6-1-12

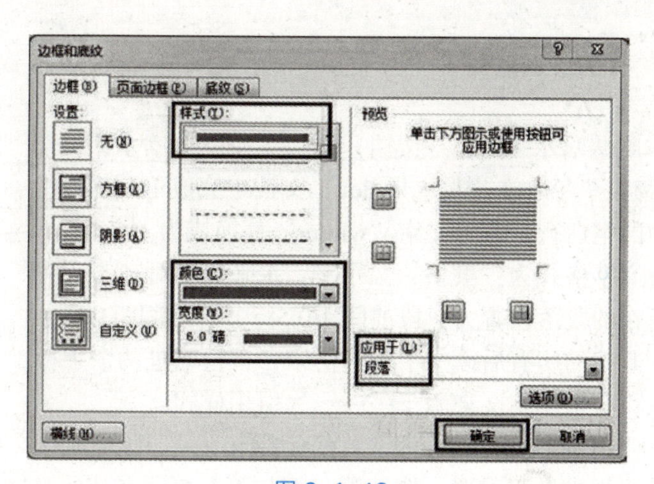

图 6-1-13

5. 保存。

单击“文件”选项卡→“保存”按钮。

任务二

参照图6-2-1所示样张完成“冬季吃些啥水果.doc”中文档的编辑工作。

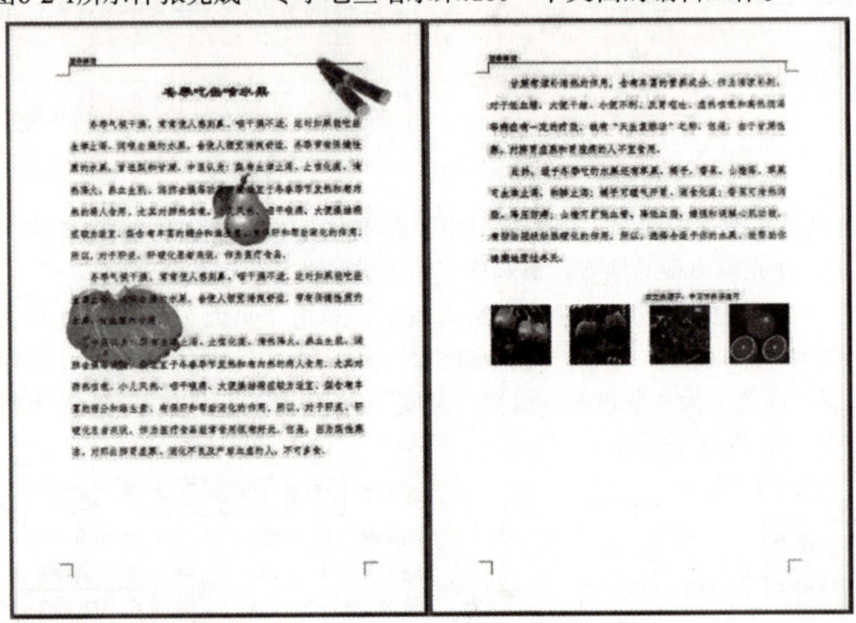

图 6-2-1

题目要求

1. 打开“冬季吃些啥水果.doc”文档，以“冬季吃些啥水果.doc”为名将其保存在桌面，并参照样张继续在“冬季吃些啥水果.doc”文档中完成下列操作。

2. 删除文档中的空白行，并将文字“winter”替换成为“冬季”。

3. 设置第一行文字格式为：隶书、二号字，水平居中对齐。

4. 将第一行所在的段落设置为：段前间距0.5行，段后间距1行。

5. 设置第二行开始的所有后续文字为：仿宋，首行缩进两个字符。

6. 设置最后一行文字“本文来源于……”为引用样式。

7. 使用下一页分节符对文档分页，使从“甘蔗有滋补……”开始的后续文字划分在第二页中。

8. 在第二页的页眉中进行设置：取消第二页与第一页所在节的链接关系，并删除第二页页眉中甘蔗、梨和香蕉三张图片；保留页眉上的文字“营养保健”。

9. 保存文档。

操作步骤

1. 文件设置。

按照路径打开“冬季吃些啥水果.doc”文件，选择“文件”→“另存为”命令，弹出“另存为”对话框，在该对话框中的保存位置框中选择“桌面”，文件名文本框中输入“冬季吃些啥水果”，单击“保存”按钮，如图6-2-2所示。

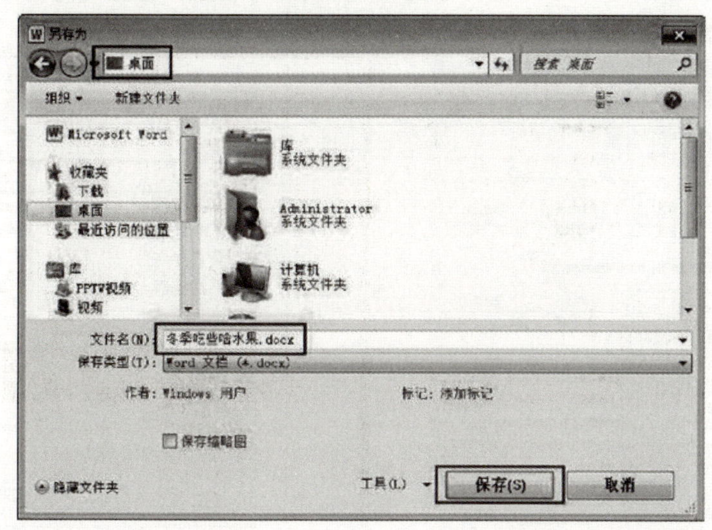

图 6-2-2

2. 文档设置。

① 在文档空白行处拖动鼠标选中段落标记符，单击键盘上的Del键删除空白行。单击“开始”选项卡→“编辑”→“替换”命令，在“替换”对话框中单击“替换”选项卡，在“查找内容”选项框中输入“winter”，在替换选项框中输入“冬季”，单击“全部替换”按钮，如图6-2-3所示。

② 选中标题文字，单击“开始”选项卡→“字体”命令，在工具栏中设置“字体”为“隶书”，“字号”为“二号”，单击“开始”选项卡→“段落”→“居中”命令，如图6-2-4所示。

图 6-2-3

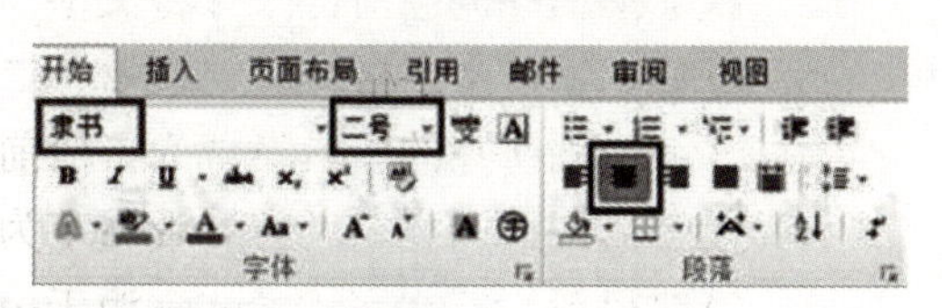

图 6-2-4

③ 选中标题文字，单击“开始”选项卡→“段落”→“行和段落间距”→“行距选项”命令，如图6-2-5所示，在打开的对话框中选中“缩进和间距”选项卡，“间距”设置为“段前”：“0.5行”、“段后”：“1行”，单击“确定”按钮，如图6-2-6所示。

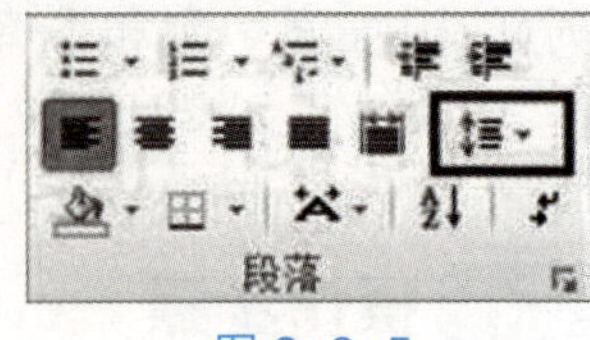

图 6-2-5

④ 选中第二行开始的所有后续文字，单击“开始”选项卡→“字体”命令，在“段落”工具栏设置“字体”为“仿宋”，单击“开始”选项卡→“段落”命令，在“段落”对话框中选取“缩进和间距”项，“特殊格式”设置为“首行缩进”，“磅值”为“2字符”，单击“确定”按钮，如图6-2-6所示。

⑤ 选中“本文来源于：中国营养保健网”，单击“开始”选项卡→“样式”命令，在下拉菜单中拖动滚动条找到“引用”命令按钮，如图6-2-7所示。

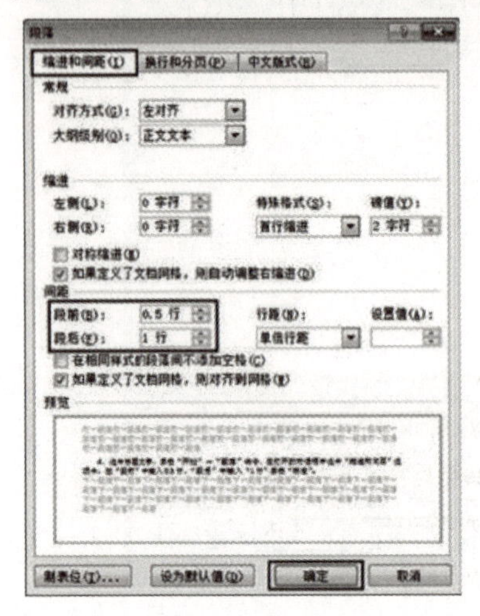

图 6-2-6

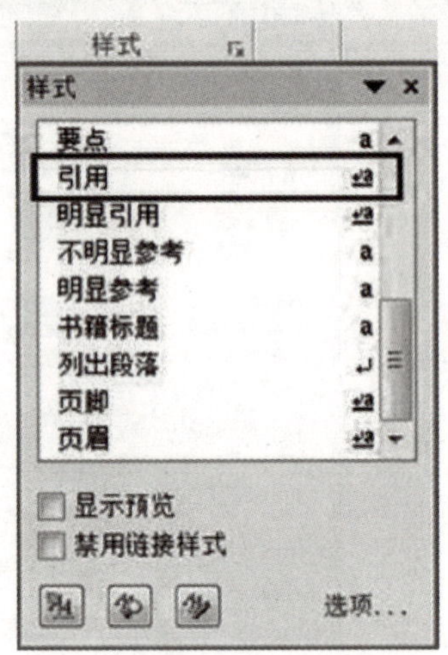

图 6-2-7

⑥ 将光标移动到“甘蔗有滋补……”前，单击“页面布局”选项卡→“分隔符”命令，在下拉菜单中设置分节符类型为“下一页”，如图6-2-8所示。

⑦ 单击“插入”选项卡→“页眉和页脚”→“页眉”命令，用鼠标单击第二页的页眉处，单击“页眉和页脚工具”→“设计”→“链接到前一条页眉”命令按钮，如图6-2-9所示，然后对照样张删除三张图片。

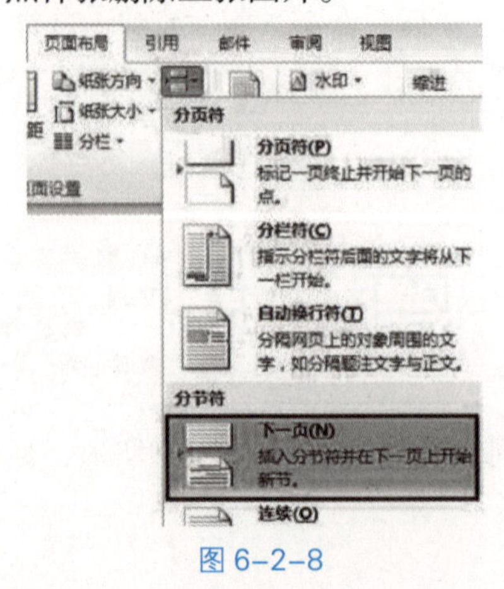

图 6-2-8

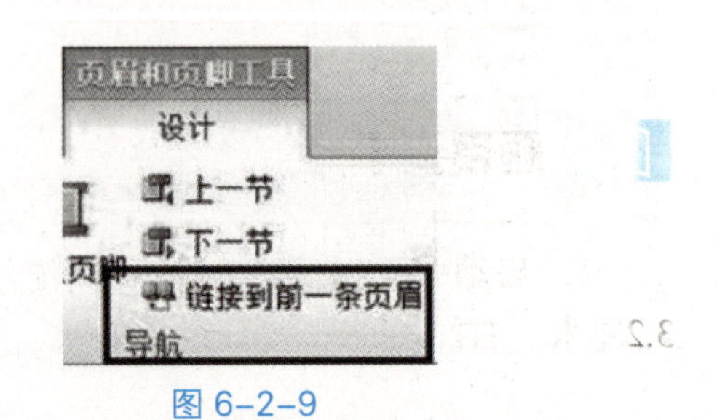

图 6-2-9

3. 保存。

单击“文件”选项卡→“保存”按钮。

任务三

参照图6-3-1所示样张完成“满江红.doc”中文档的编辑工作。

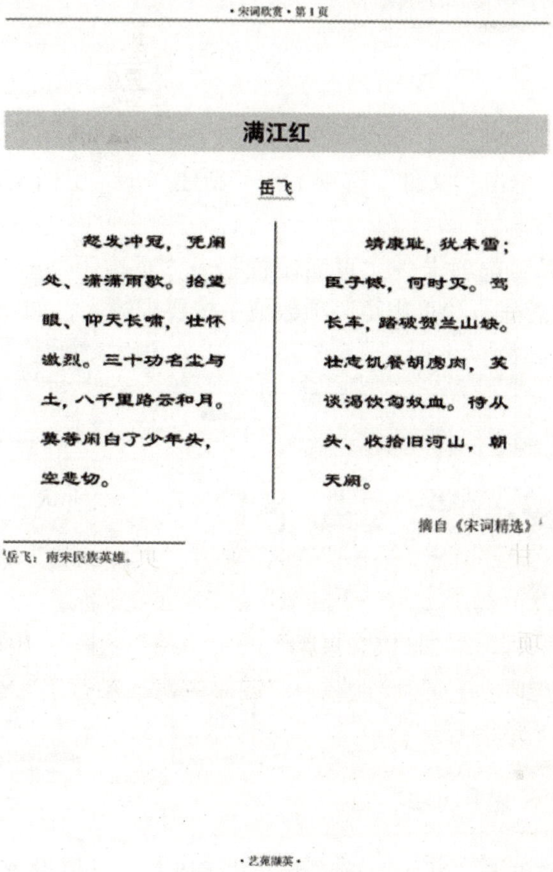

·宋词欣赏·第1页

满江红

岳飞

怒发冲冠，凭阑处、潇潇雨歇。抬望眼、仰天长啸，壮怀激烈。三十功名尘与土，八千里路云和月。莫等闲白了少年头，空悲切。

靖康耻，犹未雪；臣子憾，何时灭。驾长车，踏破贺兰山缺。壮志饥餐胡虏肉，笑谈渴饮匈奴血。待从头、收拾旧河山，朝天阙。

摘自《宋词精选》[1]

[1]岳飞：南宋民族英雄。

·艺苑撷英·

图 6-3-1

题目要求

1. 启动Word文档，输入“满江红”这首词，设置页边距为上2.8厘米、下3厘米、左3.2厘米、右2.7厘米；装订线1.4厘米。

2．设置标题为黑体、小二号、加粗、居中；作者名为楷体、四号、加波浪线、居中；正文为隶书、三号；最后1行为宋体、小四号、右对齐。

3．设置所有段落左右各缩进1厘米。

4．设置标题行的段前间距为48磅，作者名所在行的段前、段后各12磅，最后1行的段前间距为12磅。

5．设置正文为两栏，加分隔线。

6．给“满江红”一行添加底纹，图案样式为“12.5%”。

7．给“岳飞”添加尾注“岳飞：南宋民族英雄。”

8．给文档添加页眉“·宋词欣赏·第1页”；页脚“·艺苑撷英·”。

9．以“宋词欣赏”为文件名保存。

操作步骤

1．页面设置。

① 启动Word文档，单击“文件”选项卡→“新建”→“空白文档”→“创建”命令按钮，如图6-3-2所示。

② 单击“页面布局”选项卡→“页面设置”→“页边距”→“自定义边距”命令按钮，在“页面设置”对话框→“页边距”项数值中按要求输入，如图6-3-3所示。

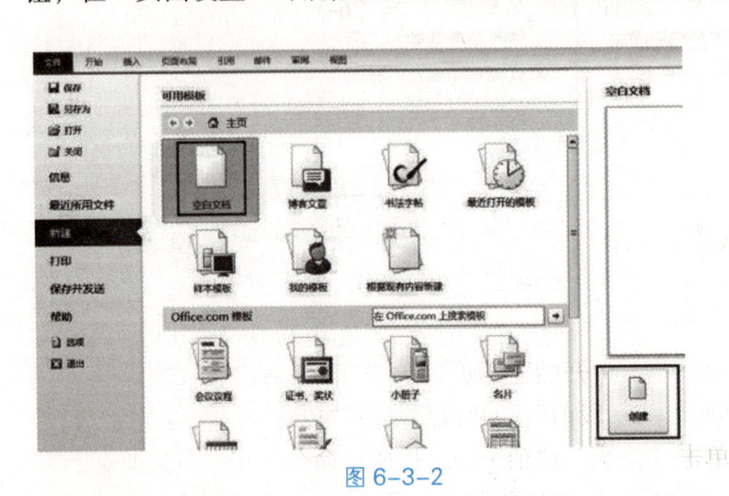

图 6-3-2

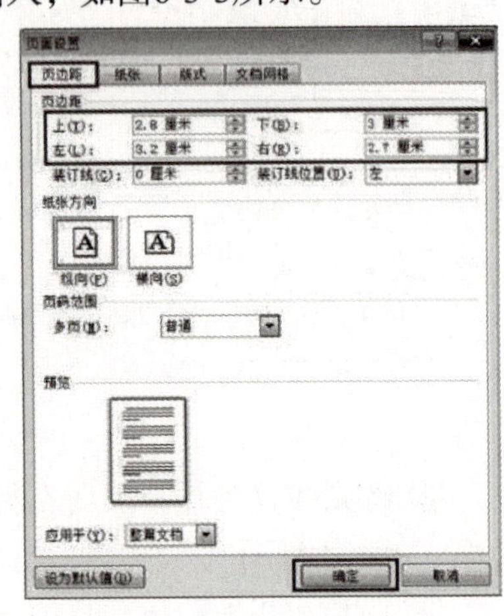

图 6-3-3

③ 选中标题文字，单击“开始”选项卡，“字体”工具栏设置“字体”为“黑体”，“字号”为“小二”，设置文字效果“加粗”；单击“开始”选项卡，“段落”工具栏设置格式为“居中”，如图6-3-4所示。

④ 选中作者名，单击“开始”选项卡，“字体”工具栏设置“字体”为“楷体”，“字号”为“四号”；单击“下划线”命令按钮，在下拉菜单中选取“波浪线”命令；单击“开始”选项卡，“段落”工具栏设置格式为“居中”，如图6-3-5所示。

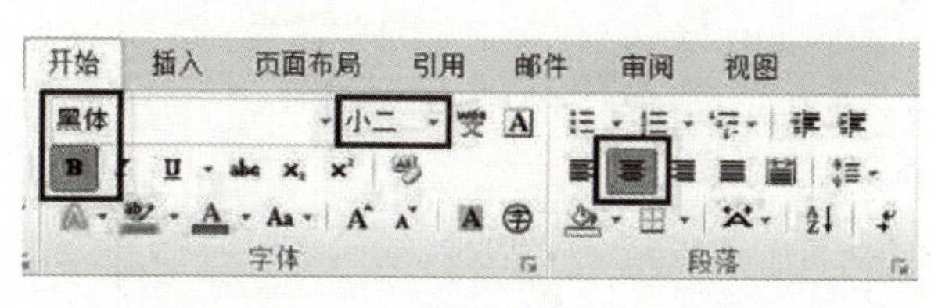

图 6-3-4

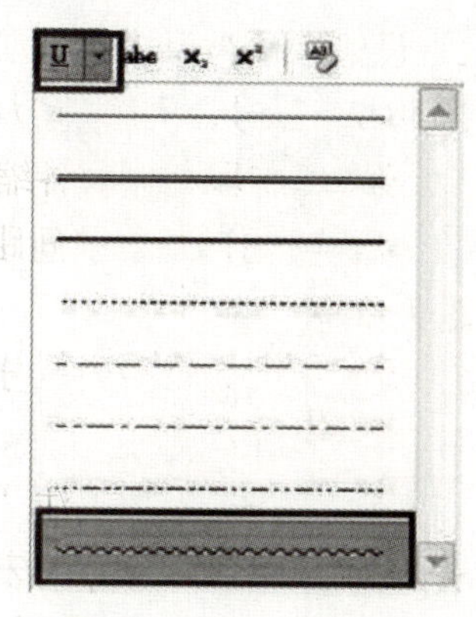
图 6-3-5

⑤ 选中正文文字，单击“开始”选项卡，“字体”工具栏设置“字体”为“隶书”，“字号”为“三号”。选中“摘自……”一句，单击“开始”选项卡，“字体”工具栏设置“字体”为“宋体”，“字号”为“小四”；单击“开始”选项卡，“段落”工具栏设置格式为“文本右对齐”。

⑥ 选中正文文字，单击“开始”选项卡→“段落”命令，在“段落”对话框“缩进和间距”项中设置“缩进”为“左侧”、“右侧”各“1厘米”，如图6-3-6所示。

⑦ 将光标移到标题行中，单击“开始”选项卡→“段落”命令，在“段落”对话框“缩进和间距”项中设置“间距”为“段前”：“48磅”，如图6-3-7所示。

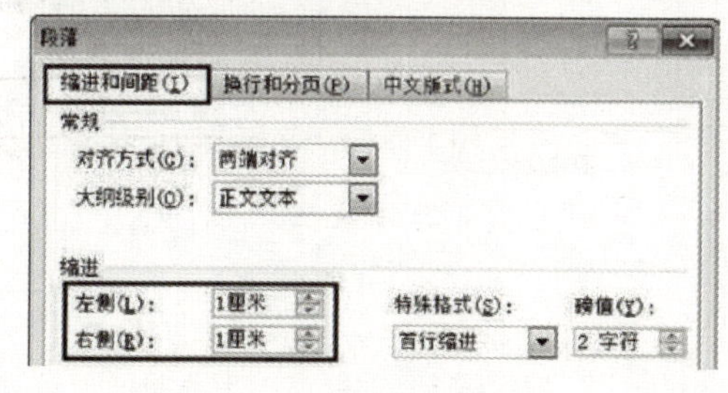

图 6-3-6

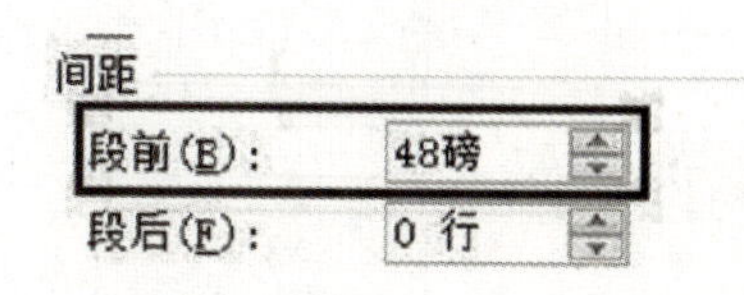

图 6-3-7

⑧ 将光标移到作者名所在行中，单击“开始”选项卡→“段落”命令，在“段落”对话框“缩进和间距”项中设置“间距”为“段前”、“段后”各“12磅”。

⑨ 将光标移到最后一行中，单击“开始”选项卡→“段落”命令，在“段落”对话框“缩进和间距”项中设置“间距”为“段前”“12磅”。

2．分栏设置。

选中正文文字，单击“页面布局”选项卡→“页面设置”→“分栏”→“更多分栏”命令，如图6-3-8所示，在“分栏”对话框中选择“两栏”，或在“栏数”中输入“2”，单击选中“分隔线”，如图6-3-9所示。

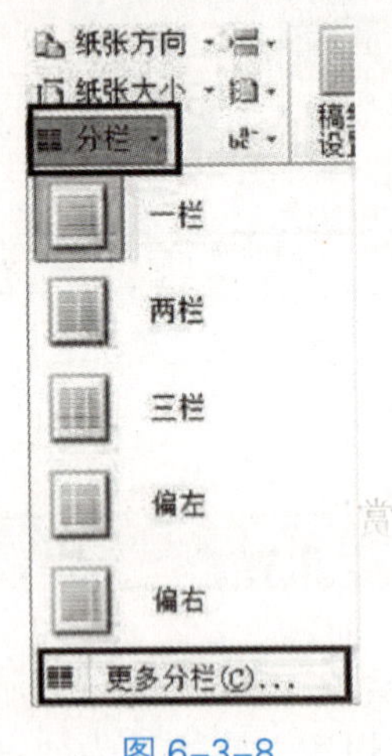

图 6-3-8

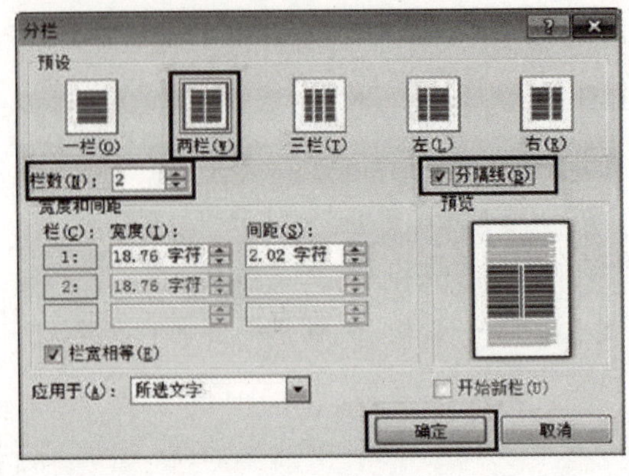

图 6-3-9

3．底纹设置。

选中标题文字（注意，选定内容要包括段落结束标记），单击“页面布局”选项卡→“页面背景”→“页面边框”命令，单击“边框和底纹”对话框“底纹”项，在“图案”→“样式”下拉列表框中选择“12.5%”，如图6-3-10所示。

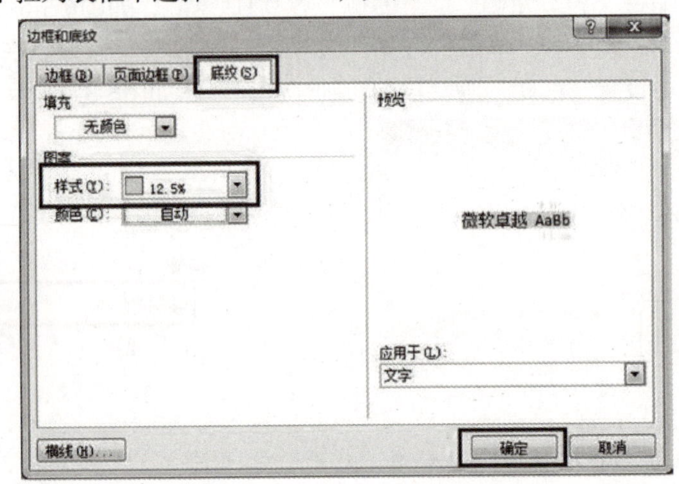

图 6-3-10

4．尾注设置。

将光标移动到文末，单击“引用”选项卡→“脚注”→“插入尾注”命令按钮，在光标处按题目要求输入文字，如图6-3-11所示。

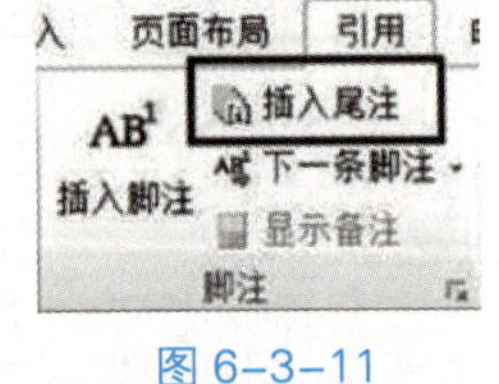

图 6-3-11

5．页眉、页脚设置。

单击“插入”选项卡→“页眉和页脚”→“页眉”→“编辑页眉”命令，在光标处按题目要求输入文字，单击“转至页脚”，在光标处按题目要求输入文字，如图6-3-12所示。点击所编辑的页眉处，单击“设计”→“位置”→“对齐方式”选项卡，“对齐制表位”中“对齐方式”选择“居中”，如图6-3-13所示，单击“页眉和页脚工具”→“设计”→“关闭”→“关闭页眉和页脚”命令按钮。

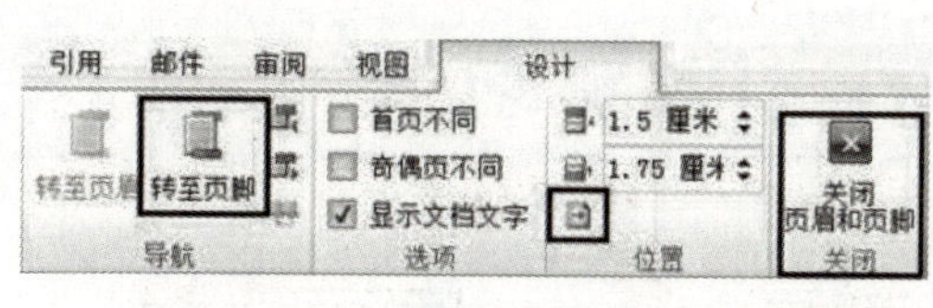

图 6-3-12

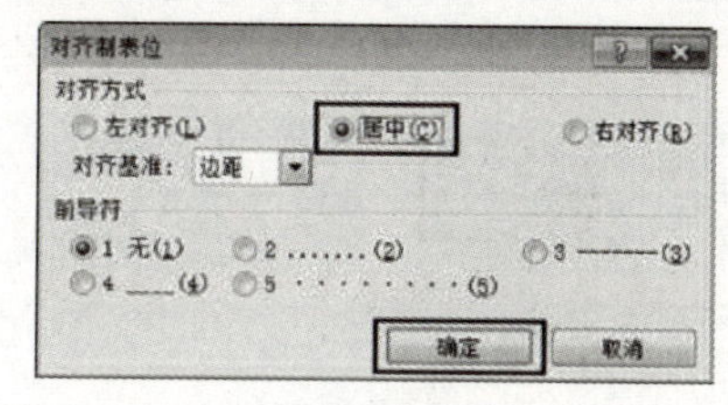

图 6-3-13

6．保存设置。

单击“文件”选项卡→“保存”命令，文件名为“宋词欣赏”，单击“保存”按钮。

实训七 Word 2010的图文混排操作

实训目的 ⇨ 掌握在Word文档中插入并编辑图片、文本框、艺术字的方法。

实训内容 ⇨ 参照样张，按照任务要求，完成以下文档的操作。

任务一

参照图7-1-1所示样张完成“独处.doc”中文档的编辑工作。

【散文】

独处是一种享受

生活在这纷扰喧嚣的世界，有时真的需要有自己独处的空间。可以放飞自己的心灵，什么都可以想，什么都可以不想。一人独处静美随之而来，清灵随之而来，温馨随之而来；一人独处的时候，贫穷也富有，寂寞也温柔。

可以漫步到水边，伫立在无声的空旷中，感受一份清灵。让心灵远离喧嚣纷乱的世界，默默的体验花香，聆听鸟鸣。欣赏自然带给我的乐趣，静静的沉浸在自己的遐想中，不要谁来做伴，只有自己，而在这时我是最真实的。抬头仰望天边云卷云舒，让心儿随着自己无边的思绪飘飞。此时这个世界属于我，我也拥有了整个世界。

可以捧一品香茗，在氤氲的缭绕中慵懒的翻阅一本好书。让自己在这难得的宁静中，去书中解读关于生活，关于情感的文字。此刻，孤独成一个空灵的符号，悄悄的流淌着轻柔的曲调。可以被书中的人物打动，静的流泪。这时的我卸掉了生活的面具，返璞归真。不带任何伪饰的成份；抑或是微笑，这笑也是甜甜的，是我久蓄于心的一份无法表达的秘密。

可以，播放轻缓的温柔的小夜曲，静静的躺在床上，什么都不想。只让自己沉浸在音符营造出的氛围里。让身心此刻回归本真，默默的享受音乐带给我的心灵的栖息。让音乐来诠释我对浪漫的渴求。

可以，背上简单的行囊，到向往已久地方去。不要与谁为伴，就自己一……旅程，可以天马行空，自在逍遥。也许我会如孩童般的跟过一片青青的草地。找寻回……与顽皮。也许，我会大喊一声，打破这宁静的时刻。让孤独的内心得到释放的……本身就是一种疗痛。成为一次自己真不容易。就让这独处的时光做回真正的自……的地方，没人认识你。让这阳光完完全全的照亮我那些想喊，没有喊出的日子吧！……一人独处的时光，便时绝顶美妙的时刻！

无论生活多么繁重，我们都应在尘世的喧嚣中，找到这份不可多得的静谧。……给自己心灵一点小憩，让自己属于自己，让自己 解剖自己，让自己鼓励自己，……回自己……

这是我排解压抑，释放身心的方式。这也是我一人独处无与伦比的惬意。

独处是一种美丽的真实！独处是一种真实的美丽！

图 7-1-1

任务要求

1. 打开文档，以“独处.doc”为名将其保存在桌面上，参照样张设置该文档左、右页边距为2.2厘米，页眉文字为：【散文】，楷体、小四号、右对齐。

2. 制作竖型文本框，其中的文字为“独处是一种享受”，文字格式为隶书、红色、一号字、加粗，文本框格式为右上斜偏移阴影效果，线条线性为4.5磅双线，填充效果选用渐变填充-心如止水，四周型环绕，并参照样张调整文本框的位置。

3. 在文中插入“独处插图.jpg”图片，设置图片高度缩放为110%，宽度缩放为90%，衬于文字下方版式，并参照样张调整图片的位置。

4. 保存文档。

操作步骤

1. 页面设置。

① 按照路径打开“素材/实训六/独处是一种享受.docx”文档，单击“文件”选项卡→“另存为”命令，在“另存为”对话框中的保存位置框中选择“桌面”，文件名文本框中输入“独处”，单击“保存”按钮，如图7-1-2所示。

② 单击“页面布局”选项卡→“页面设置”→“页边距”→“自定义边距”命令，在“页面设置”对话框“页边距”中设置左、右边距各“2.2厘米”，单击“确定”按钮，如图7-1-3所示。

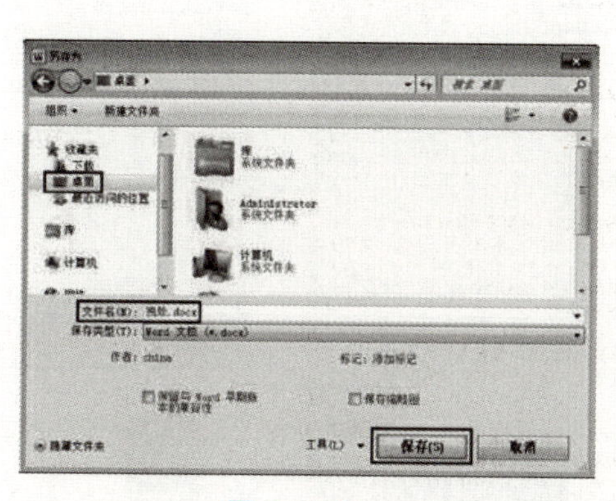

图 7-1-2

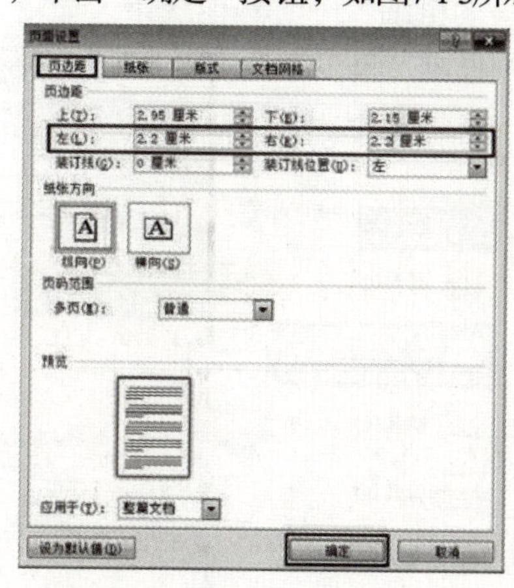

图 7-1-3

③ 单击“插入”选项卡→“页眉和页脚”→“页眉”→“编辑页眉”命令，在光标处输入“【散文】”并选中，单击“开始”选项卡，在“字体”工具栏中选择中文字体为“楷体”，“字号”为“小四”，如图7-1-4所示。

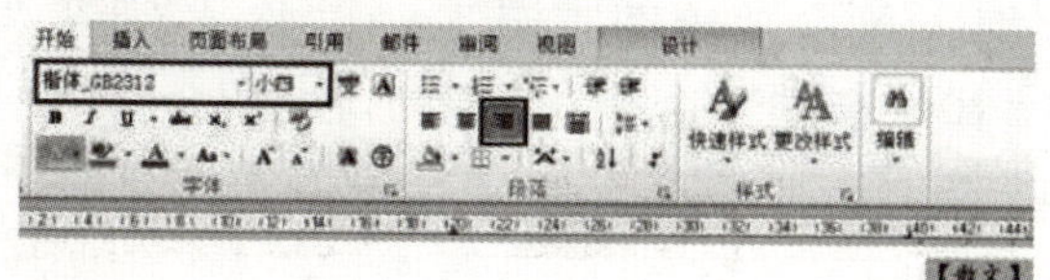

图 7-1-4

④ 选中“【散文】”，单击“开始”选项卡→“段落”→“文本右对齐”命令，如图7-1-4所示，单击“页眉和页脚工具”→“设计”→“关闭”→“关闭页眉和页脚”命令，如图7-1-5所示。

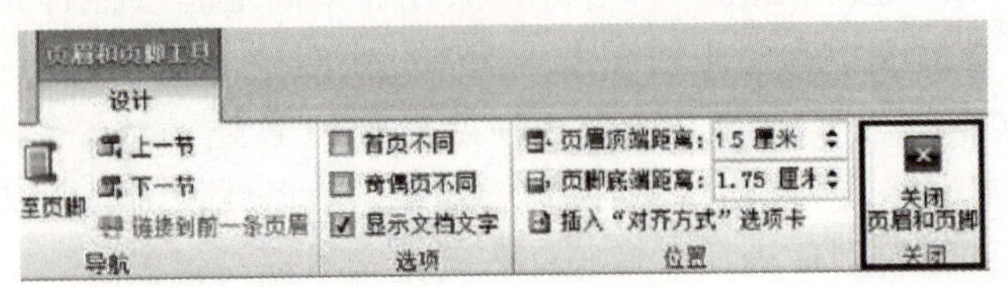

图 7-1-5

2. 文本框设置。

① 单击“插入”选项卡→“文本”→“文本框”→“绘制竖排文本框”命令，在文档中按住鼠标左键拖动以绘出适当大小的文本框。

② 将光标插入文本框内，输入“独处是一种享受”，选中所输入的文字，在“开始”选项卡→“字体”工具栏中选择中文字体“隶书”，单击“字体颜色”下拉按钮，在弹出的颜色菜单中选择“红色”，在“字号”下拉菜单中选择“一号”，单击常用工具栏“加粗”命令按钮 **B** 。

③ 选中文本框，单击“绘图工具”→“格式”→“形状样式”→“形状效果”→“阴影”→“外部”命令中的右上斜偏移阴影效果，如图7-1-6所示。

④ 单击选中文本框，单击“绘图工具”→“格式”→“形状样式”→“形状轮廓”→“粗细”→“其他线条”命令，在“设置形状格式”对话框“线型”选项卡的“线型”中设置“宽度”4.5磅，“复合类型”选择双线，如图7-1-7所示。

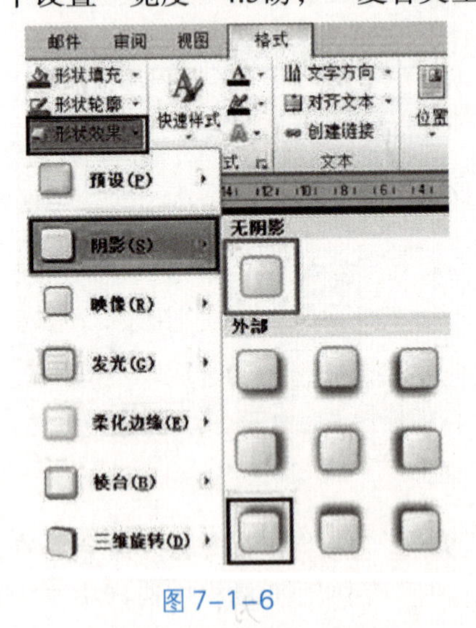

图 7-1-6

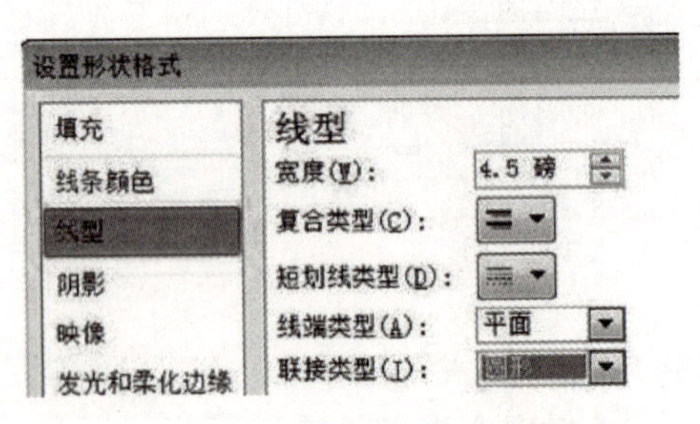

图 7-1-7

⑤ 单击选中文本框，单击“绘图工具”→“格式”→“形状样式”→“形状填充”→“渐变”→“其他渐变”命令，如图7-1-8所示。在“设置形状格式”对话框“填充”选项卡中选择“渐变填充”，“预设颜色”选择“心如止水”效果，如图7-1-9所示。

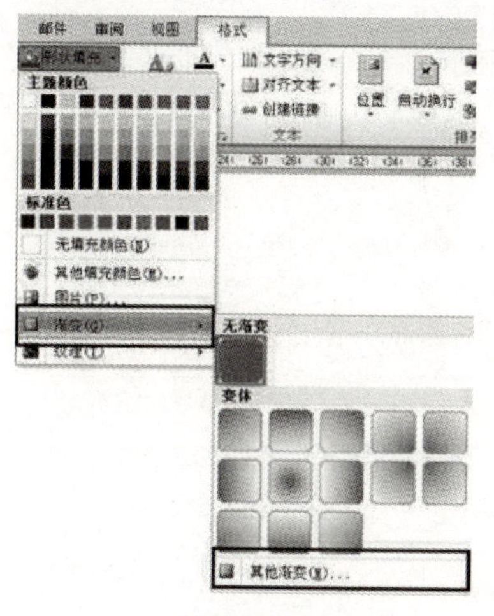

图 7-1-8

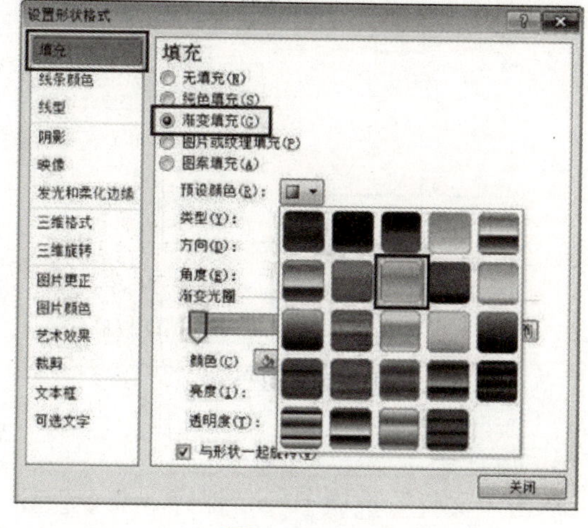

图 7-1-9

⑥ 单击选中文本框，单击“绘图工具”→“格式”→“排列”→“位置”→“其他布局选项”命令，如图7-1-10所示。在“布局”对话框“文字环绕”选项卡“环绕方式”中选择“四周型”，单击“确定”命令，如图7-1-11所示。

⑦ 参照样张，将文本框拖动到合适位置。

图 7-1-10

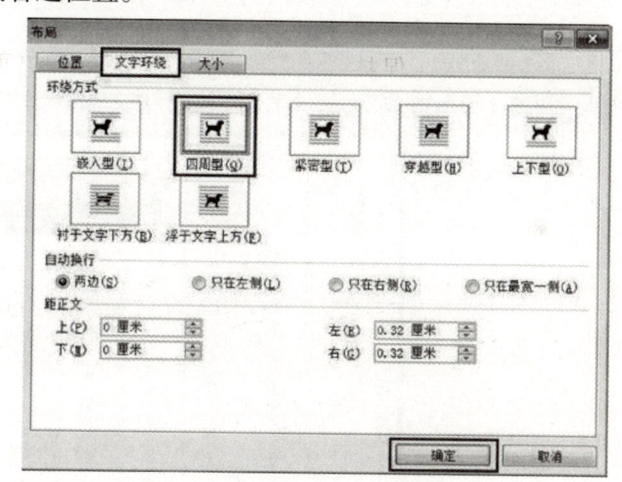

图 7-1-11

3．图片设置。

① 单击“插入”选项卡→“插图”→“图片”命令，在“插入图片”对话框中双击“独处插图.jpg”，插入该图片。

② 双击该图片，单击“图片工具”→“格式”→“大小”命令，在“布局”对话框“大小”选项卡中，取消“锁定纵横比”选项，在“缩放”选项中“高度”设置为110%，“宽度”设置为“90%”，如图7-1-12所示。

③ 单击“图片工具”→“格式”→“大小”命令，在“布局”对话框“文字环绕”选项卡中，“环绕方式”选择“衬于文字下方”，单击“确定”按钮，如图7-1-13所示。

④ 参照样张，调整图片到合适位置。

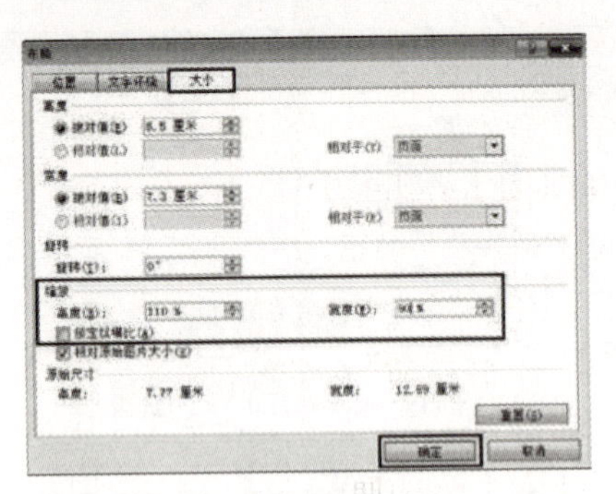

图 7-1-12

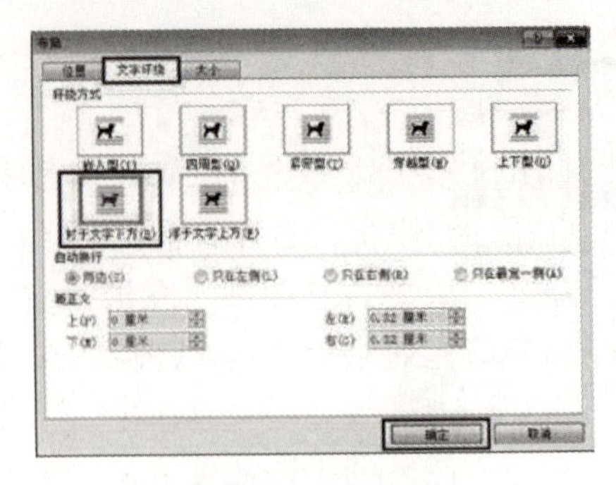

图 7-1-13

4．保存。

单击“文件”选项卡→“保存”命令按钮。

任务二

参照图7-2-1所示样张完成“生命.doc”中文档的编辑工作。

图 7-2-1

题目要求

1．打开文档，以“生命.doc”为名将其保存在桌面上，并参照样张设置“生命.doc”文档上页边距为3厘米，页面边框：阴影、绿色、宽度6磅。

2．在文中绘制自选图形，图形为“星与旗帜”中的“横卷形”，线条为黑色、5磅，阴影样式4，填充效果为预设-茵茵绿原；添加文字“生命-生命”，华文行楷，初号，居中对齐。设置紧密型版式，并参照样张适当调整绘制图形的位置。

3．在文中插入“生命插图.jpg”图片，设置图片高度为14厘米，宽度为18厘米，对比度为70%，衬于文字下方版式，并参照样张调整图片的位置。

4．保存文档。

操作步骤

1．页面设置。

① 按照路径打开文档，单击“文件”选项卡→“另存为”按钮，在“另存为”对话框中的保存位置框中选择“桌面”，文件名文本框中输入“生命.doc”，单击“保存”按钮，如图7-2-2所示。

② 单击“页面布局”选项卡→“页面设置”→“页边距”→“自定义边距”命令，如图7-2-3所示，在“页面设置”对话框设置“页边距”中“上”为3厘米，单击“确定”按钮，如图7-2-4所示。

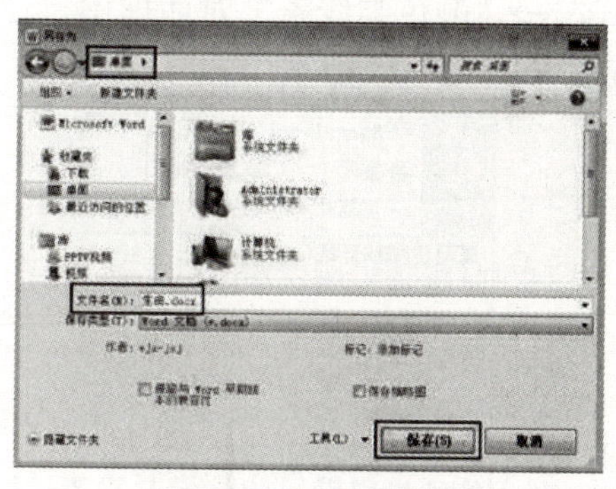

图 7-2-2

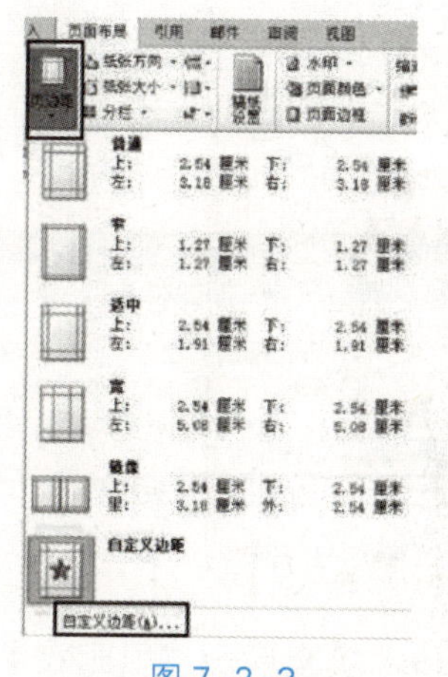

图 7-2-3

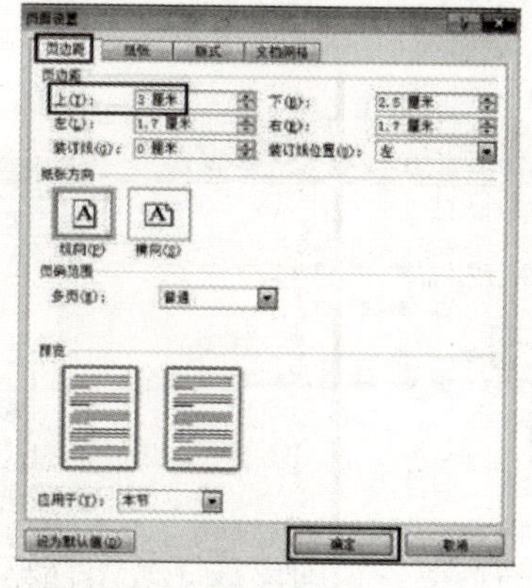

图 7-2-4

③ 单击“页面布局”选项卡→“页面背景”→“页面边框”组，如图7-2-5所示，在“边框和底纹”对话框中，单击“页面边框”命令按钮，选择“设置”中的“阴影”项，颜色为“绿色”，宽度为“6磅”，单击“确定”按钮，如图7-2-6所示。

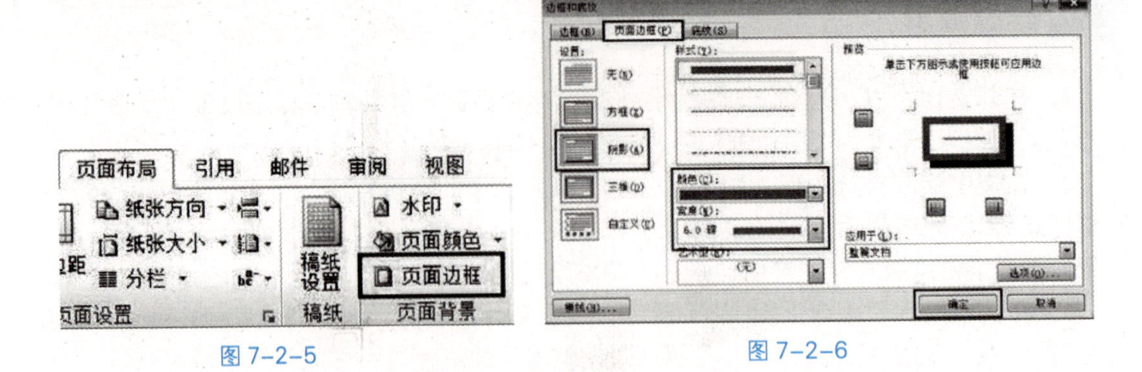

图 7-2-5　　图 7-2-6

2．图形设置。

① 单击“插入”选项卡→“插图”→“形状”→“星与旗帜”→“横卷形”命令，如图7-2-7所示。

② 单击“绘图工具”→“格式”→“形状样式”命令，在“设置自选图形格式”→“颜色与线条”对话框中，“线条”的“颜色”选取“黑色”，“粗细”选取“5磅”，如图7-2-8所示。

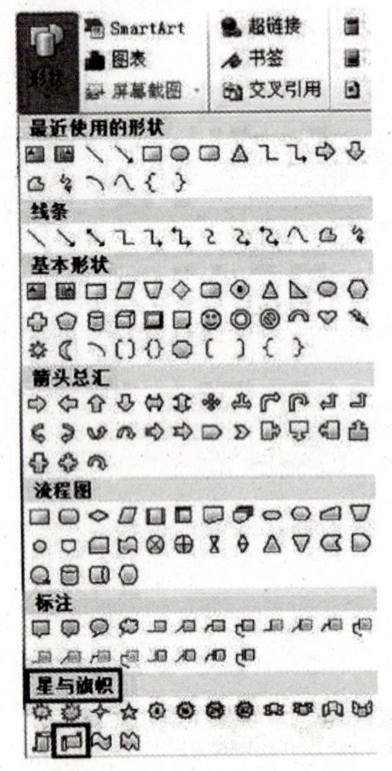

图 7-2-7　　图 7-2-8

③ 单击“设置自选图形格式”→“颜色与线条”→“填充”→“填充效果”按钮，在“填充效果”对话框“渐变”项选中“预设”项，“预设颜色”选取“茵茵绿原”，单击“确定”按钮，如图7-2-9所示。

④ 单击“绘图工具”→“格式”→“阴影效果”→“阴影效果”，选择“右上对角透视阴影效果”，如图7-2-10所示。

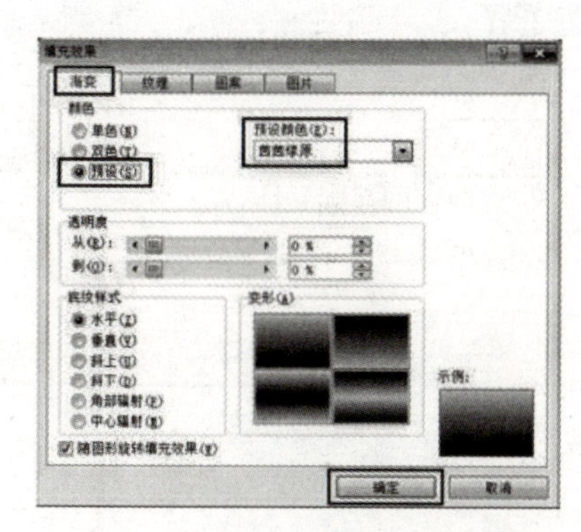
图 7-2-9

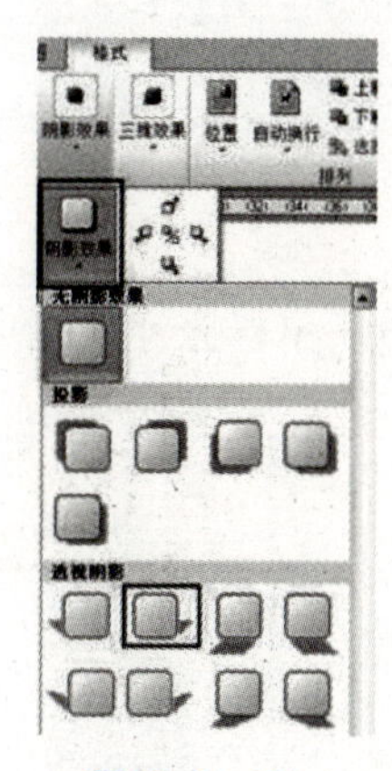
图 7-2-10

⑤ 选中自选图形，单击右键，在右键快捷菜单中选择“添加文字”命令，然后输入“生命-生命”，并在“开始”选项卡→“字体”工具栏中设置字体为“华文行楷”、字号为“初号”，最后单击工具栏中的“居中”按钮。

⑥ 单击“设置自选图形格式”对话框→“版式”命令，“环绕方式”选取“紧密型”，单击“确定”按钮，如图7-2-11所示。

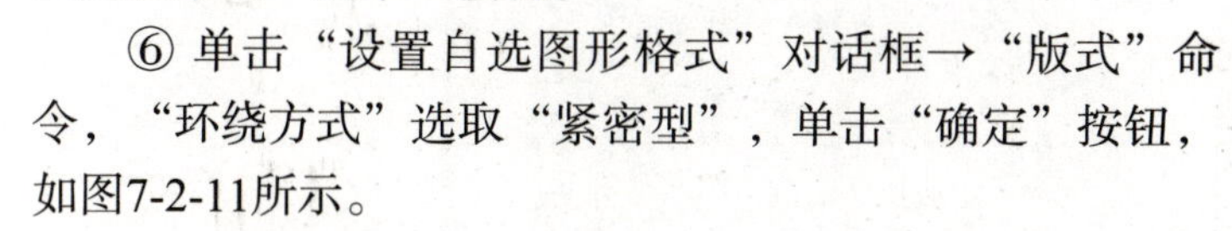

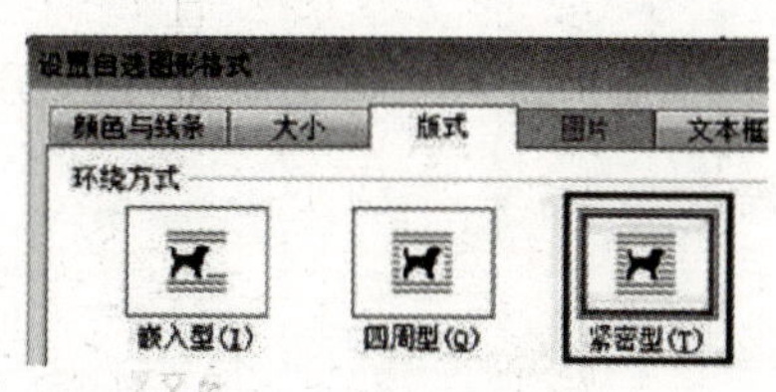

图 7-2-11

3．图片设置。

① 单击“插入”→“图片”→“来自文件…”，按照路径选择插入的图片文件；单击图片，单击右键“设置图片格式”对话框，如图7-2-12所示。

② 单击“大小”选项卡，设置高度为14厘米，宽度为18厘米，取消“锁定纵横比”和“相对原始图片大小”选项。

③ 单击“版式”选项卡，设置为衬于文字下方版式。

④ 单击“图片”选项卡，将“对比度”设置为“70%”，单击“确定”按钮，如图7-2-13所示。

图 7-2-12

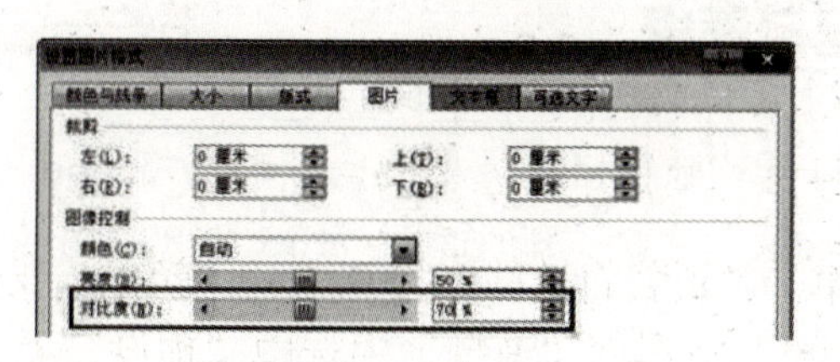
图 7-2-13

4．保存。

单击“文件”选项卡→“保存”命令按钮。

任务三

参照图7-3-1所示样张完成“咏柳.doc”中文档的编辑工作。

图 7-3-1

题目要求

1. 打开“咏柳.doc”文档，以“咏柳.doc”为名将其保存在桌面上，并参照样张设置“咏柳.doc”文档，纸张大小为B5（182 mm × 257 mm）；页面边框：阴影、绿色、宽度3磅。

2. 在文中绘制自选图形，图形为“星与旗帜”中的“竖卷形”，线条为“橄榄色深色50%”“圆点1.5磅”，右上对角透视阴影效果，填充效果为预设-茵茵绿原；添加文字“咏柳 • 贺知章”，隶书，一号，居中对齐。设置图形浮于文字上方，并参照样张适当调整图形的位置。

3．在文中插入“咏柳插图.jpg”图片，设置图片高度为22厘米，宽度为10厘米，对比度为55%，衬于文字下方版式，并参照样张调整图片的位置。

4．保存文档。

操作步骤

1．页面设置。

① 按照路径打开文档，单击“文件”选项卡→“另存为”按钮，在“另存为”对话框中的保存位置框中选择“桌面”，文件名文本框中输入“咏柳.doc”，单击“保存”按钮，如图7-3-2所示。

② 单击“页面布局”选项卡→“页面设置”→“纸张大小”命令，在下拉菜单中选择“B5”，如图7-3-3所示。

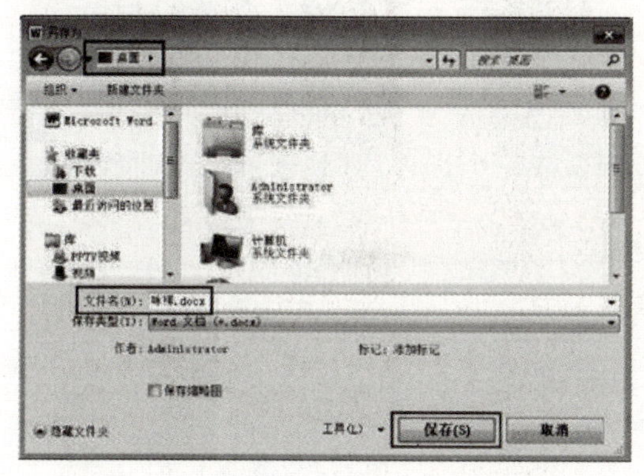

图 7-3-2

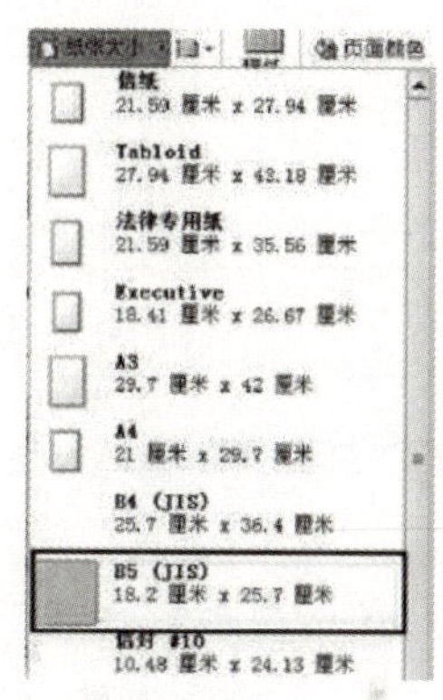

图 7-3-3

③ 单击“页面布局”选项卡→“页面背景”→“页面边框”命令，选择“页面边框”选项卡，选择“设置”中的“阴影”，颜色为“绿色”，宽度为“3磅”，单击“确定”按钮，如图7-3-4所示。

2．图片设置。

① 单击“插入”选项卡→“插图”→“形状”→“星与旗帜”→“竖卷形”命令，如图7-3-5所示，参考样张，在文中绘制自选图形。

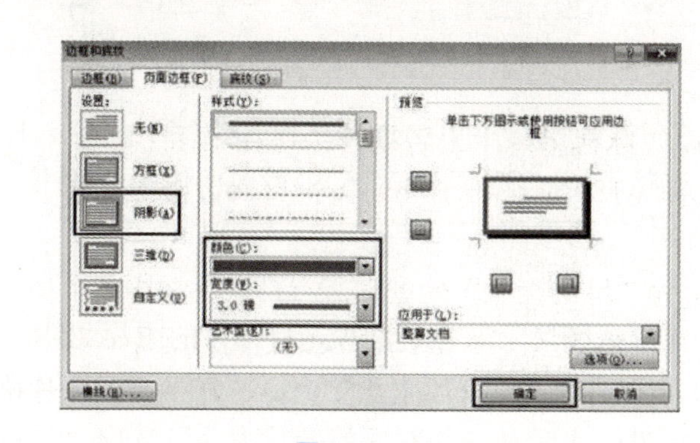

图 7-3-4

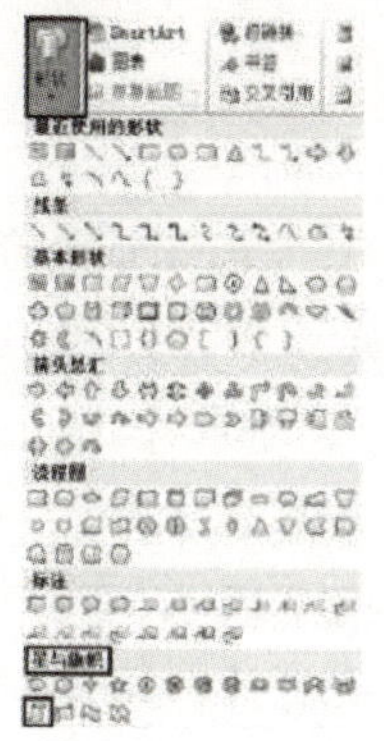

图 7-3-5

② 单击“绘图工具”→“格式”→“形状样式”命令，打开“设置自选图形格式”对话框，单击“颜色与线条”选项卡，在“线条”选项里，设置“颜色”为“橄榄色深色50%”，设置“虚实”为“圆点”，设置“粗细”为“1.5磅”，如图7-3-6所示；在“填充”选项里单击“颜色”，选择“填充效果”，在“填充效果”对话框中选择“渐变”选项卡，单击“预设”，在“预设颜色”中选择“茵茵绿原”，单击“确定”按钮，如图7-3-7所示。

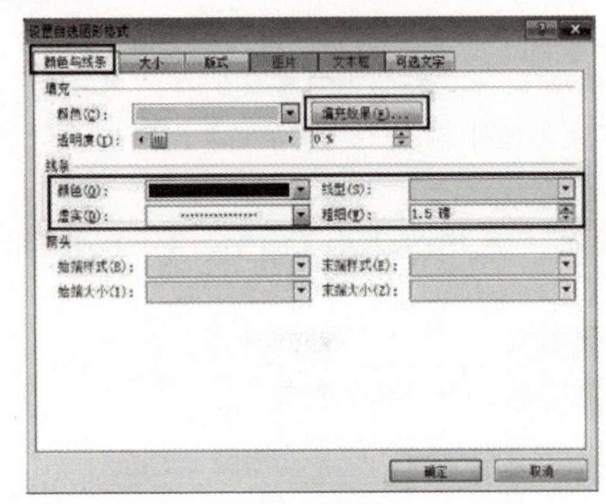

图 7-3-6

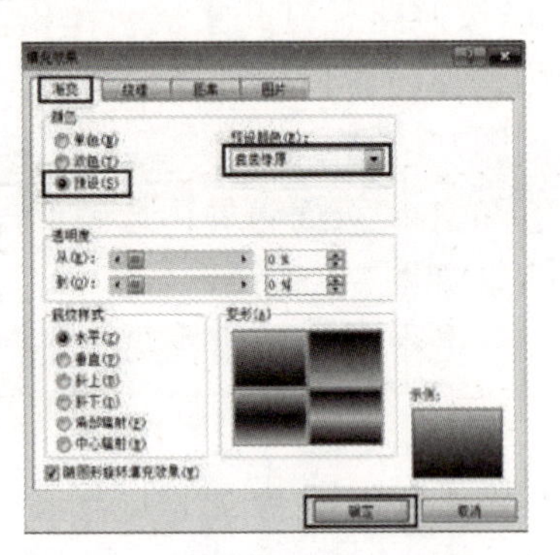

图 7-3-7

③ 单击“版式”选项卡，选择“浮于文字上方”版式，如图7-3-8所示。

④ 单击“绘图工具”→“格式”→“阴影效果”命令，在“阴影效果”下拉菜单中选择“右上对角透视阴影效果”，如图7-3-9所示。

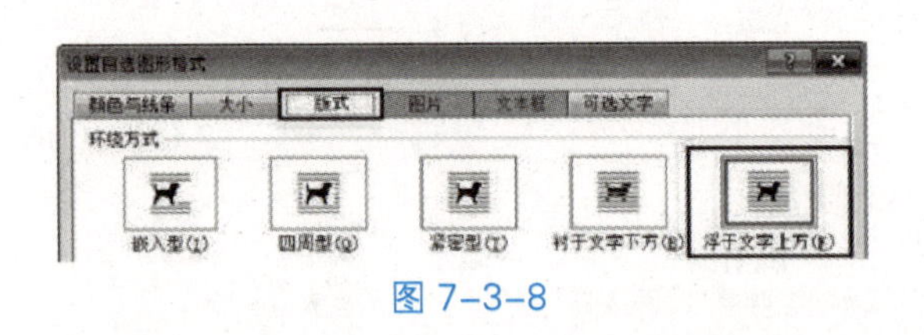

图 7-3-8

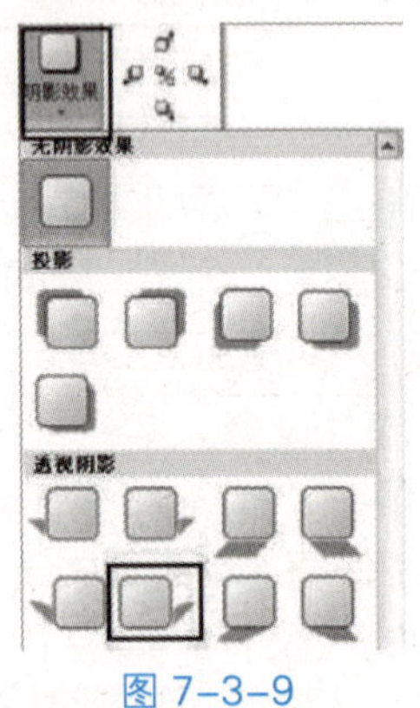

图 7-3-9

⑤ 选中自选图形，单击右键，在右键快捷菜单中选择“添加文字”命令，然后输入“咏柳·贺知章”，并在“开始”选项卡→“字体”工具栏中设置字体为“隶书”、字号为“一号”，最后单击工具栏中“居中”☰按钮。

3. 图片设置。

① 单击“插入”→“图片”→“插入图片”，按照路径选择插入的图片文件。

② 选中图片，单击“图片工具”→“格式”→“大小”命令，在“设置图片格式”对话框“大小”选项卡中，取消“锁定纵横比”和“相对原始图片大小”选项，设置高度为

“22厘米”，宽度为“10厘米”，如图7-3-10所示；单击“图片”选项卡，将“对比度”设置为“55%”，如图7-3-11所示；单击“版式”选项卡，“环绕方式”设置为“衬于文字下方”，如图7-3-12所示。参照样张，调整图片和文字的位置。

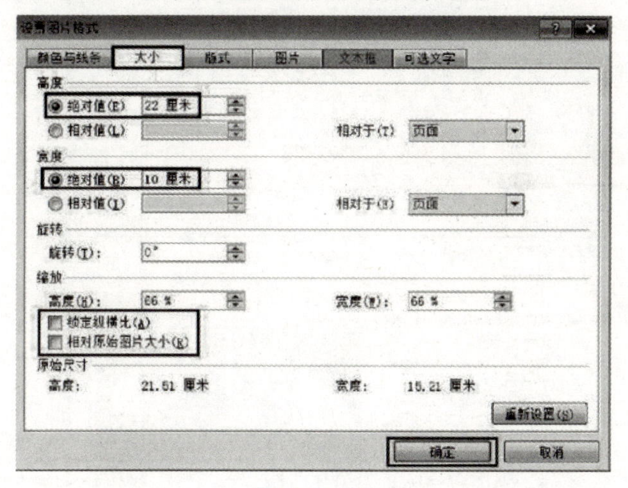

图 7-3-10

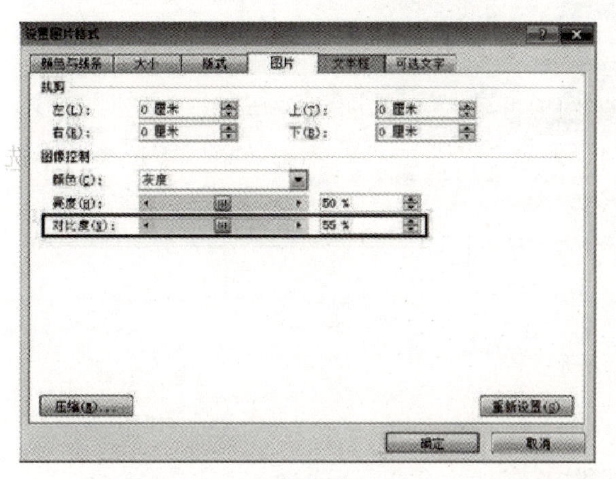

图 7-3-11

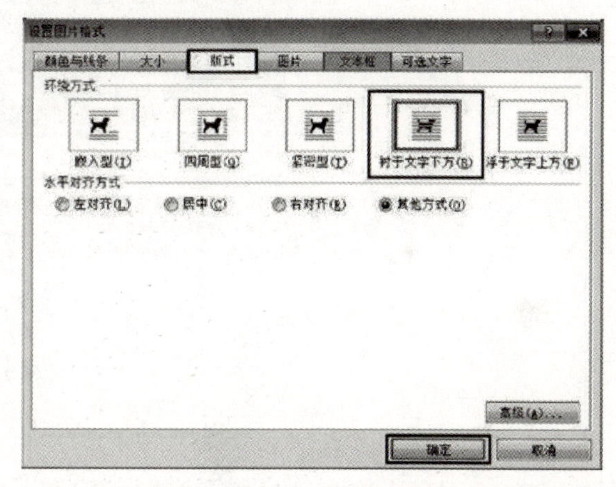

图 7-3-12

4．保存。

单击“文件”选项卡→“保存”命令按钮。

任务四

参照图7-4-1所示样张完成“仙鹤织锦.doc”中文档的编辑工作。

·民间故事·

仙鹤织锦

古时候，中华门西边有条街，街上住的全是织云锦的机工。有个要工叫张炎，他家世世代代做机工。九岁那年，父亲累倒在织机上，吐血死了，留下他和老母亲相依为命，靠拿东家的丝来织云锦过日子。东家给的工钱少，发的丝又乱，光理丝就要费很大的劲。母子俩虽然手艺巧，生活还是糊不过来。这事情被天上的云锦娘娘知道了，就派了两只仙鹤来帮助他们。这天，老妈妈在理丝，张炎在织锦，忽然，从天上飞下两只仙鹤，飞进窗户，落在窗台上。血红的丹顶，雪白的羽毛，漂亮极了。老妈妈和张炎都看呆了。这里，只见那一对仙鹤对着张炎母子长鸣一声，张开翅膀，"扑扑扑"围着机子绕三圈，就飞走了。

母子俩望着飞上青天的两只仙鹤，心里好不奇怪。哪晓得怪事还在后头呐。母子俩转身再理丝、织锦的时候，发现地上的丝一根不乱、尽是顺溜溜、光亮亮的好丝；那只梭也换了样，变成了一只黄铮铮、金闪闪的新梭了。

母子俩，你望望我，我望望你，惊奇得了不得。

"快织织看吧。"老妈妈说。

张炎坐上织机，换上好丝，放上新梭，"咔哒，咔哒！"这声音好听极啦，织起来也一点不费力气。织了一会儿，再看看织出来的云

锦，就像天上的云彩一样，绚 烂鲜艳。
母子俩好不高兴。这一天，张 炎织出
的云锦，比平常三天织的还多 可是，丝
才用了一半。

张炎母子辛苦惯了，每天 都是起
五更，睡半夜。这天因为高兴， 母子早
早睡了。到了后半夜，张炎被 "咔哒、咔
哒"的织机声。张炎心想，定 是妈妈
睡不着，起来织锦了，就轻轻 喊道："妈，
妈，你老人家怎么天不亮就忙 起来了
呢？"不想妈妈在那边床上答 起话来：
"炎儿，我还以为是你在织哩。"

这是谁呀？母子俩都从 床上爬
起来，伸头往堂屋里看，哎呀！ 原来是
白天飞来的两只仙鹤，在机子 上织云
锦哩！两只仙鹤好像在不停地 跳舞，机
子就不停地开动。梭子飞得比 天上的
流星还快，织出来的云锦就像 山上的
瀑布，呼呼直淌，转眼堆得像 座小山。
云锦上的花色更不用说了：天上的星日，地上的山川，仙鸟珍禽，奇花异草，好看极了。母子俩屏住气，生怕惊动仙鹤，直到天微向往亩，公鸡一啼叫，两只仙鹤展翅飞去，他们才走进堂屋。

从此，人们就把张炎母子住过的这条街，叫做仙鹤街。

图 7-4-1

题目要求

1．打开“仙鹤.doc”文档，以“仙鹤.doc”为名将其保存在桌面上，并参照样张设置“仙鹤.doc”文档上、下页边距为2.4厘米，左、右页边距为2.8厘米，页眉为“·民间故事·”，黑体、五号、左对齐。

2．在文中绘制自选图形，图形为“星与旗帜”中的“三十二角星”，线条为金色，填充效果为“渐变填充橙色强调文字颜色6线性向下”，右上对角透视阴影效果，添加文字“仙鹤织锦”，将其设置为绿色、隶书、一号字、加粗，文字方向为纵向，紧密型环绕；并参照样张适当调整绘制图形的位置。

3．在文中插入“仙鹤插图.jpg”图片，设置图片高度为9.5厘米，对比度为60%，四周型环绕，并参照样张调整图片的位置。

4．保存文档。

操作步骤

1．页面设置。

① 按照路径打开文档，单击“文件”选项卡→“另存为”按钮，在“另存为”对话框中的保存位置框中选择“桌面”，文件名文本框中输入“仙鹤”，单击“保存”按钮，如图7-4-2所示。

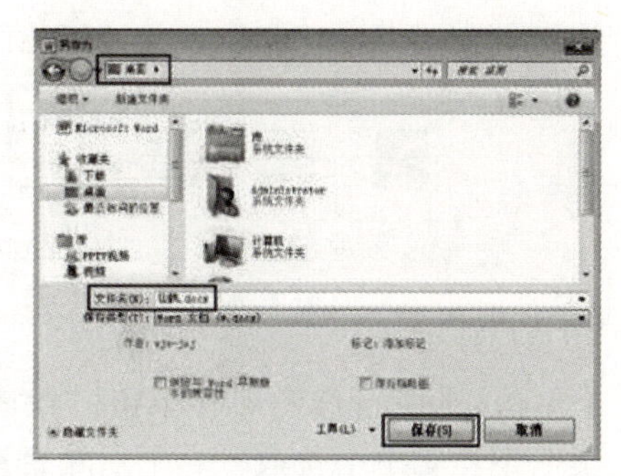

图 7-4-2

② 单击“页面布局”选项卡→“页面设置”→“页边距”→“自定义边距”命令，如图7-4-3所示，在“页面设置”对话框设置“页边距”“上”、“下”各为3厘米，“左”、“右”页边距各为2.8厘米，单击“确定”按钮，如图7-4-4所示。

图 7-4-3

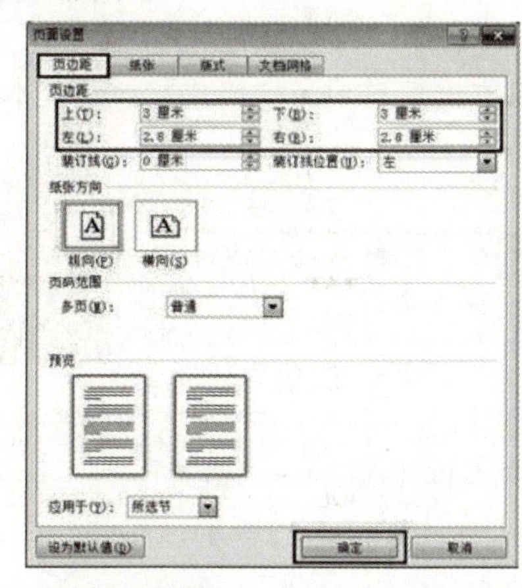

图 7-4-4

③ 单击“插入”选项卡→“页眉和页脚”→“页眉”，如图7-4-5所示单击“编辑页眉”命令，输入文字“·民间故事·”，选中输入文字，单击“开始”选项卡，在“字体”组工具栏“字体”中设置字体为“黑体”，“字号”为“五号”，在“段落”组工具栏中设置对其方式为“文本左对齐”，如图7-4-6所示。

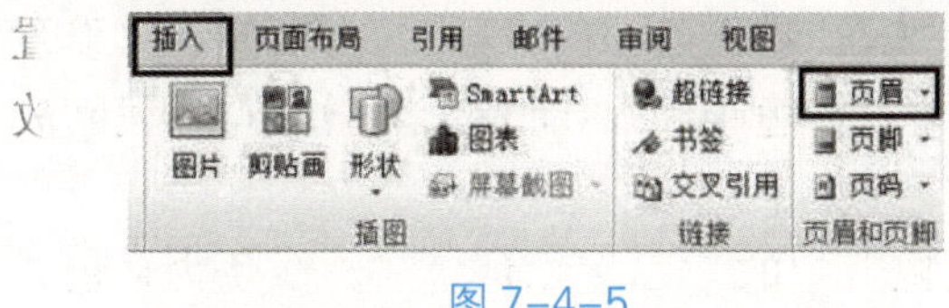

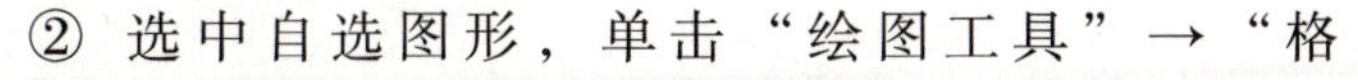

图 7-4-5

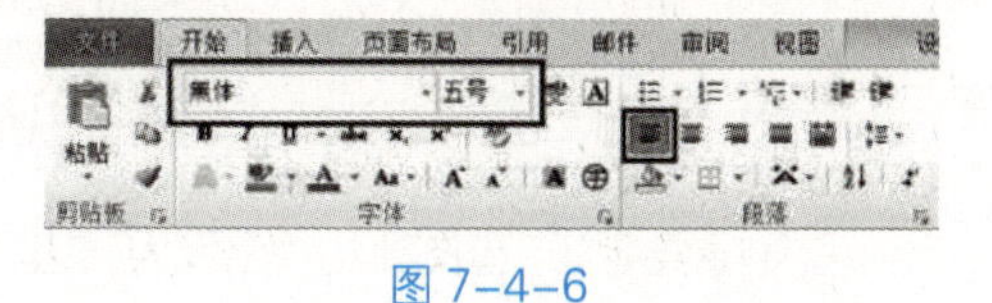

图 7-4-6

2．图形设置。

① 单击“插入”选项卡→“插图”→“形状”→“星与旗帜”→“三十二角星”命令，如图7-4-7所示，参考样张，在文中绘制自选图形。

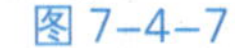

图 7-4-7

② 选中自选图形，单击“绘图工具”→“格

式”→“形状样式”命令，如图7-4-8所示，在“形状轮廓”下拉菜单中选择“金色”，在“形状填充”下拉选项中选择“渐变”→“其他渐变”，在“填充效果”对话框“渐变”选项卡中，设置“颜色”为“单色”“橙色”，单击“确定”按钮，如图7-4-9所示。

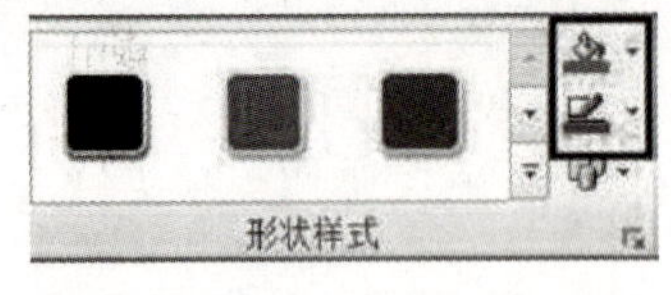

图 7-4-8

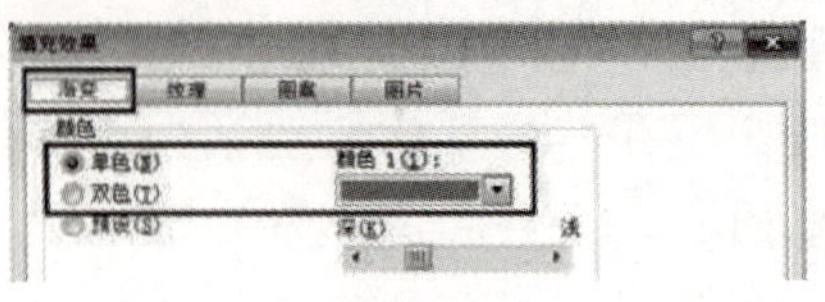

图 7-4-9

③ 选中自选图形，单击“绘图工具”→“格式”→“阴影效果”命令，在“阴影效果”下拉菜单中选取“右上对角透视阴影效果”。

④ 选中自选图形，单击右键，选中“添加文字”命令，在自选图形中输入文字“仙鹤织锦”。选中文字“仙鹤织锦”，单击“开始”→“字体”命令，在“字体”组工具栏中设置中文字体为“隶书”，“字号”为“一号”，字形“加粗”，如图7-4-10所示。

⑤ 单击“文本框工具”→“格式”→“文本”→“文字方向”命令，如图7-4-11所示。

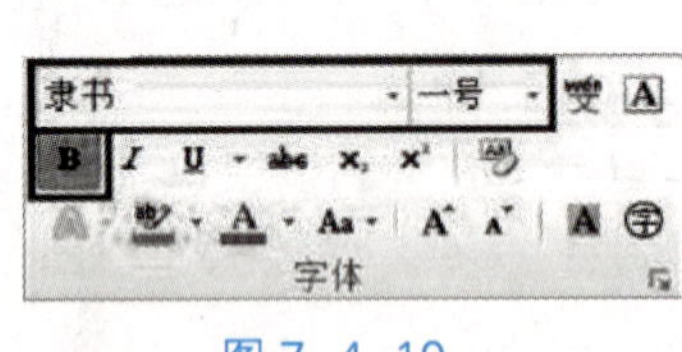

图 7-4-10

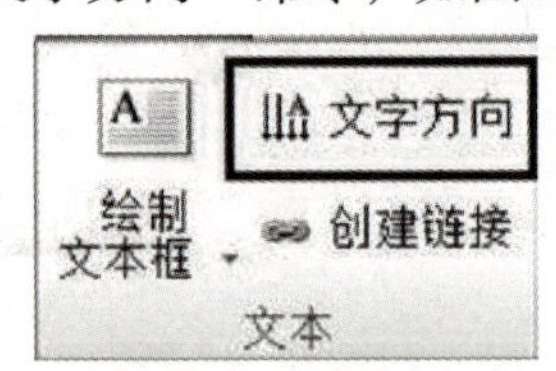

图 7-4-11

⑥ 单击“文本框工具”→“格式”→“排列”→“自动换行”命令，在下拉菜单中选取“紧密型环绕”，如图7-4-12所示，参照样张适当调整绘制图形的位置。

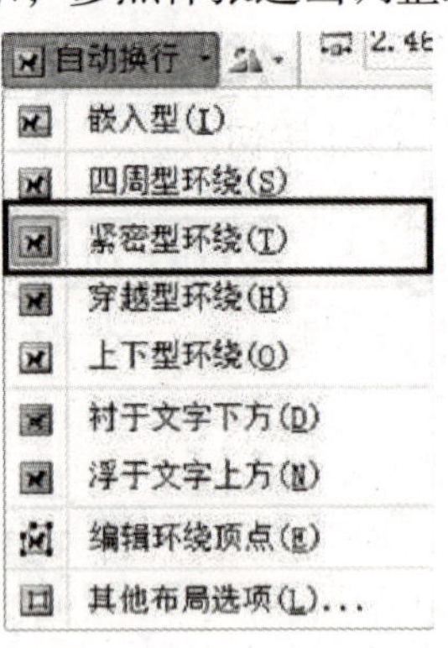

图 7-4-12

3．图片设置。

① 单击“插入”→“图片”→“插入图片”，按照路径选择插入的图片文件。

② 选中图片，单击“图片工具”→“格式”→“大小”命令，在“布局”对话框“大小”选项卡中，设置高度为“9.5厘米”，如图7-4-13所示。单击“文字环绕”选项卡，“环绕方式”设置为“四周型”，如图7-4-14所示。

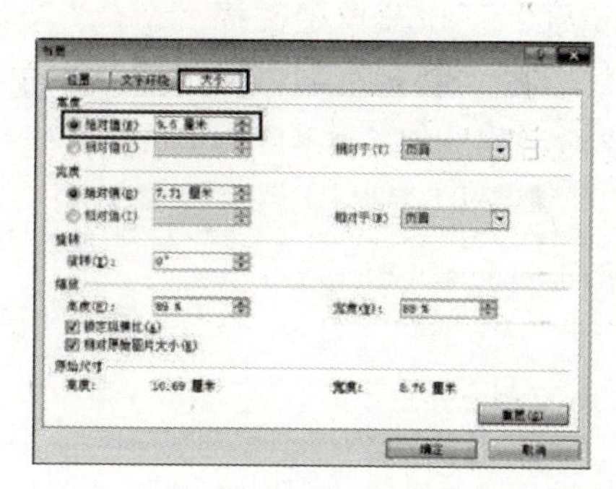

图 7-4-13

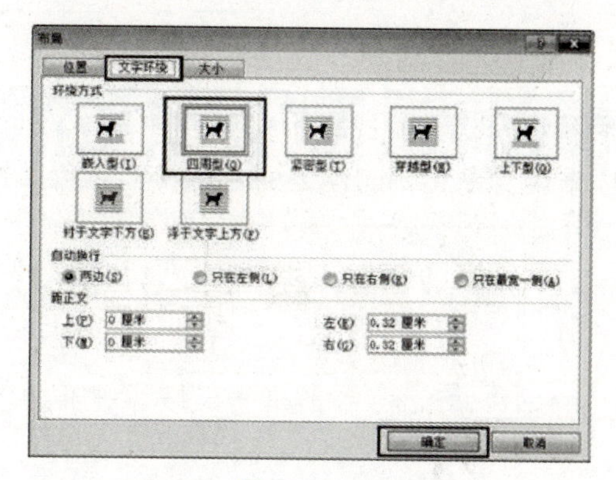

图 7-4-14

③ 选中图片，右键单击“设置图片格式”，在“设置图片格式”对话框中将“对比度”设置为60%，如图7-4-15所示。参照样张，调整图片和文字的位置。

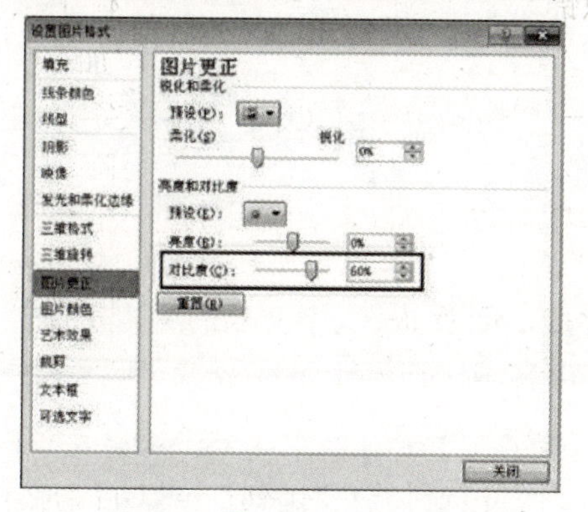

图 7-4-15

4. 保存。

单击“文件”选项卡→“保存”命令按钮。

实训八 Word 2010的自选图形操作

实训目的 ⇨ 掌握在Word文档中插入并编辑文本框、自选图形的方法。

实训内容 ⇨ 参照样张，按照任务要求，完成以下文档的操作。

任务一

参照图8-1-1所示样张完成“团队.doc”中文档的编辑工作。

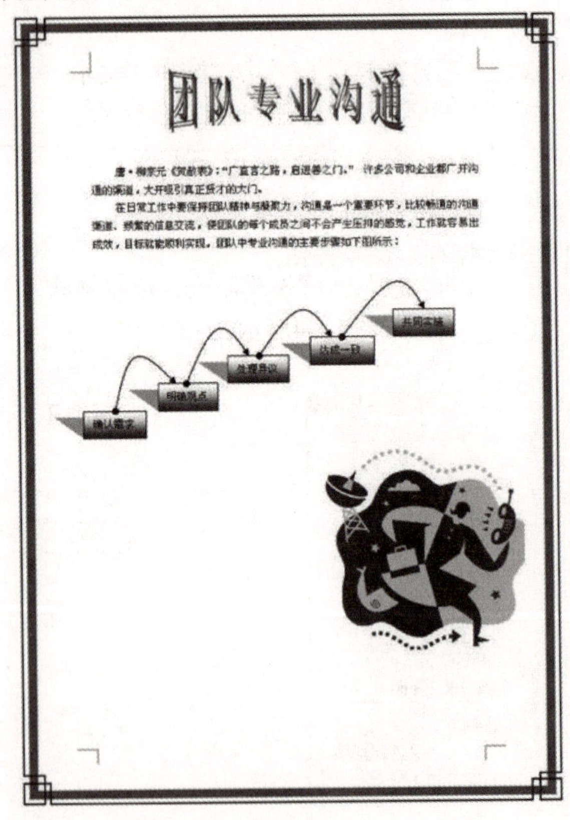

团队专业沟通

唐·柳宗元《贺赦表》：“广直言之路，启进善之门。” 许多公司和企业都广开沟通的渠道，大开吸引真正贤才的大门。

在日常工作中要保持团队精神与凝聚力，沟通是一个重要环节，比较畅通的沟通渠道、频繁的信息交流，使团队的每个成员之间不会产生压抑的感觉，工作就容易出成效，目标就能顺利实现。团队中专业沟通的主要步骤如下图所示：

图 8-1-1

题目要求

1. 打开"团队.doc"文档，以"团队.doc"为名将其保存在桌面上，并参照样张设置"团队.doc"文档，文字框为矩形，填充渐变为白色，线性向上，左上对角透视阴影效果，半映像8 pt偏移量。

2. 图中弧线为插入形状"线条"中"曲线"。

3. 图中所有输入文本为：宋体、小五号字、文字居中。图中输入文字依次为：确认需求、明确观点、处理异议、达成一致、共同实施。

4. 保存文档（请随时参考样张，以正确理解题目要求）。

操作步骤

1. 文档设置。

① 按照路径打开"团队.doc"文档，单击"文件"选项卡→"另存为"命令，在"另存为"对话框中的保存位置框中选择"桌面"，文件名文本框中输入"团队.doc"，单击"保存"。

② 单击"插入"选项卡→"文本"→"文本框"→"简单文本框"命令，如图8-1-2所示。

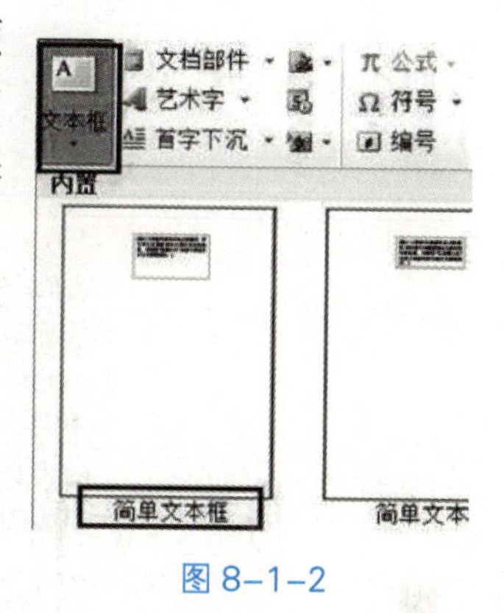

图 8-1-2

③ 选中文本框，单击"文本框工具"→"格式"→"文本框样式"→"形状填充"→"渐变"→"其他渐变"命令，在"填充效果"对话框"渐变"项，设置"颜色"为"单色"，"颜色1"为"白色"，"底纹样式"为"水平"，单击"确定"命令按钮，如图8-1-3所示。

④ 选中文本框，单击"绘图工具"→"格式"→"形状样式"→"形状效果"→"映像"→"半映像8 pt偏移量"命令，如图8-1-4所示。

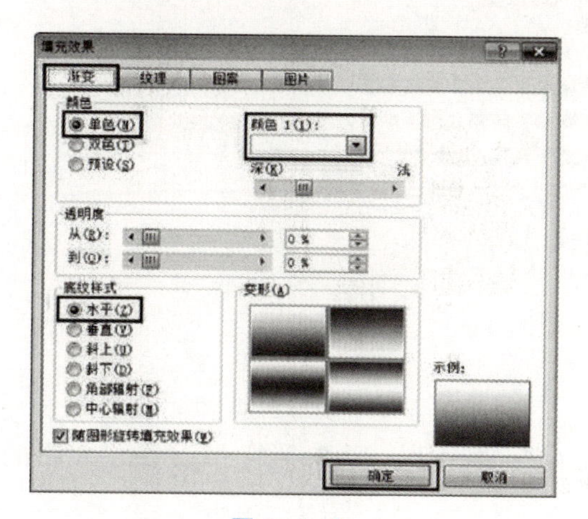

图 8-1-3

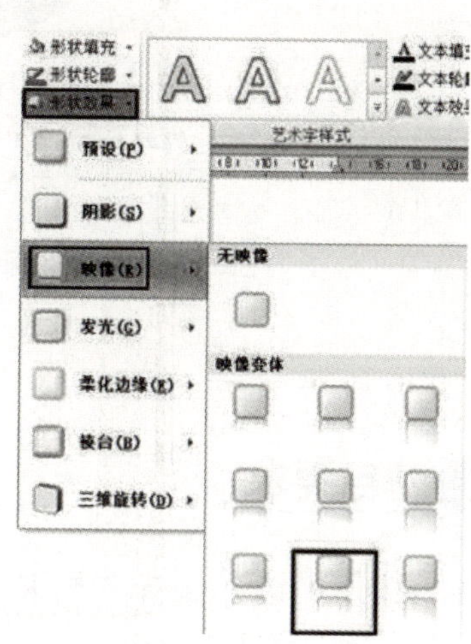

图 8-1-4

⑤ 弧线设置略。

⑥ 参照样张输入文字，设置“字体”为“宋体”，“字号”为“小五”，“文字居中”放置。

2．保存。

单击“文件”选项卡→“保存”命令按钮。

任务二

参照图8-2-1所示样张完成“生命.doc”中文档的编辑工作。

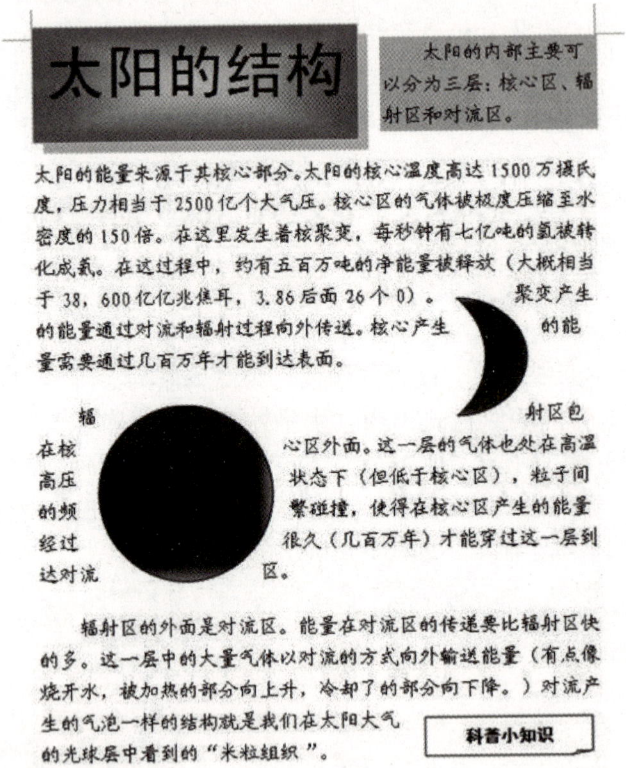

太阳的结构

太阳的内部主要可以分为三层：核心区、辐射区和对流区。

太阳的能量来源于其核心部分。太阳的核心温度高达1500万摄氏度，压力相当于2500亿个大气压。核心区的气体被极度压缩至水密度的150倍。在这里发生着核聚变，每秒钟有七亿吨的氢被转化成氦。在这过程中，约有五百万吨的净能量被释放（大概相当于38，600亿亿兆焦耳，3.86后面26个0）。聚变产生的能量通过对流和辐射过程向外传送。核心产生的能量需要通过几百万年才能到达表面。

辐射区包在核心区外面。这一层的气体也处在高温高压状态下（但低于核心区），粒子间的频繁碰撞，使得在核心区产生的能量经过很久（几百万年）才能穿过这一层到达对流区。

辐射区的外面是对流区。能量在对流区的传递要比辐射区快的多。这一层中的大量气体以对流的方式向外输送能量（有点像烧开水，被加热的部分向上升，冷却了的部分向下降。）对流产生的气泡一样的结构就是我们在太阳大气的光球层中看到的“米粒组织”。

科普小知识

图8-2-1

题目要求

1．打开文档，保持文档名不变将其保存在桌面上，并参照样张设置“太阳的结构.doc”文档，完成以下操作。

2．将文字“太阳的结构”插入横排文本框中，并设置文字为黑色小初号；设置文本框具有阴影样式6，填充效果为“单色，金色，中心辐射”，线条金色，四周型环绕。

3．在文中绘制图形，填充效果为“预设，红日西斜，角部辐射”，其中月亮旋转180°；并将图形组合，组合图形为紧密型。

4．在文中绘制“折角形”图形，添加文字“科普小知识”，并设置为黑体、五号、加粗。

5．保存文档。

操作步骤

1．文件设置。

按照路径打开文档，单击“文件”选项卡→“另存为”按钮，在“另存为”对话框中的保存位置框中选择“桌面”，文件名文本框中输入“太阳的结构.doc”，单击“保存”按钮。

2．文档设置。

① 单击“插入”选项卡→“文本”→“文本框”→“简单文本框”命令，在文本框中输入文字“太阳的结构”，选中该文字，单击“开始”选项卡，在“字体”工具栏中，字体设置为“黑体”，字号设置为“小初”，颜色设置为“黑色”。

② 选中文本框，单击“文本框工具”→“格式”→“阴影效果”命令，在“阴影效果”下拉菜单中选取“投影”→“阴影样式4”，如图8-2-2所示。

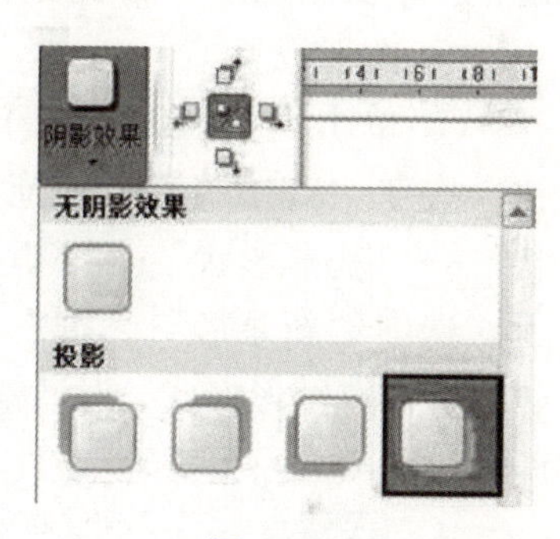

图 8-2-2

③ 选中文本框，单击鼠标右键，在弹出的快捷菜单中单击“设置文本框格式”命令按钮，如图8-2-3所示。在“设置文本框格式”对话框“颜色与线条”选项卡中，“线条”“颜色”选择“金色”，“填充效果”选择“金色”，“底纹样式”选择“中心辐射”，如图8-2-4和图8-2-5所示。

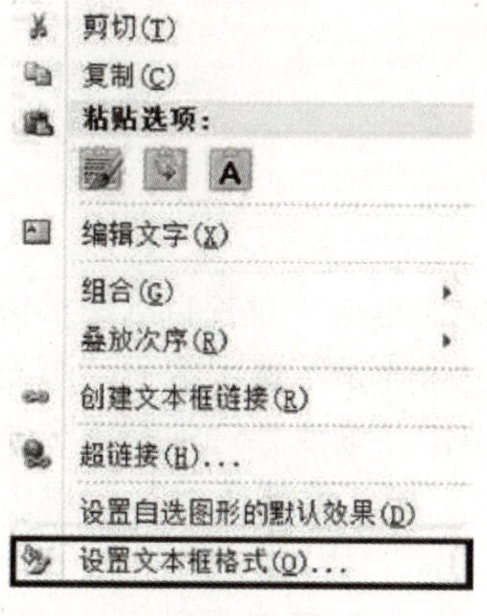

图 8-2-3

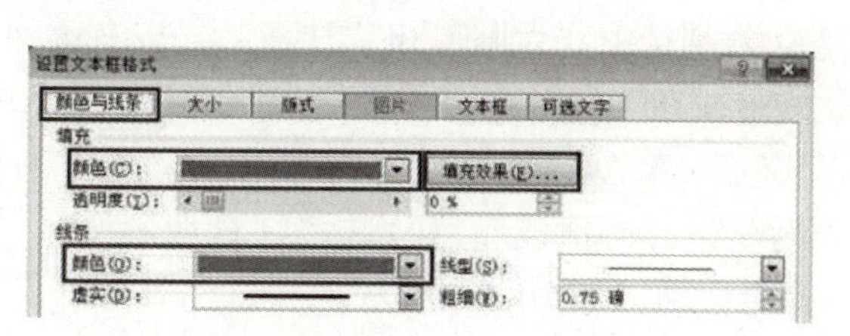

图 8-2-4

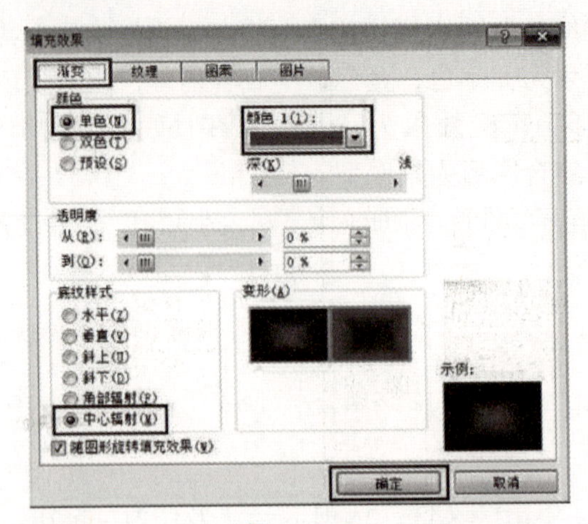

图 8-2-5

④ 单击“设置文本框格式”对话框→“版式”选项卡，“环绕方式”选择“四周型”，单击“确定”命令按钮。

3．图形设置。

① 单击“插入”选项卡→“插图”→“形状”→“基本形状”→“椭圆”命令按钮，按住“Shift”键，左拖鼠标画圆（太阳）。单击“插入”选项卡→“插图”→“形状”→“基本形状”→“新月形”命令按钮，左拖鼠标画新月形（月亮），如图8-2-6所示。选中“新月形”，按右键弹出快捷菜单，单击“设置自选图形格式”命令按钮，在“设置自选图形格式”对话框中，选择“大小”选项卡→“旋转”→“180°”，如图8-2-7所示。

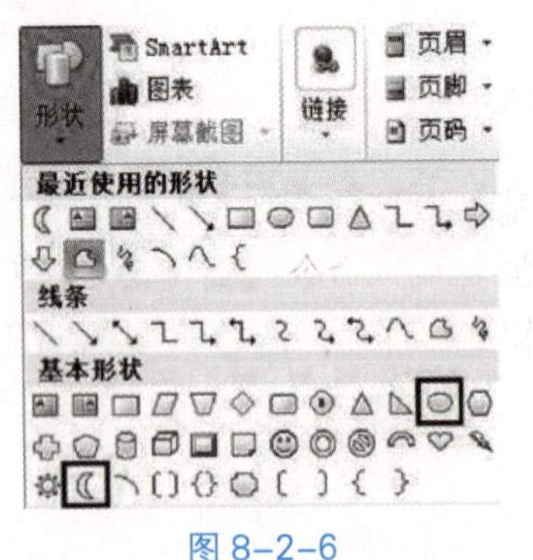

图 8-2-6

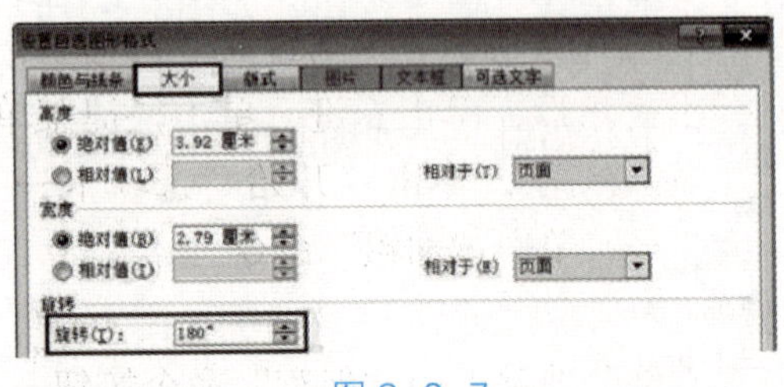

图 8-2-7

② 分别选中“太阳”和“月亮”，按右键弹出快捷菜单，单击“设置自选图形格式”命令按钮，在“设置自选图形格式”对话框中，单击“颜色与线条”选项卡→“填充”中的“颜色”→“填充效果”，在“填充效果”对话框中，单击“渐变”选项卡，“颜色”选“预设”，“预设颜色”选“红日西斜”，“底部样式”选“角部辐射”，单击“确定”命令按钮，如图8-2-8所示。

③ 参照样张调整“太阳”和“月亮”的位置后，单击“Shift”键选中它们，然后单击右键，单击快捷菜单“组合”→“组合”命令按钮，如图8-2-9所示。

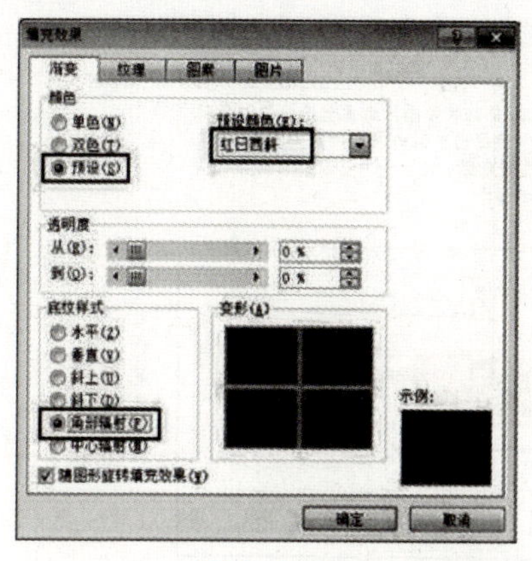

图 8-2-8

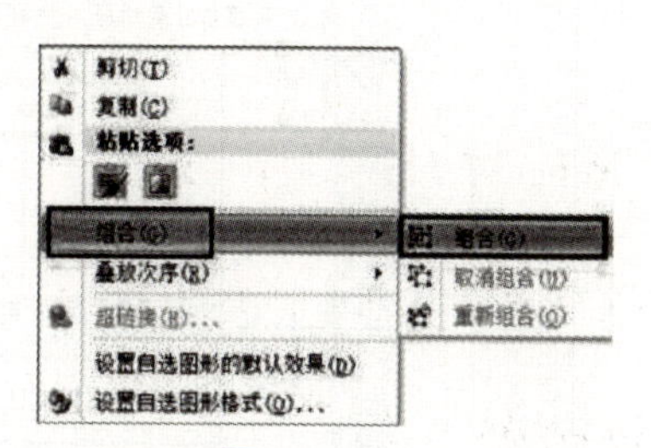

图 8-2-9

④ 选中组合体，单击右键，单击快捷菜单“设置对象格式”命令，如图8-2-10所示。单击“设置对象格式”对话框→“版式”选项卡→“环绕方式”→“紧密型”，如图8-2-11所示。

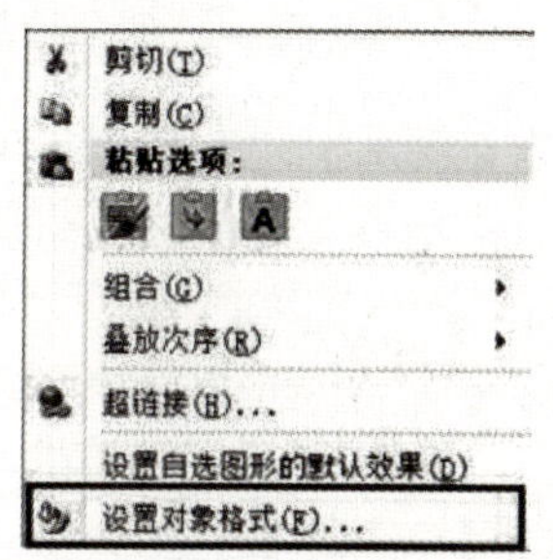

图 8-2-10

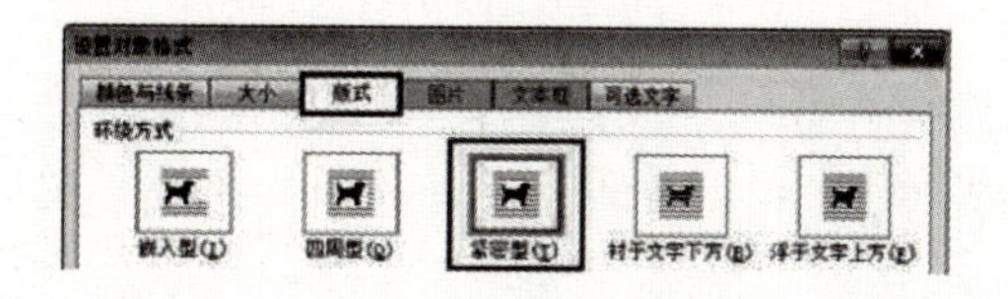

图 8-2-11

4. 文档设置。

单击“插入”选项卡→“插图”→“形状”→“基本形状”→“折角形”命令按钮，左拖鼠标画出折角形，单击右键，单击快捷菜单“添加文字”命令按钮，输入“科普小知识”，选中输入文字，单击“开始”选项卡→“字体”工具栏，设置“字体”为黑体，“字号”为五号，单击“加粗”命令。

5. 保存。

单击“文件”选项卡→“保存”命令按钮。

任务三

参照图8-3-1所示样张完成“浏览器结构.doc”中文档的编辑工作。

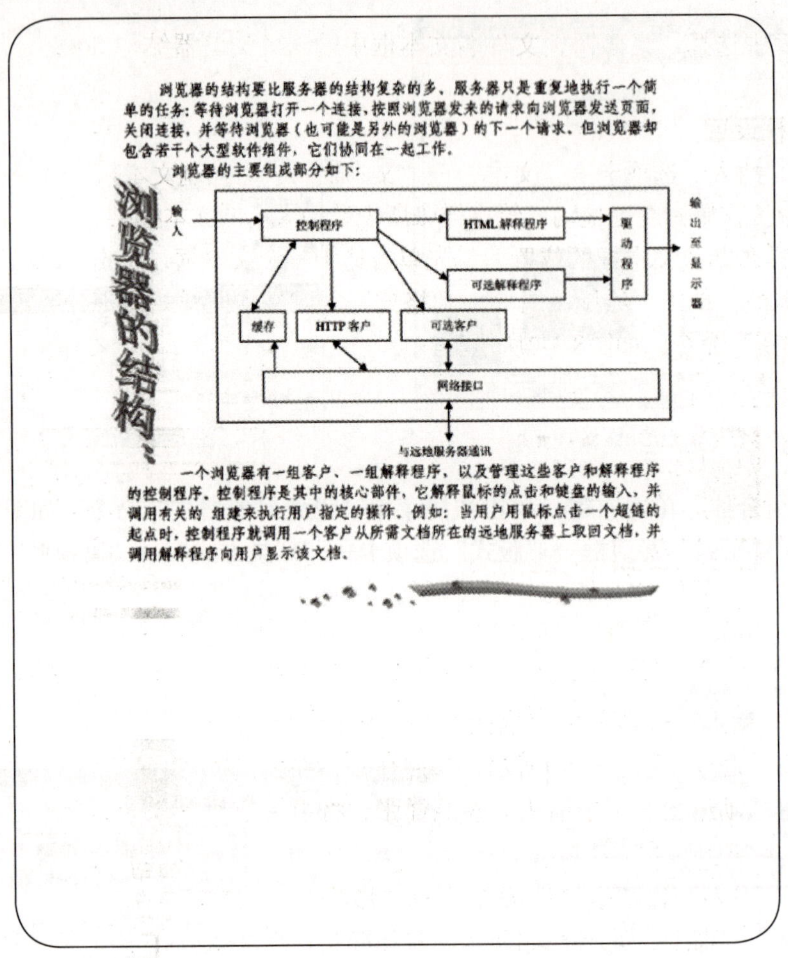

浏览器的结构：

浏览器的结构要比服务器的结构复杂的多。服务器只是重复地执行一个简单的任务：等待浏览器打开一个连接，按照浏览器发来的请求向浏览器发送页面，关闭连接，并等待浏览器（也可能是另外的浏览器）的下一个请求。但浏览器却包含若干个大型软件组件，它们协同在一起工作。

浏览器的主要组成部分如下：

一个浏览器有一组客户、一组解释程序，以及管理这些客户和解释程序的控制程序。控制程序是其中的核心部件，它解释鼠标的点击和键盘的输入，并调用有关的 组建来执行用户指定的操作。例如：当用户用鼠标点击一个超链的起点时，控制程序就调用一个客户从所需文档所在的远地服务器上取回文档，并调用解释程序向用户显示该文档。

图 8-3-1

题目要求

打开“…\09年机考真题\第5题-绘制自选图形\绘制自选图形1\浏览器结构.doc”文档，保持文档名不变并将其保存在桌面上，并参照样张设置“浏览器结构.doc”文档，完成以下操作。使用绘图工具绘制图形，具体要求为：

1．图中文字框为：矩形、黑色线条、0.75磅线宽。

2．图中箭头全部为：单向、箭头样式5。

3．图中所有输入文字为：宋体、小五号字、文字居中。

操作步骤

1．文件设置。

按照路径打开文档，单击“文件”选项卡→“另存为”按钮，在“另存为”对话框中的保存位置框中选择“桌面”，文件名文本框中输入“浏览器结构.doc”，单击“保存”按钮。

2. 文本框设置。

① 单击“插入”选项卡→“文本”→“文本框”→“绘制文本框”命令，如图8-3-2所示。在文档中按住鼠标左键拖动，绘出样张所需适当大小的文本框。

② 参照样张调整文本框的位置后，先单击选中一个文本框，单击“Shift”键不放陆续选中其余文本框，单击“绘图工具”→“格式”→“文本框样式”→“形状轮廓”→“粗细”→“0.75磅”命令，如图8-3-3所示。

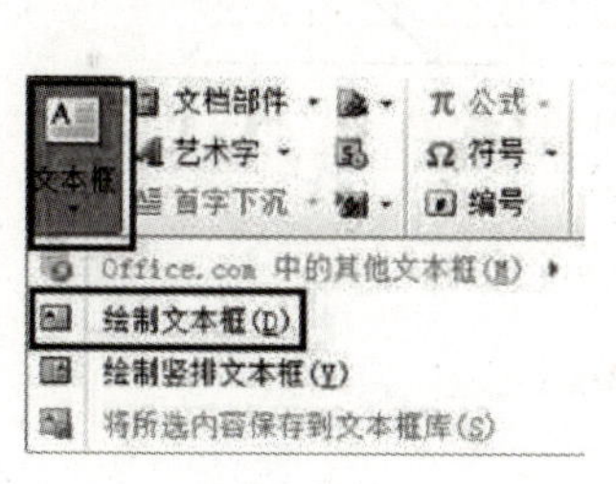

图 8-3-2

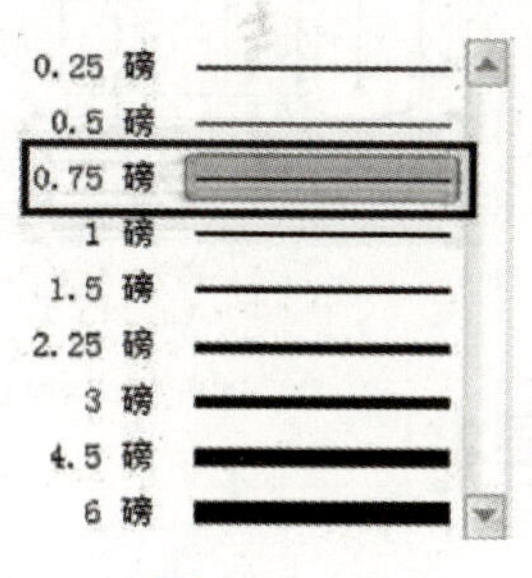

图 8-3-3

③ 单击“插入”选项卡→“插图”→“形状”→“线条”→“箭头”命令，如图8-3-4所示，参照样张，在文档中按住鼠标左键拖动绘出若干个箭头。参照样张，将箭头拖动到合适位置。

④ 单击“插入”选项卡→“插图”→“形状”→“线条”→“双箭头”命令，如图8-3-4所示，参照样张，在文档中按住鼠标左键拖动绘出若干个双箭头。参照样张，将双箭头拖动到合适位置。

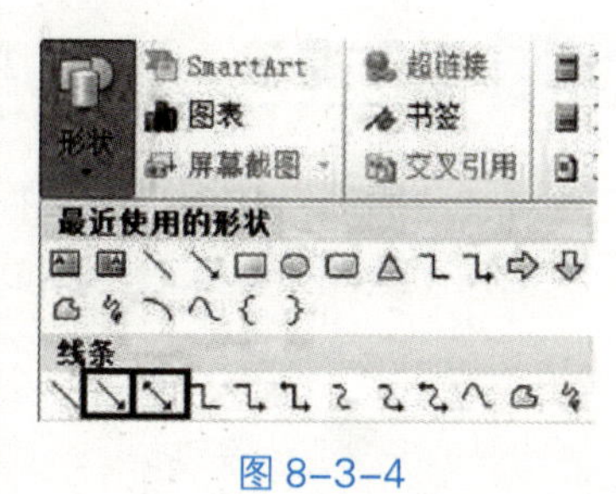

图 8-3-4

3. 文档设置。

单击左键选中全文，单击“开始”选项卡→“字体”工具栏，设置“字体”为“宋体”、“字号”为“小五”，最后单击“开始”选项卡→“段落”工具栏中“居中”按钮。

4. 保存。

单击“文件”选项卡→“保存”命令按钮。

任务四

参照图8-4-1所示样张完成“图形绘制练习.doc”中的编辑工作。

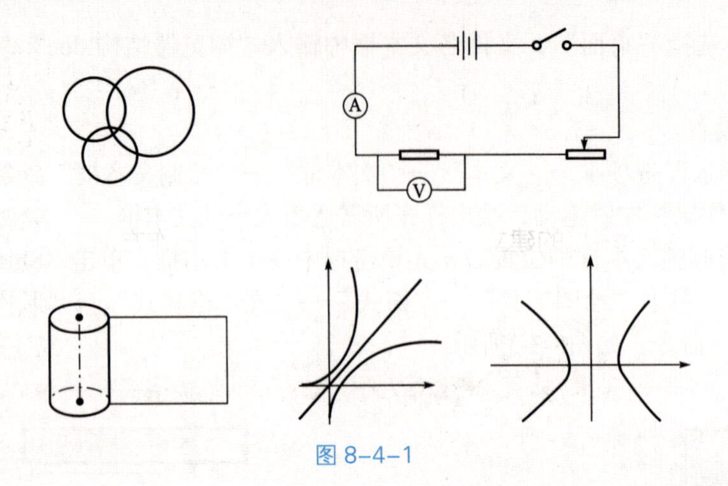

图 8-4-1

题目要求

参照样张绘制图形，以“图形绘制练习”为文件名保存在桌面上。

操作提示

1. “插入”选项卡→“插图”→“形状”命令。
2. “绘图工具”→“格式”→“文本框样式”→“形状轮廓”→“虚线”命令。

实训九 Word 2010的表格编辑操作

实训目的 ⇨ 掌握表格的建立、编辑、设置和美化的操作方法。

实训内容 ⇨ 参照样张，按照题目要求，完成以下文档的操作。

任务一

参照图9-1-1所示样张完成“周岁儿童身体发育情况调查表.doc”中表格的编辑工作。

周岁儿童身体发育情况调查表

	男					女				男女身高差值
	体重（公斤）		身高（厘米）			体重（公斤）		身高（厘米）		
	平均值	标准差	平均值	标准差		平均值	标准差	平均值	标准差	
初生-7天	3.85	0.38	50.45	1.70		3.56	0.36	49.70	1.70	0.75
1月	5.12	0.65	58.50	2.30		4.86	0.60	52.70	2.30	5.8
3月	6.98	0.75	66.50	2.20		6.45	0.72	63.30	2.20	3.2
4月	7.54	0.78	68.40	2.20		7.00	0.77	63.96	2.20	4.44
2月	6.50	0.68	64.50	2.30		5.95	0.61	59.00	2.20	5.5
6月	7.98	0.84	69.20	2.30		7.37	0.81	64.80	2.20	4.4
8月	8.38	0.89	70.30	2.40		7.81	0.86	66.80	2.30	3.5
10月	8.92	0.94	71.00	2.60		8.37	0.92	69.40	2.40	1.6

图 9-1-1

任务要求

1. 将表格第一行转换为文本，文字分隔符为“段落标记”，并删除转换后产生的空白文本行。

2. 设置表格行高为固定值1厘米，第6列宽度为0.5厘米，第11列宽度为3厘米，其他列宽为2厘米。

3. 设置表格外边框线样式为“双实线”，宽度为“1.5磅”，颜色为“深蓝”；设置表格内边框线样式为“单实线”，宽度为“1磅”。

4．设置第1～3行底纹颜色为“红色，强调文字颜色2，淡色40%”，设置第1列底纹颜色为“深蓝，文字2，淡色60%”。

5．参照样张合并“男”“女”和“男女身高差值”单元格。

6．设置表内数据水平居中。

7．保存文件。

样张如图9-1-1所示。

操作步骤

1．制作表格。

① 按照路径打开“素材/实训九/周岁儿童身体发育情况调查表.docx”文件，选中表格第一行文本，选择“布局”选项卡→“转换为文本”命令，如图9-1-2所示。

② 弹出“表格转换成文本”对话框，选择“文字分隔符”中“段落标记”选项，单击“确定”按钮，如图9-1-3所示。

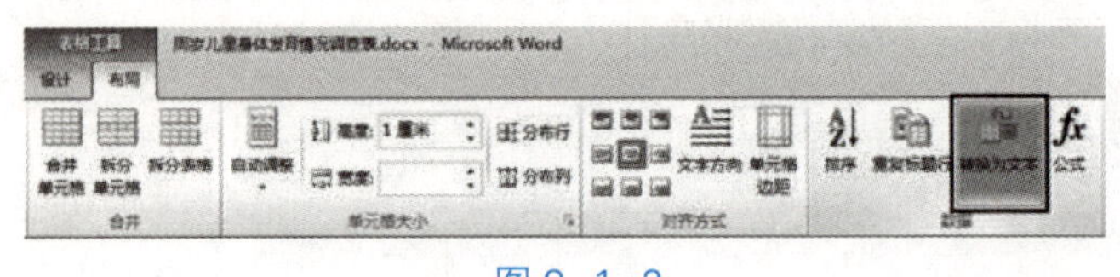

图 9-1-2

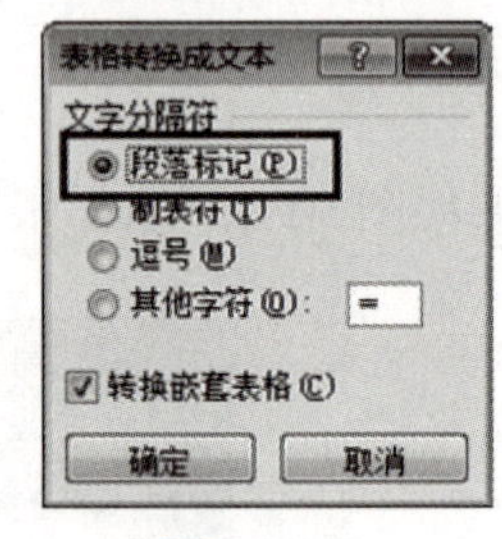

图 9-1-3

③ 选择转换后产生的空白文本行，敲击键盘“Delete”键将其删除；选中“周岁儿童身体发育情况调查表”文字，单击工具栏上“居中”命令按钮。

2．设置表格属性。

① 选中整个表格，选择“布局”选项卡→“属性”命令，如图9-1-4所示。

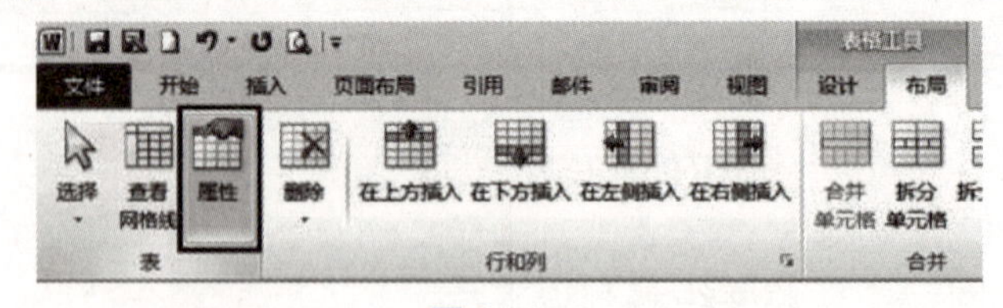

图 9-1-4

② 弹出“表格属性”对话框，在“行（R）”选项卡中设置“指定高度”为“1厘米”、“行高值”为“固定值”，单击“确定”按钮，如图9-1-5所示。

③ 选中表格第6列文本，选择“布局”选项卡→“属性”命令，弹出“表格属性”对话框，在“列（U）”选项卡中设置“指定宽度”为“0.5厘米”，单击“确定”按钮，如图9-1-6所示。

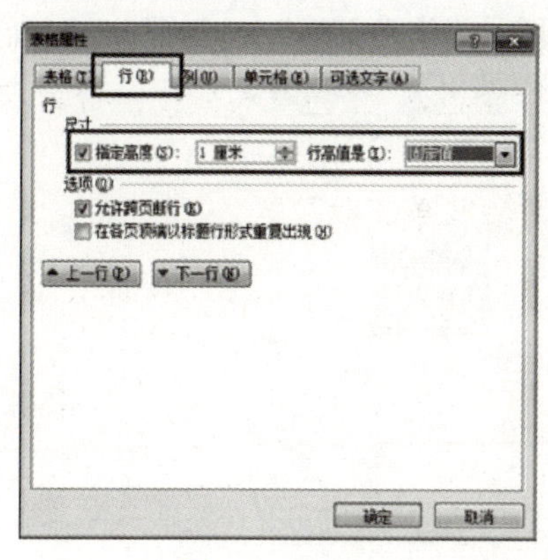

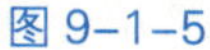
图 9-1-5

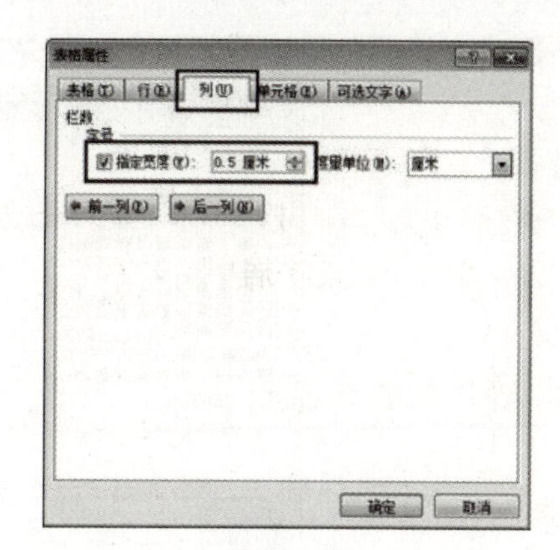

图 9-1-6

④ 参照“步骤2.③”，将第11列宽设为3厘米，其他列宽设为2厘米。

3．设置表格边框。

① 选中整个表格，鼠标移到所选区域上，单击鼠标右键，在弹出的快捷菜单中单击“边框和底纹”命令按钮，如图9-1-7所示。

② 弹出“边框和底纹”对话框，在“边框”选项卡中将样式设置为“双实线”、颜色为“深蓝”、宽度为“1.5磅”，单击右边“预览”中图示的外侧框线将其应用，如图9-1-8所示。

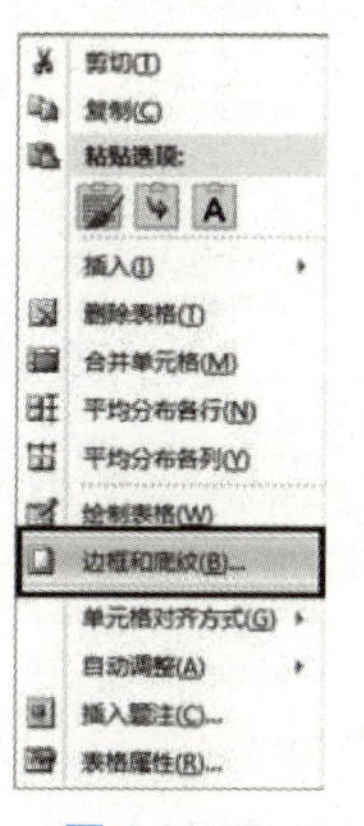

图 9-1-7

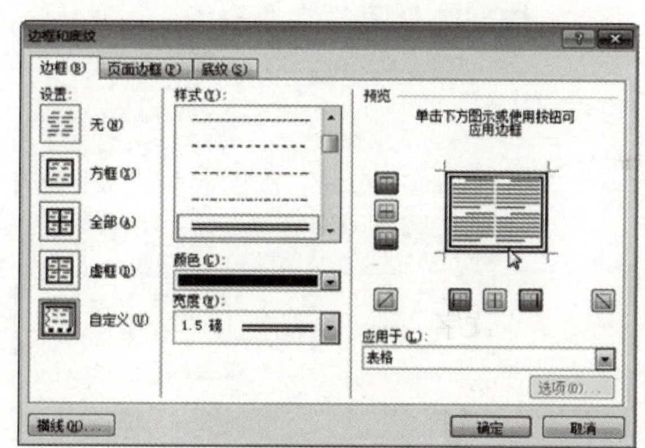

图 9-1-8

③ 参照步骤“3.①”，将表格内边框线样式设置为“单实线”，宽度为“1.0磅”，单击右边“预览”中图示的外侧框线将其应用，如图9-1-9所示。

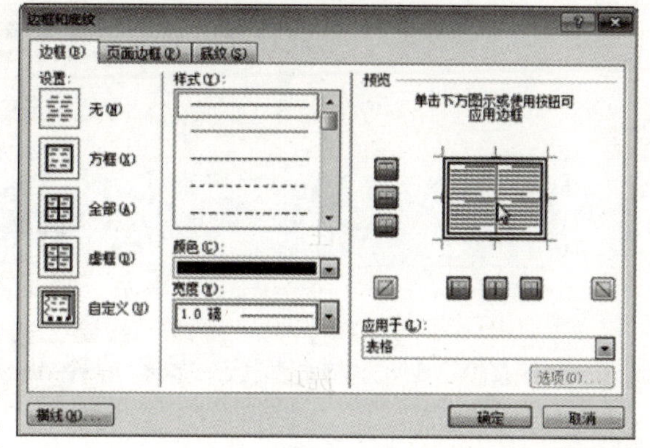

图 9-1-9

4．设置表格底纹。

① 选中表格1～3行文本，鼠标移到所选区域上，单击右键，在弹出的快捷菜单中单击“边框和底纹”命令按钮，弹出“边框和底纹”对话框，选择“底纹”选项卡，在

“填充”选项中将颜色设置为“红色，强调文字颜色2，淡色40%”，如图9-1-10所示。

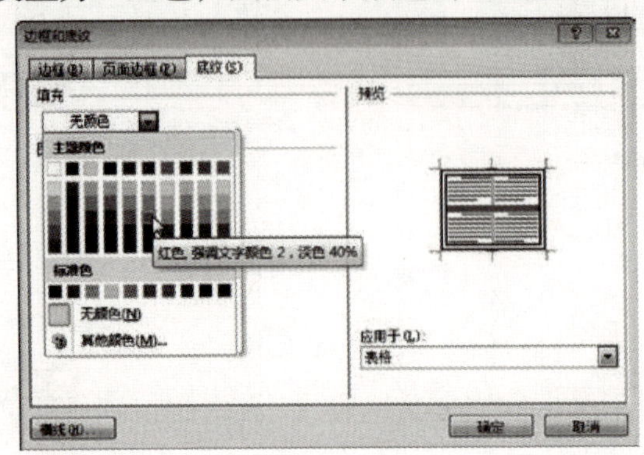

图 9-1-10

② 参照“步骤4. ①”，将第1列底纹颜色设置为“深蓝，文字2，淡色60%”。

5. 选中表格。

选中表格第1行的第1～3列文本，选择“布局”选项卡→“合并单元格”命令，如图9-1-11所示。重复该命令，参照样张合并表格中的其他单元格。

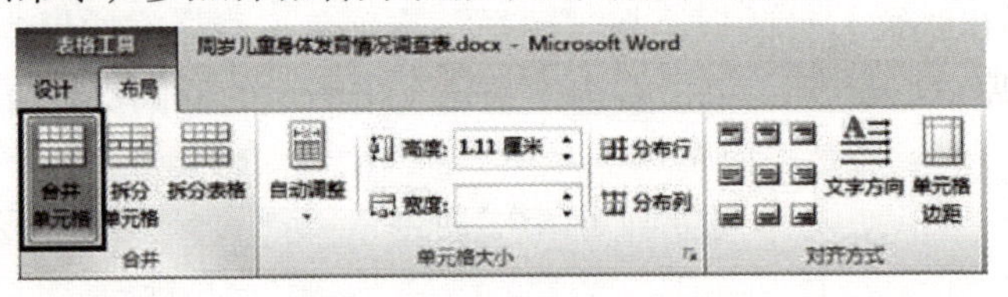

图 9-1-11

6. 选中整个表格，选择“布局”选项卡→“水平居中”命令，如图9-1-12所示。

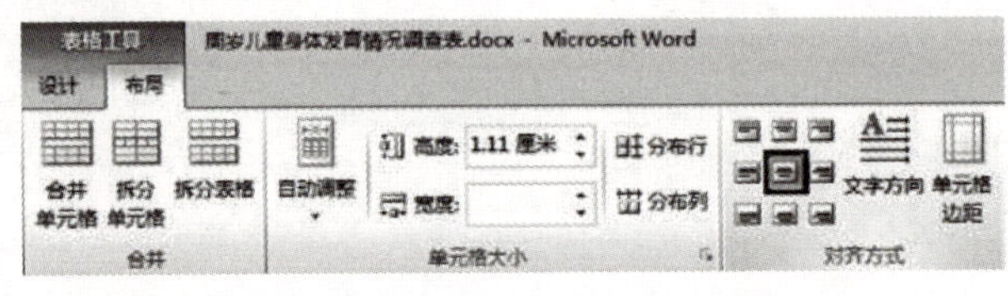

图 9-1-12

7. 单击“自定义快速访问工具栏”中的“保存”命令按钮。

任务二

参照图9-2-1所示样张完成“家庭消耗.doc”中表格的编辑工作。

家庭油料、燃气消耗明细单

月份	燃气（2.4元/m³）		汽油							合计
	表读数	小计	私家车A			私家车B			小计	
			月定额数	实际用量	结余金额	月定额数	实际用量	结余金额		
1月	12	0	600	561	39.00	600	515	85.00	124	124
2月	21	0	600	485	115.00	600	720	-120.00	(5)	(5)
3月	10	0	600	471	129.00	600	200	400.00	529	529
4月	14	0	600	567	33.00	600	200	400.00	433	433
5月	14	0	600	555	45.00	600	510	90.00	135	135
6月	11	0	600	610	-10.00	600	750	-150.00	(160)	(160)
7月	11	0	600	561	39.00	600	500	100.00	139	139
8月	12	0	600	452	148.00	600	485	115.00	263	263
9月	13	0	600	603	-3.00	600	425	175.00	172	172
10月	12	0	600	350	250.00	600	651	-51.00	199	199
11月	11	0	600	514	86.00	600	422	178.00	264	264
12月	14	0	600	470	130.00	600	511	89.00	219	219
小计	155	0		6199	1001		5889	1311	1256	1256

图 9-2-1

题目要求

1. 将第1行转换成文本，文字分隔符为“段落标记”，并删除文档中的空白行。

2. 将表格中9月份和12月份的数据互换位置。

3. 为表格添加框线：外框线为深蓝3磅，内框线为浅蓝色1磅。

4. 参照样张合并第1～3行的单元格。

5. 设置表格第4～16行的行高为固定值0.7厘米；设置第1列宽度为2厘米，第11列宽度为3厘米。

6. 设置表格对齐方式为居中。

7. 保存文件。

操作步骤

1. 制作表格。

① 按照路径打开“素材/实训九/家庭消耗.docx”文件，选中表格第1行文本，选择“布局”选项卡→“转换为文本”命令，如图9-2-2所示。

② 弹出“表格转换为文本”对话框，选择“文字分隔符”中“段落标记”项，单击“确定”按钮，如图9-2-3所示。

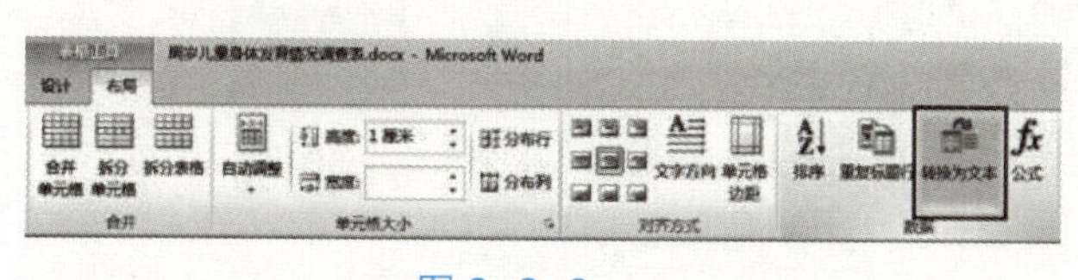

图 9-2-2

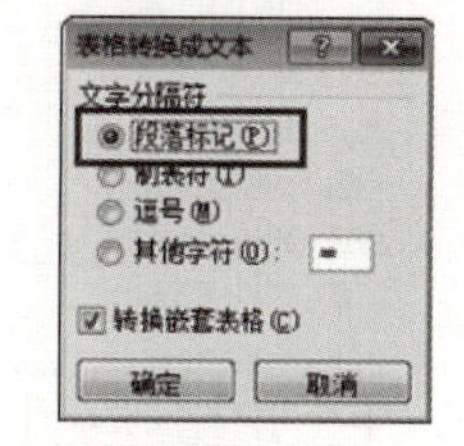

图 9-2-3

③ 选择转换产生的空白文本行，敲击键盘“Delete”键将其删除。选中“家庭油料、

燃气消耗明细单”文字，单击工具栏上的“居中”命令按钮。

2．表格数据互换位置。

① 选中表格“9月”那一行文本，按下“Ctrl+X”快捷键，将该行“剪切”，光标选中表格“12月”那一行，单击鼠标右键，在弹出的快捷菜单中单击“粘贴选项”中“以新行的形式插入”命令按钮，如图9-2-4所示，将表格“9月”那一行文本插入“8月”的下方。

② 选中表格“12月”那一行文本，按下“Ctrl+X”快捷键，将该行“剪切”，光标选中倒数第二行，单击鼠标右键，在弹出的快捷菜单中单击“粘贴选项”中“覆盖单元格”命令按钮，如图9-2-5所示。

③ 将表格“8月”下面的空白行全部选中，选择“布局”选项卡→“删除”→“删除行”命令，如图9-2-6所示。

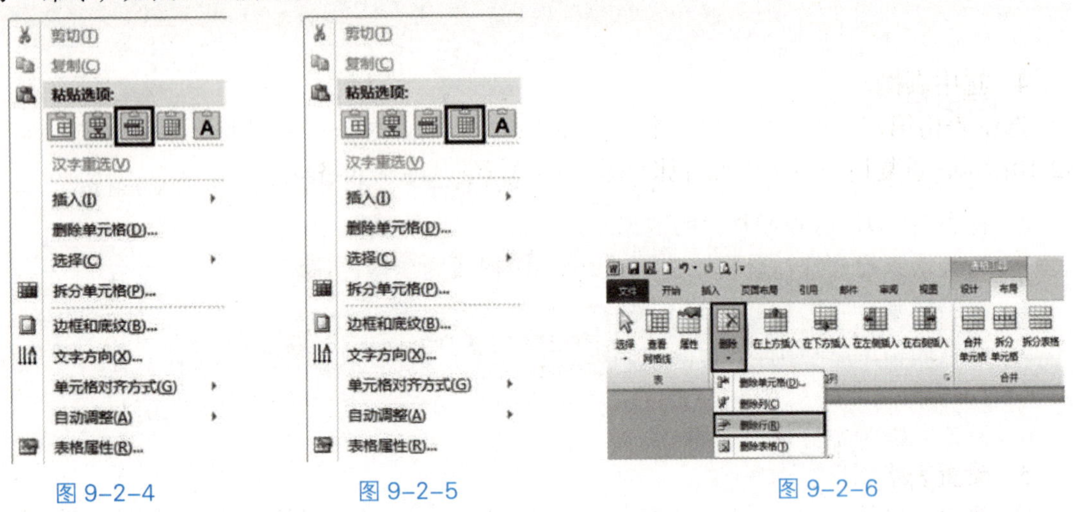

图 9-2-4　　图 9-2-5　　图 9-2-6

3．设置表格边框。

① 选中整个表格，鼠标移到所选区域上，单击鼠标右键，在弹出的快捷菜单中单击“边框和底纹”按钮，如图9-2-7所示。

② 弹出“边框和底纹”对话框，在“边框”选择卡中设置颜色为“深蓝”、宽度为“3.0磅”，单击右边“预览”中图示的外侧框线，将其应用，如图9-2-8所示。

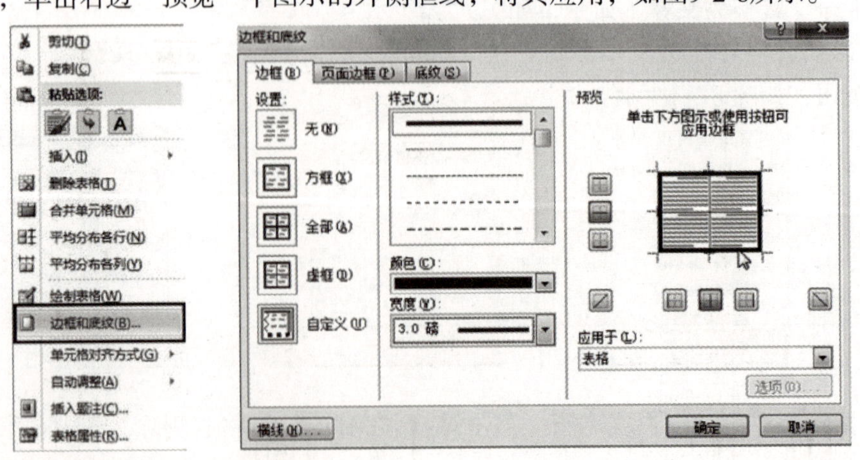

图 9-2-7　　图 9-2-8

③ 参照步骤“3.①”，将表格内边框线颜色设置为“浅蓝”，宽度为“1磅”，单击右边“预览”中图示的外侧框线，将其应用，如图9-2-9所示。

图 9-2-9

4. 选中表格。

选中表格第1列的第1～3行文本，选择“布局”选项卡→“合并单元格”命令，如图9-2-10所示，重复该命令，参照样张合并第1～3行的其他单元格。

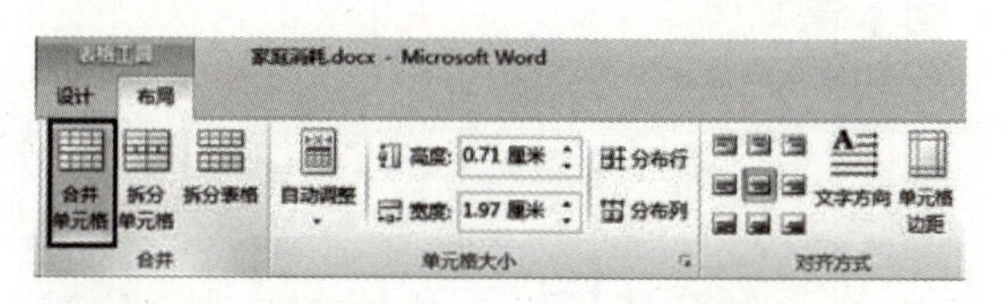

图 9-2-10

5. 设置表格属性。

① 选中表格第4～16行文本，鼠标移到所选区域上，单击鼠标右键，在弹出的快捷菜单中单击“表格属性”按钮，如图9-2-11所示。

② 弹出“表格属性”对话框，在“行（R）”选项卡中设置“指定高度”为“0.7厘米”、“行高值”为“固定值”，单击“确定”按钮，如图9-2-12所示。

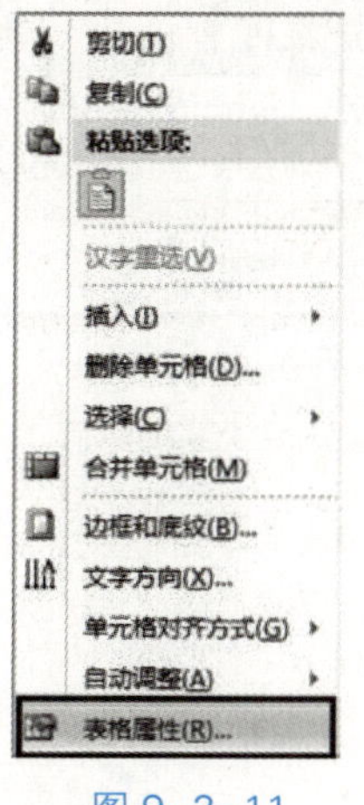

图 9-2-11

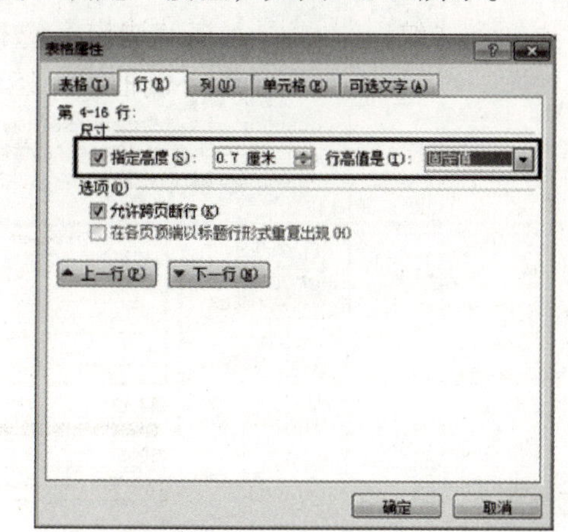

图 9-2-12

6. 选中整个表格，选择“布局”选项卡→“水平居中”命令，如图9-2-13所示。

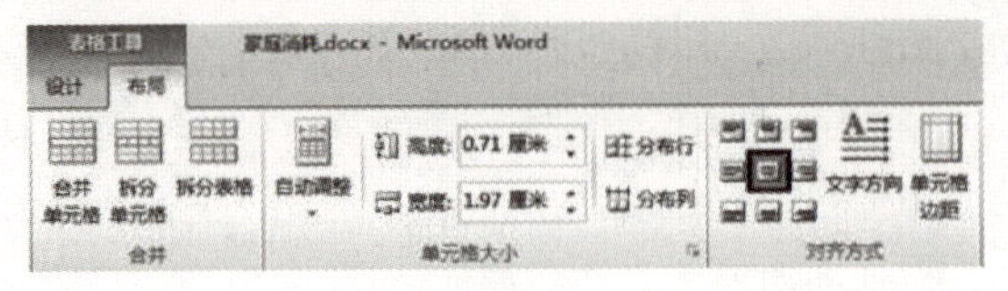

图 9-2-13

7. 单击“自定义快速访问工具栏”中的“保存”命令按钮。

任务三

参照图9-3-1所示样张完成“奥运场馆介绍表.doc”中表格的编辑工作。

奥运场馆介绍表

序号	场馆图片	奥运场馆名称	赛事功能	地理位置
1		国家体育场（鸟巢）	开\闭幕式，田径，男子足球	奥林匹克公园
7		北京射击场飞碟靶场	飞碟射击	石景山区香山南路
3		国家体育馆	体操，蹦床，手球	奥林匹克公园
4		北京工业大学体育馆	羽毛球，艺术体操	北京工业大学
2		国家游泳中心（水立方）	游泳，跳水，花样游泳	奥林匹克公园
5		奥体中心体育馆	手球	奥体中心
6		奥体中心体育场	足球，现代五项	奥体中心南部
8		北京航空航天大学体育馆	举重	北京航空航天大学体育馆

图 9-3-1

题目要求

1. 设置表格第1列宽为2厘米，其他均为3厘米。

2．设置行高为固定值2厘米。

3．设置表格套用流行型格式，并约定特殊格式只应用于标题行。

4．设置表格对齐：表内水平居中。

5．对表中数据排序：以序号为关键字排升序。

6．删除空白表行。

7．保存文件。

操作步骤

1．设置表格属性。

① 按照路径打开“素材/实训九/奥运场馆介绍表.docx”文件，选中表格第1列文本，选择“布局”选项卡→“属性”命令，如图9-3-2所示。

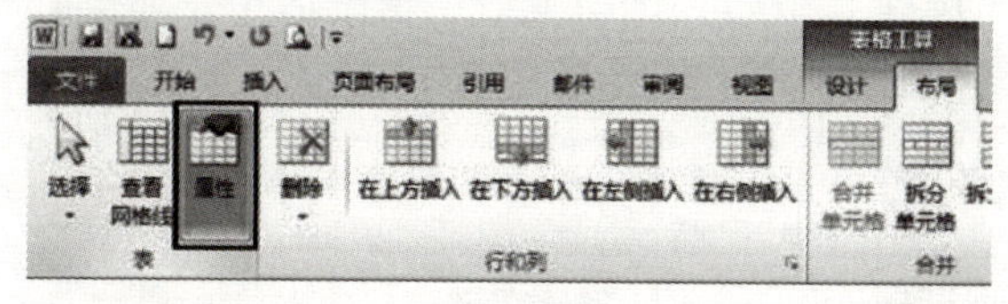

图 9-3-2

② 弹出“表格属性”对话框，在“列（U）”选项卡中设置“指定宽度”为“2厘米”，单击“确定”按钮，如图9-3-3所示；重复该命令，将其他列列宽设置为“3厘米”。

2．参照“步骤1”，设置表格行高为“固定值2厘米”，如图9-3-4所示。

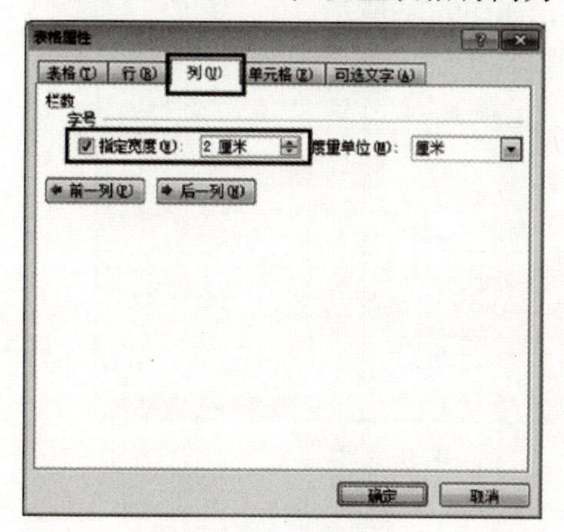

图 9-3-3

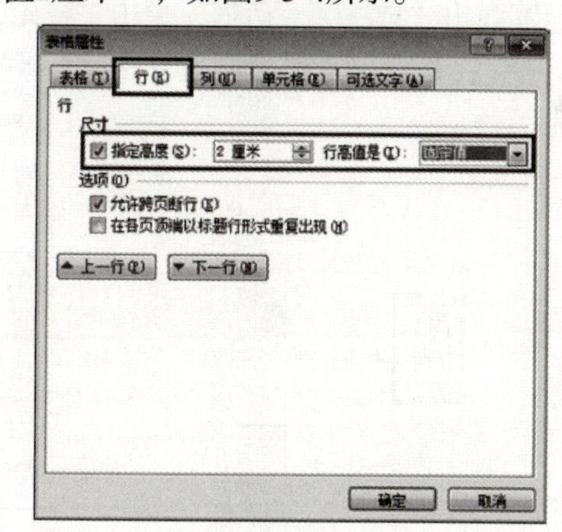

图 9-3-4

3．设计表格样式。

① 选中整个表格，在“设计”选项卡上“表格样式”组中，单击下拉列表框右侧的“其他”按钮，在展开的下拉列表中单击“修改表格样式”命令按钮，如图9-3-5所示。

② 弹出“根据格式设置创建新样式”对话框，设置“样式基准”为“流行型”；“将格式应用于”为“标题行”，如图9-3-6所示。

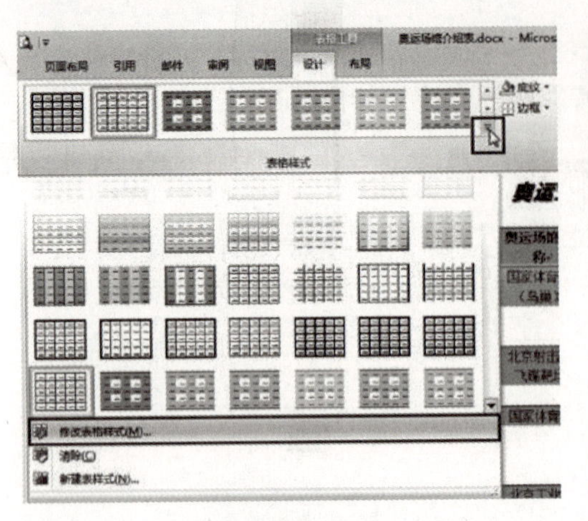
图 9-3-5

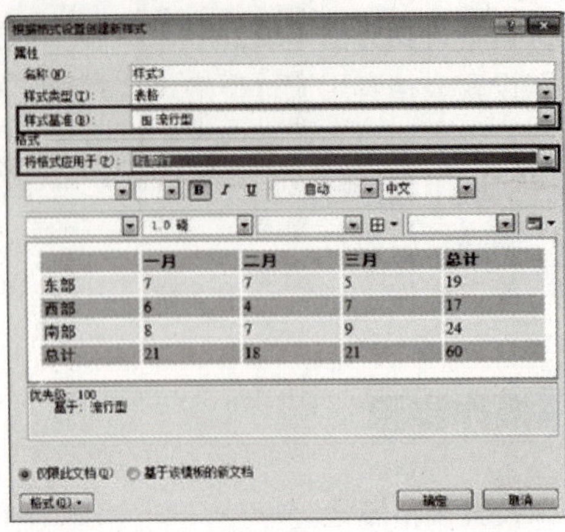

图 9-3-6

4．选中整个表格，选择“布局”选项卡→“水平居中”命令，如图9-3-7所示。

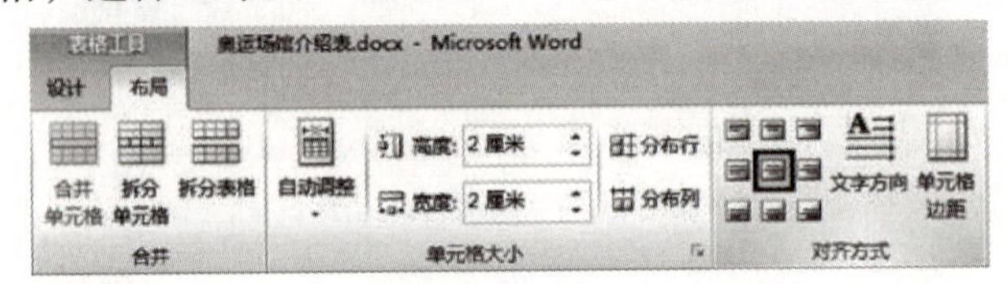

图 9-3-7

5．对表中数据排序。

① 选中整个表格，选择“布局”选项卡→“排序”命令，如图9-3-8所示。

② 弹出“排序”对话框，单击“确定”按钮，如图9-3-9所示。

图 9-3-8

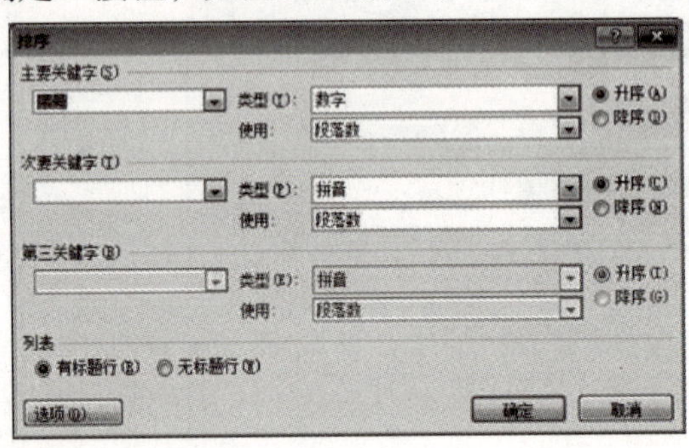

图 9-3-9

6．将表格中空白行全部选中，选择“布局”选项卡→“删除”→“删除行”命令，如图9-3-10所示。

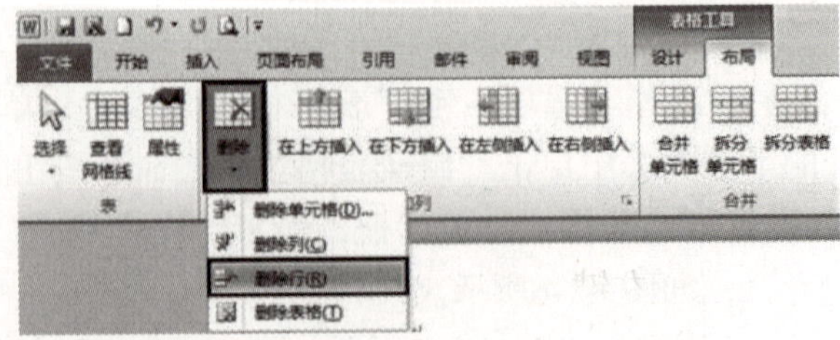

图 9-3-10

7. 单击“自定义快速访问工具栏”中的“保存”命令按钮。

任务四

参照图9-4-1所示样张完成“调货单.doc”中表格的编辑工作。

北京门店调货单

<table>
<tr><td>品类</td><td>品牌</td><td>单位代码</td><td>商品代码</td><td>商品型号</td><td>数量</td><td>库别</td><td>仓库</td></tr>
<tr><td>白小</td><td>松下</td><td>001466</td><td>106889</td><td>4033S</td><td>贰台</td><td>1000</td><td>马天</td></tr>
<tr><td>白小</td><td>松下</td><td>001466</td><td>356530</td><td>4853S</td><td>贰台</td><td>1000</td><td>刘鹏</td></tr>
<tr><td colspan="4">需货方签字：</td><td colspan="4">供货方签字：</td></tr>
<tr><td colspan="2">调货人:</td><td colspan="2">主任:</td><td colspan="2">主任:</td><td colspan="2">店长:</td></tr>
<tr><td colspan="3">店长:</td><td colspan="2">库房:</td><td colspan="3">库房:</td></tr>
<tr><td colspan="8">注： 1、供货方门店店长要与需货方店长电话核实（品类、数量、型号）；
2、供货方要求需货方调货人员出示工牌；
3、此调货单除相关人员签字确认需手写外，其它格式均需电脑打印；
4、此调货单调货日期当日有效，涂改无效。</td></tr>
</table>

图 9-4-1

题目要求

1. 将文档第2～4行的文本转换成表格，并调整这3行的左、右竖边框线，使之与原有表格的边框对齐。

2. 设置表格第1～6行各列的列宽相等。

3. 设置表格的第1～6行的行高最小值为1厘米。

4. 参照样张，将表格最后一行合并单元格。

5. 设置表格第1～3行单元格的数据水平居中，第4～7行单元格的数据中部两端对齐。

6. 以表格第1行为标题行，设置为“重复标题行”。

7. 保存文件。

操作步骤

1. 将文本转换成表格。

① 按照路径打开“素材/实训九/调货单.docx”文件，选中文档中第2～4行的一个“=”符号，将其“复制”。

② 选中文档第2～4行的文本，选择“插入”选项卡 → “表格” → “文本转换成表格”命令，如图9-4-2所示。

③ 弹出“文本转换成表格”对话框，在“其他字符”项中单击鼠标右键粘贴 “=”符

号，单击“确定”按钮完成设置，如图9-4-3所示。

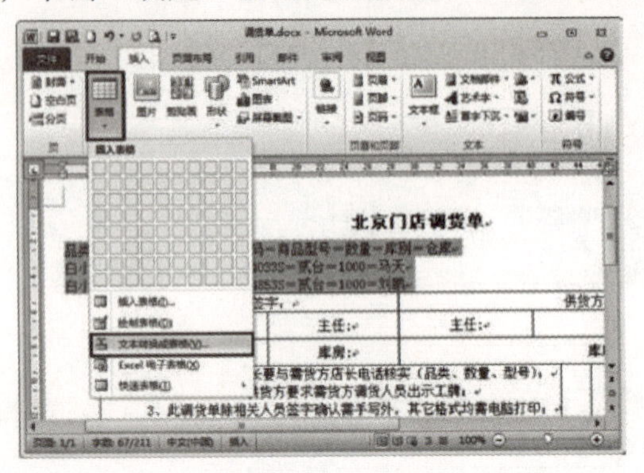

图 9-4-2

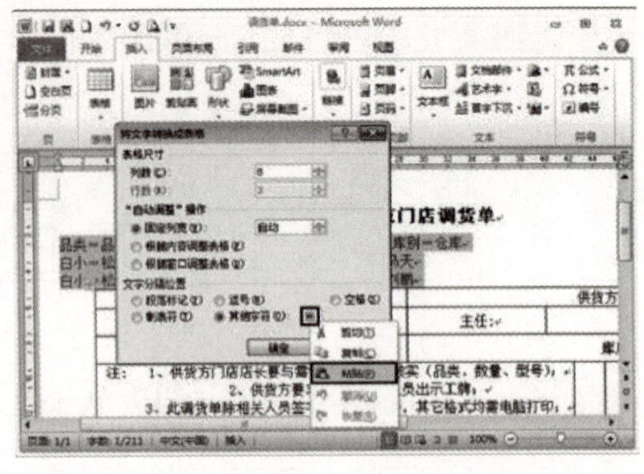

图 9-4-3

2．用鼠标调整。

用鼠标调整第1～3行的左、右竖边框线，使之与原有表格的边框对齐；然后选中整个表格，单击“布局”选项卡→“分布列”按钮，使各列的列宽相等，如图9-4-4所示。

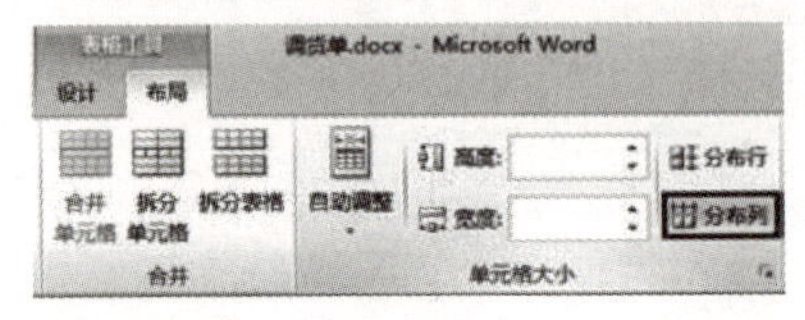

图 9-4-4

3．设置表格属性。

① 选中表格1～6行文本，选择“布局”选项卡→“属性”命令，如图9-4-5所示。

② 弹出“表格属性”对话框，选择“行（R）”选项卡，设置“指定高度”为“1厘米”、“行高值”为“最小值”，单击“确定”按钮，如图9-4-6所示。

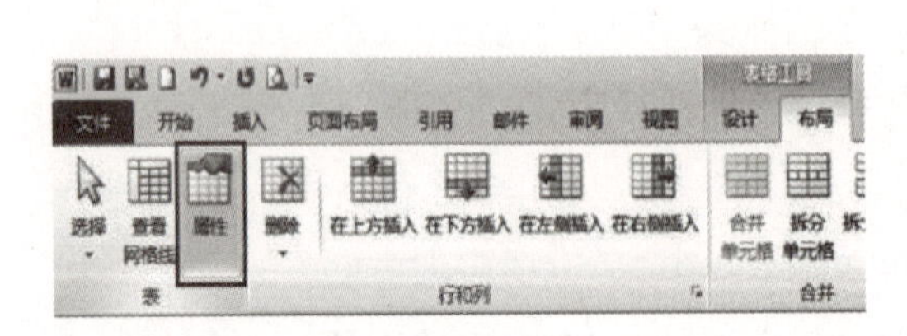

图 9-4-5

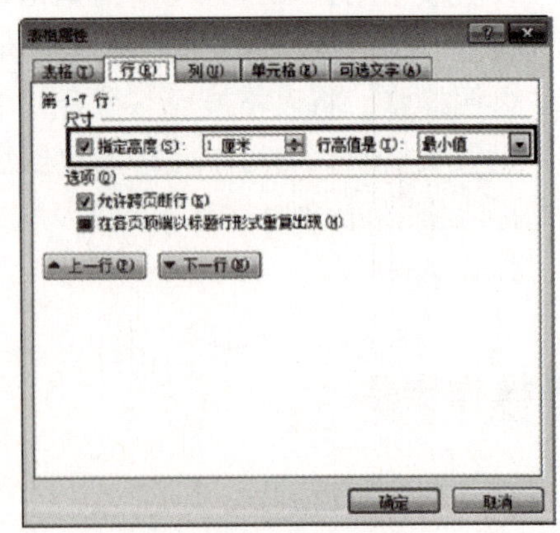

图 9-4-6

4．选中表格。

选中表格最后一行文本，选择“布局”→“合并单元格”命令。

5. 设置表格对齐方式。

① 选中表格1～3行文本，单击“布局”选项卡→“对齐方式”组→“水平居中”按钮，如图9-4-7所示。

图 9-4-7

② 选中表格4～7行文本，单击“布局”选项卡→“对齐方式”组→“中部两端对齐”按钮，如图9-4-8所示。

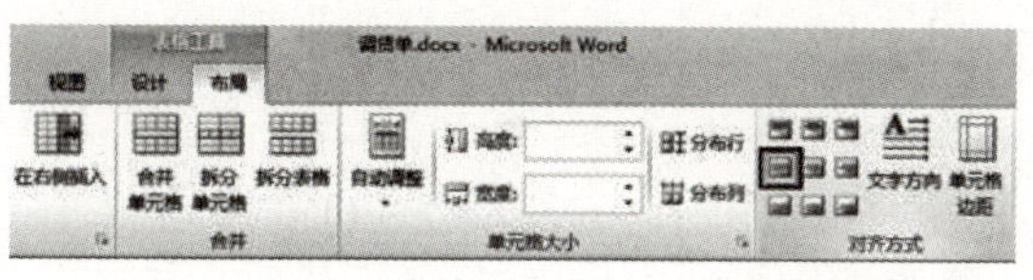

图 9-4-8

6. 设置表格属性。

① 选中第一行文本，选择“布局”选项卡→“属性”命令，如图9-4-9所示。

② 弹出“表格属性”对话框，选中“在各页顶端以标题行进行重复出现”复选框，单击“确定”按钮完成设置，如图9-4-10所示。

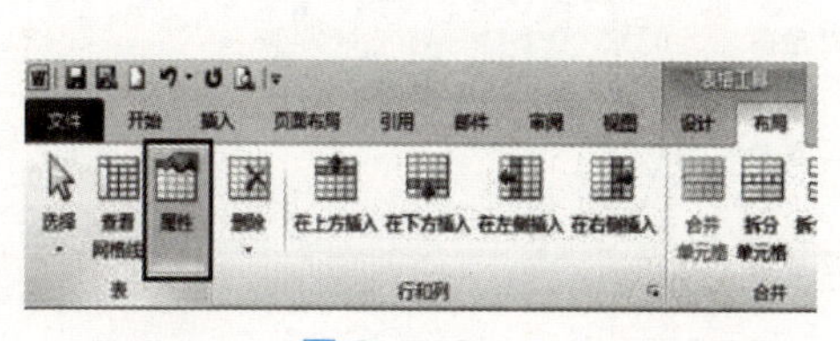

图 9-4-9

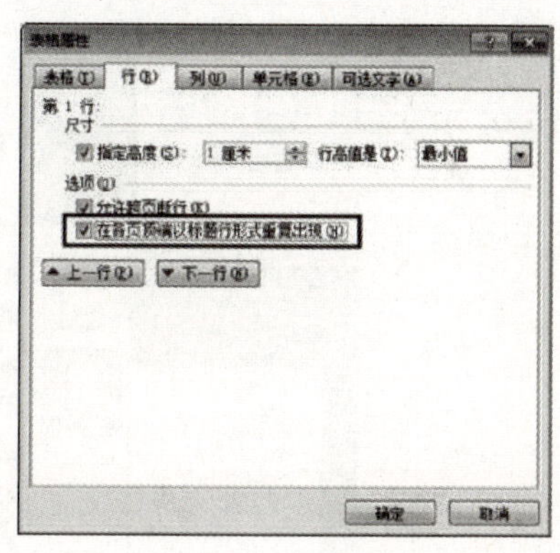

图 9-4-10

7. 单击“自定义快速访问工具栏”中的“保存”命令按钮。

实训十 Word 2010的目录制作

实训目的 ⇨ 掌握目录制作的操作方法。

实训内容 ⇨ 参照样张，按照题目要求，完成以下文档的操作。

任务

参照图10-0-1所示样张完成“计算机简介.docx”文档编辑工作。

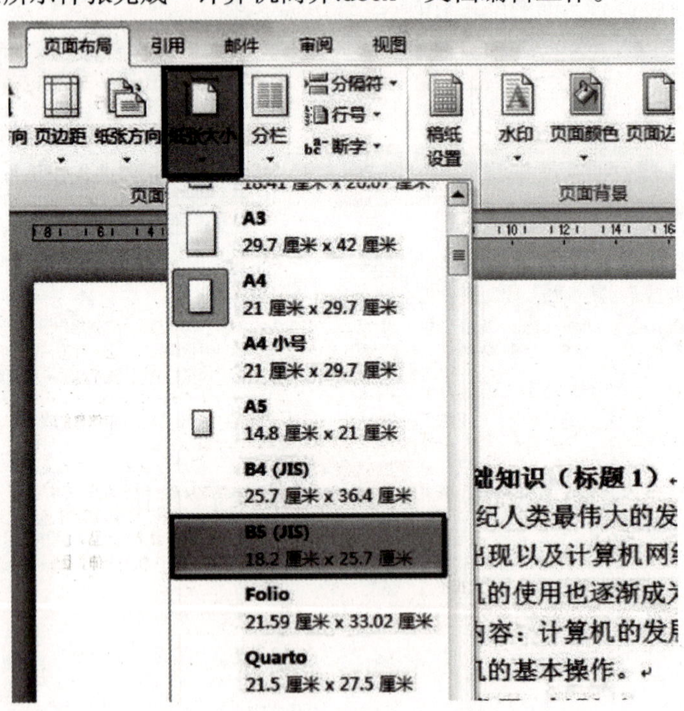

图 10-0-1

题目要求

1. 将文档纸张大小设置为“B5”，页边距“上2厘米、下2厘米、左2.5厘米、右2.5厘米”。

2. 按文中要求设置标题样式。

3. 按样张制作文档目录。

4. 为文档设置页眉页脚。页眉奇偶不同，奇数页为“计算机应用基础”，偶数页为“知识简介”；页脚添加页码，页码格式为“1，2，3…”，样式为页面底端x/y。

5. 给“ENIAC”添加脚注：“ Electronic Numerical Integrator And Calcula”。

6. 保存文档。

操作步骤

1. 设置文档纸张大小。

① 按照路径打开“素材/实训十/计算机简介.docx”文档，选择“页面布局”→“纸张大小”→“B5”命令，如图10-0-1所示。

② 选择“页面布局”选项卡→“页边距”→“自定义边距”命令，如图10-0-2所示。

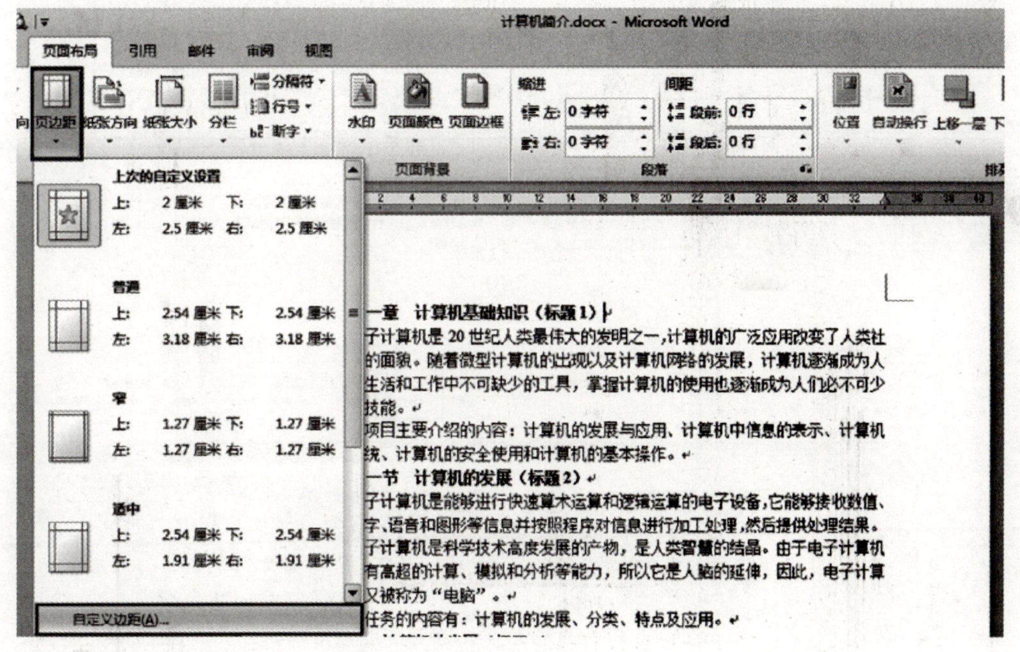

图 10-0-2

③ 弹出“页面设置”对话框，将“页边距”设置“上2厘米、下2厘米、左2.5厘米、右2.5厘米”，如图10-0-3所示。

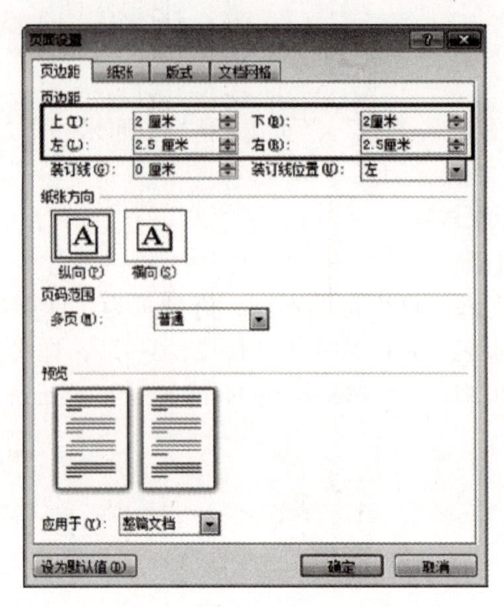

图 10-0-3

2. 设置标题样式。

① 鼠标选中要设置为“标题1”的文本“第一章　计算机基础知识（标题1）”，如图10-0-4所示；单击“开始”选项卡→“样式”组→“标题1”命令按钮，如图10-0-5所示。

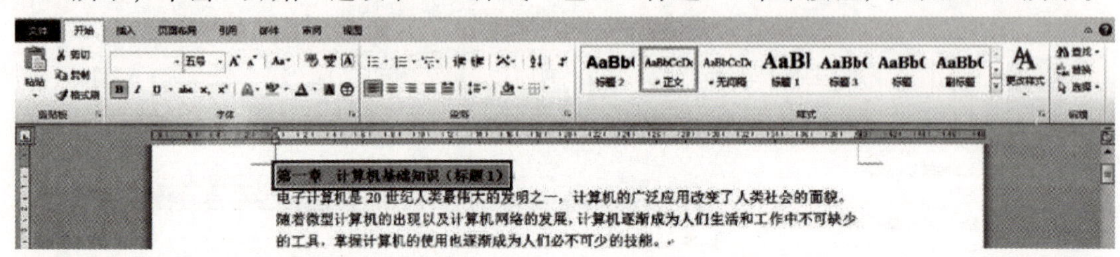

图 10-0-4

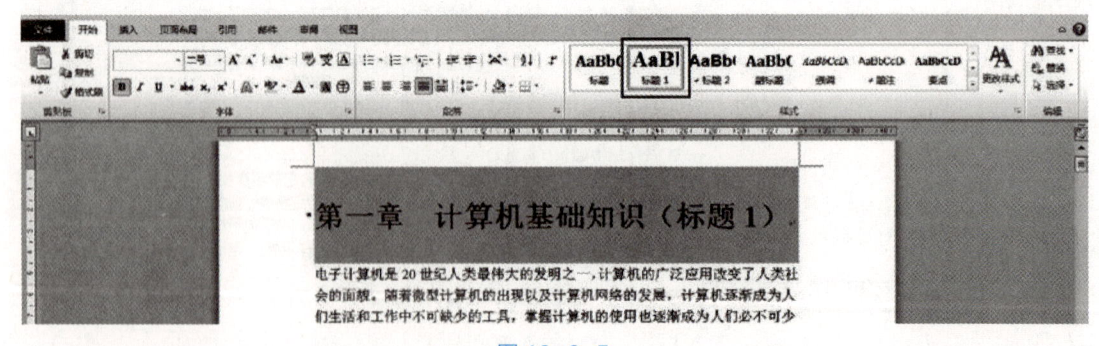

图 10-0-5

② 鼠标选中要设置为“标题2”的文本“第一节　计算机的发展（标题2）”，如图10-0-6所示；单击“开始”选项卡→“样式”组→“标题2”命令按钮，如图10-0-7所示。

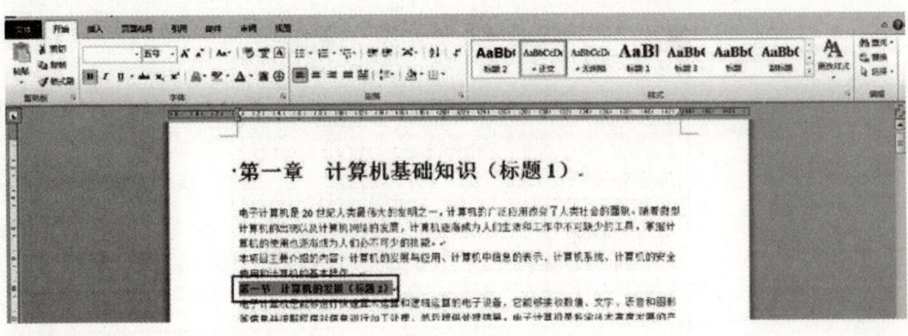

图 10-0-6

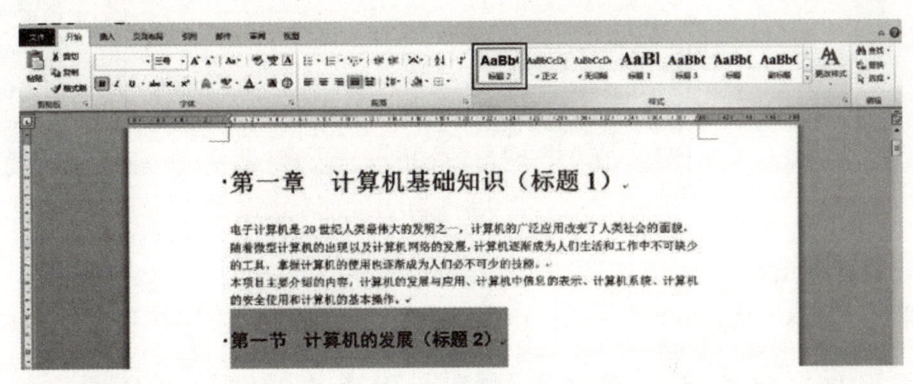

图 10-0-7

③ 鼠标选中要设置为“标题3”的文本“一、计算机的发展（标题3）”，单击“开始”选项卡→“样式”组→“标题3”命令按钮。

3．制作目录。

① 选择“引用”选项卡→“目录”→“插入目录”命令，如图10-0-8所示。

② 弹出“目录”对话框，默认选项，单击“确定”按钮，如图10-0-9所示。

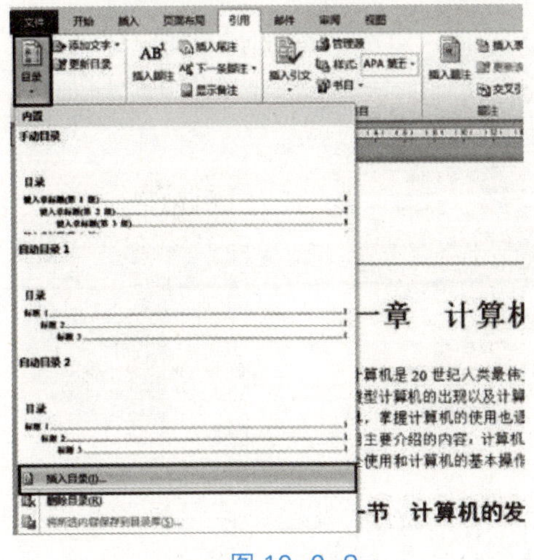

图 10-0-8

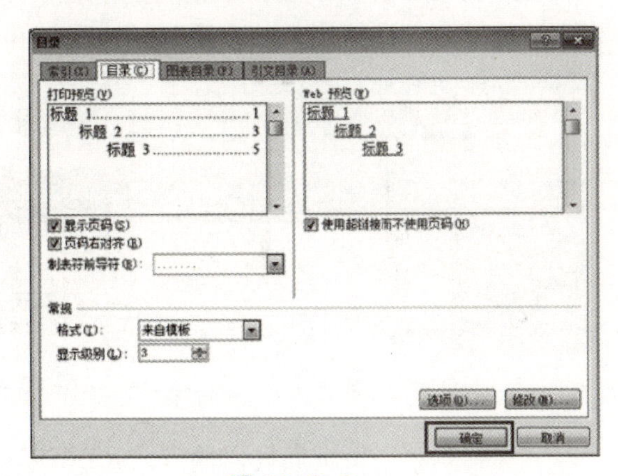

图 10-0-9

③ 插入目录后的效果如图10-0-10所示。

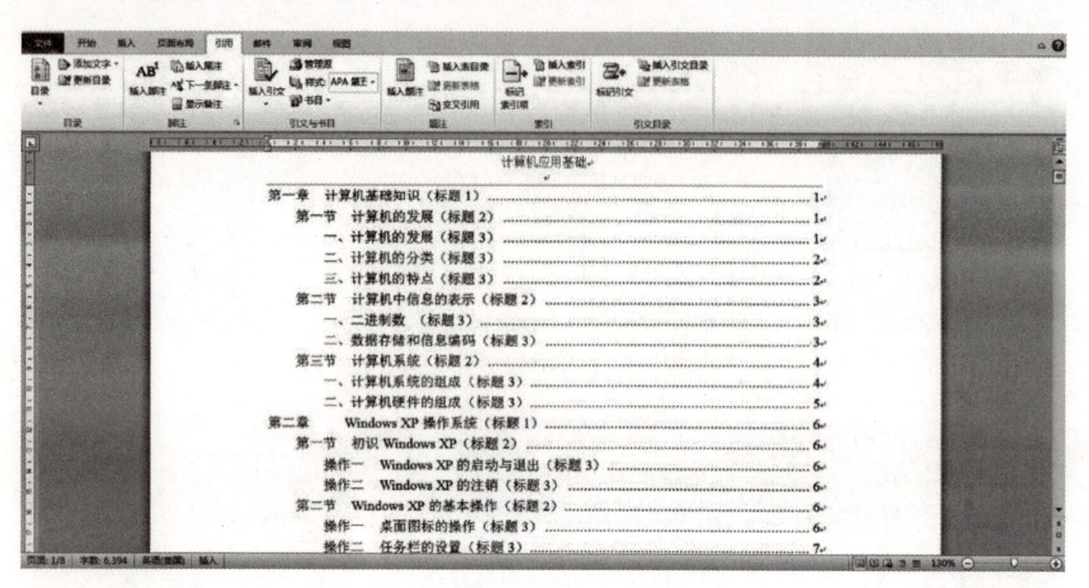

图 10-0-10

4．设置页眉页脚。

① 单击“插入”选项卡→“页眉”命令，插入“空白”页眉，如图10-0-11所示。

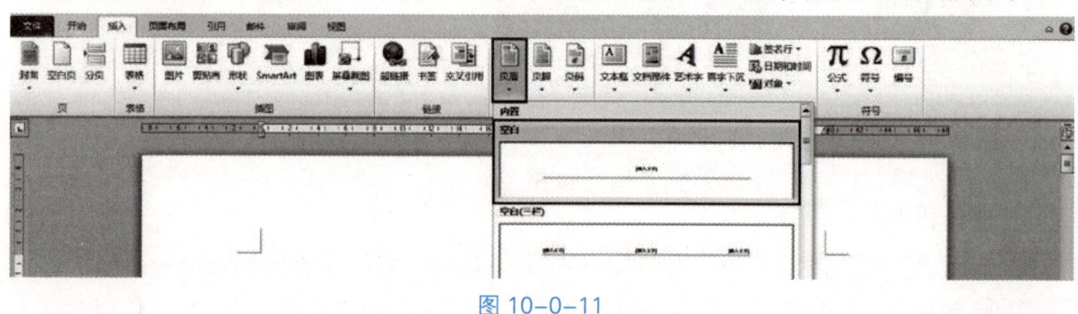

图 10-0-11

在“设计”选项卡上，取消勾选“首页不同”复选框，勾选“奇偶页不同”复选框，在页眉处输入“计算机基础应用”，如图10-0-12所示。

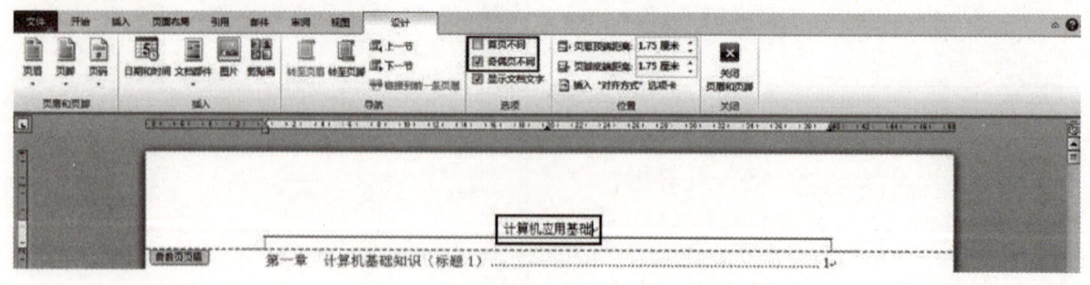

图 10-0-12

光标移到第二页页眉处，输入“知识简介”，如图10-0-13所示。

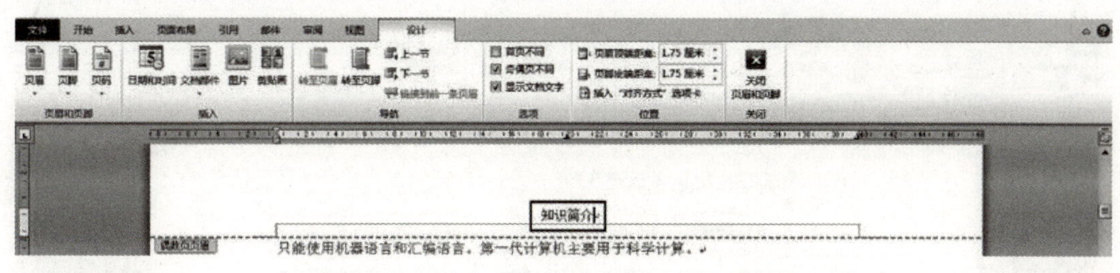

图 10-0-13

② 光标移到首页“奇数页页脚”处，单击“设计”选项卡→“页码”→“设置页码格式”命令按钮，如图10-0-14所示；弹出“页码格式”对话框，将“编号格式”设置为“1，2，3，…”，如图10-0-15所示。

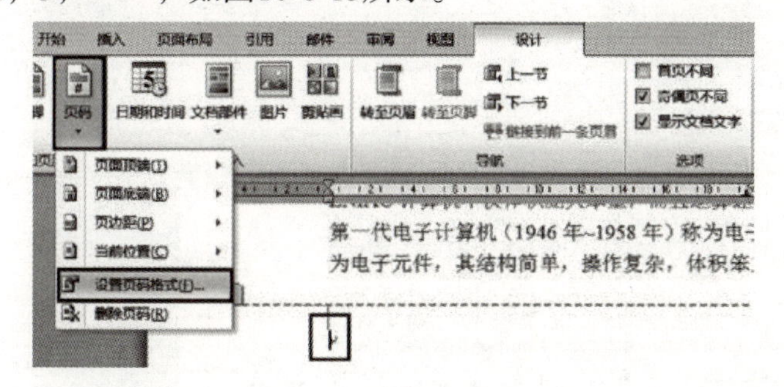

图 10-0-14

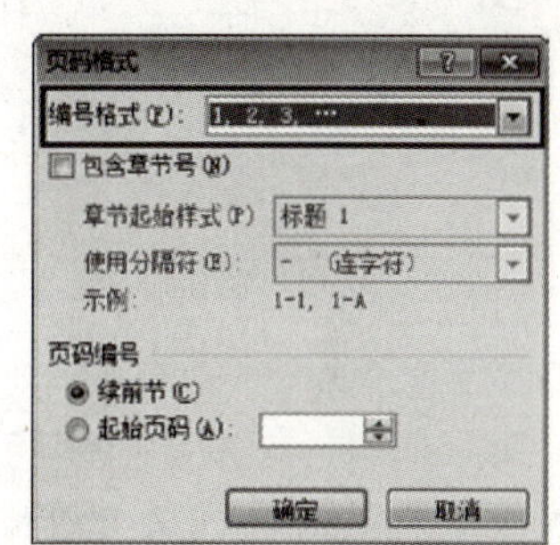

图 10-0-15

③ 选择“设计”选项卡→“页面底端”→“X/Y”样式，如图10-16所示。

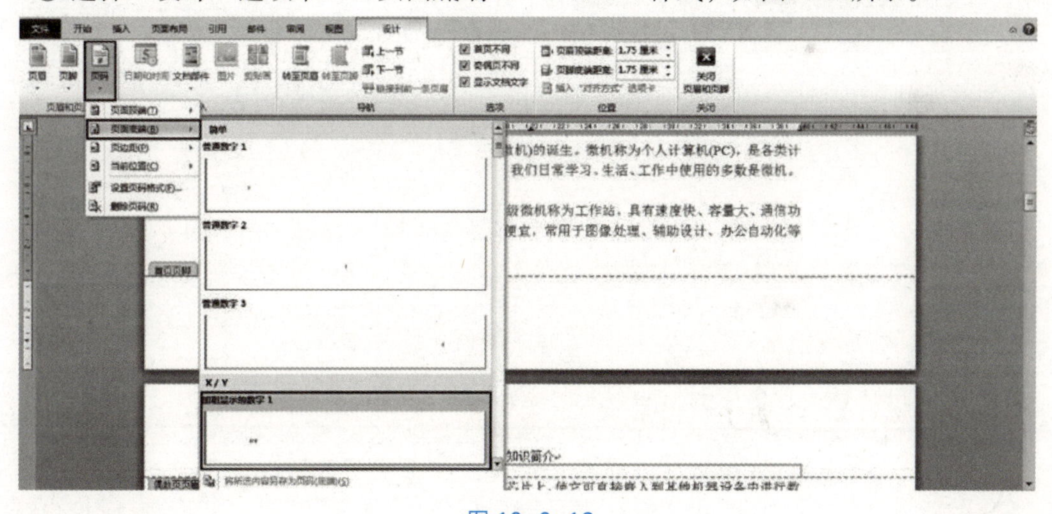

图 10-0-16

④ 光标移到第2页“偶数页页脚”处，重复步骤“4.③”，为其添加页码。

5．添加题注。

① 鼠标选中“ENIAC”单词，选择“引用”选项卡→“插入脚注”命令，如图10-0-17所示。

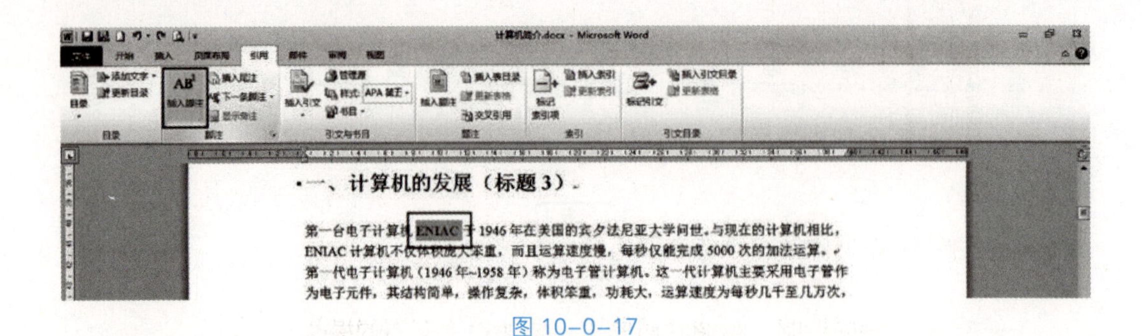

图 10-0-17

② 光标移到左下角，在此处输入“Electronic Numerical Integrator And Calcula”，如图10-0-18所示。

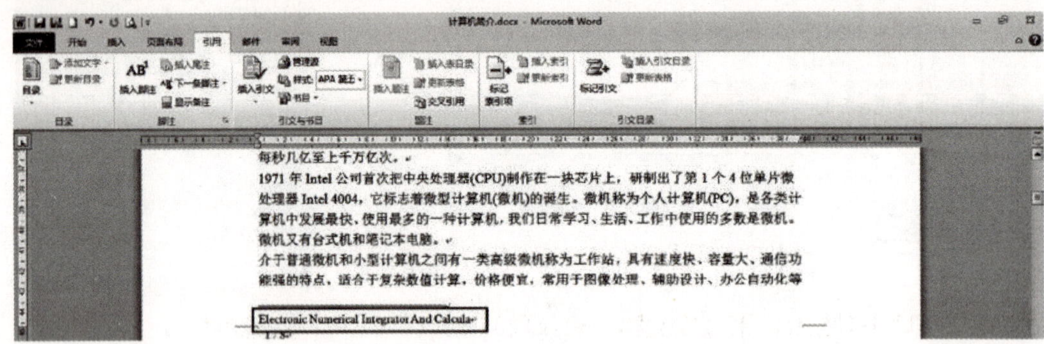

图 10-0-18

6. 单击“自定义快速访问工具栏”中的“保存”命令按钮。

实训十一 Word 2010的邮件合并操作

实训目的 ⇨ 掌握邮件合并的操作方法。

实训内容 ⇨ 参照样张，按照题目要求，完成以下文档的操作。

任务一

请参照图11-1-1所示样张完成文档“会议通知.docx”中邮件合并。

“人员表”样张

部门	姓名	职务
一车间	张东	主任
二车间	王平	书记

会议通知

《部门》《姓名》《职位》：

为加强安全生产，兹定于7月15日(星期五)上午8：00—10：00，在公司礼堂举行安全生产大检查动员会，请准时参加！

图 11-1-1

题目要求

1．参照样张，建立“人员表.docx”数据源文件。
2．参照样张，在指定位置插入合并域完成邮件合并。
3．保存文件。

操作步骤

1．建立数据源文件。

① 运行Word 2010程序，创建一个空白文档。

② 选择“插入”选项卡→“表格”→“插入表格”命令，如图11-1-2所示；在“插入表格”对话框中输入列数“3”、行数“3”，单击“确定”按钮，如图11-1-3所示。

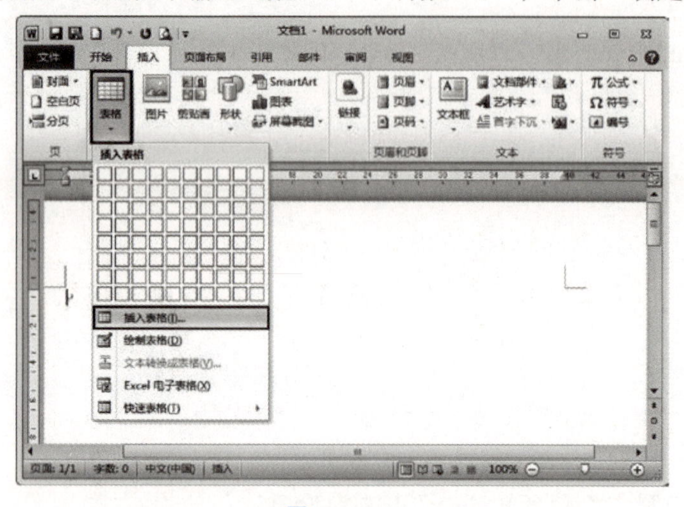

图 11-1-2

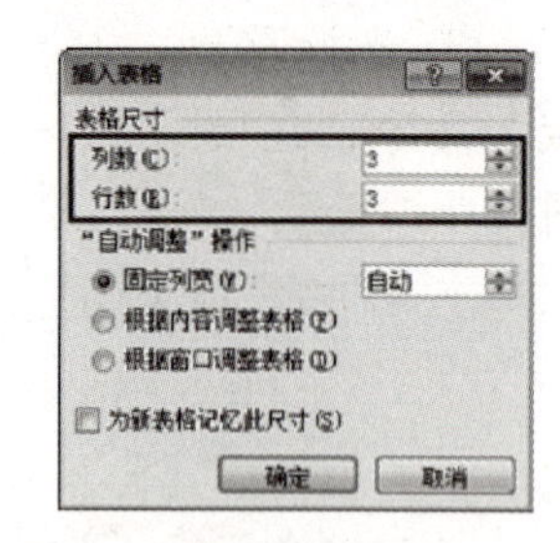

图 11-1-3

③ 然后按照样张输入表格内容，以“人员表”为文件名将其保存在指定目录下，如图11-1-4所示。

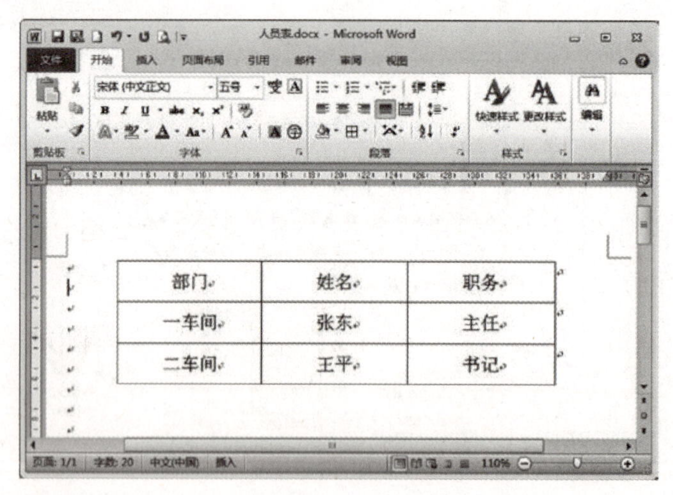

图 11-1-4

2．插入合并域。

① 按照路径打开“素材/实训十一/会议.docx”文件，选择“邮件”选项卡→“选择收件人”→“使用现有列表”命令，如图11-1-5所示。

② 弹出“选取数据源”窗口，打开前面创建的“人员表.docx”文件，如图11-1-6所示。

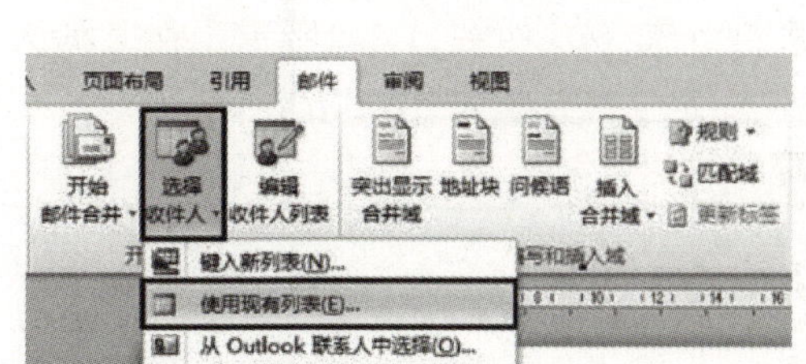

图 11-1-5

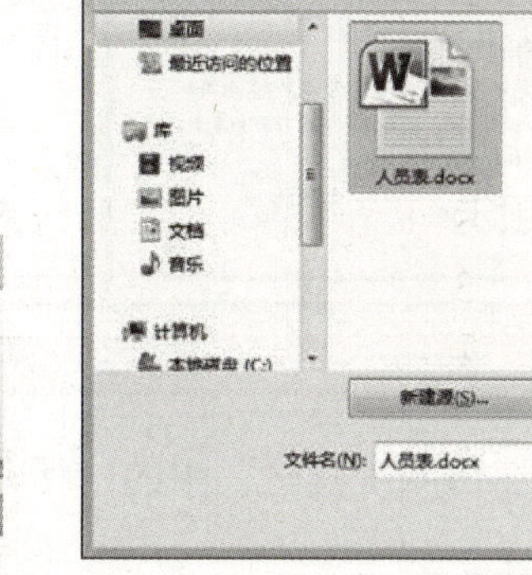

图 11-1-6

③ 光标移到“会议”文档需插入信息的位置，选择“邮件”选项卡→“插入合并域”命令，在展开的下拉列表中单击依次单击“部门”“姓名”“职务”命令按钮，如图11-1-7所示。

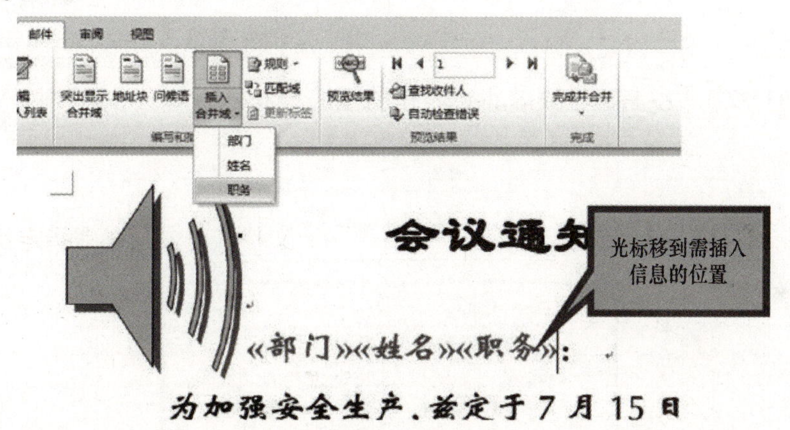

图 11-1-7

④ 选择“邮件”选项卡→“完成并合并”→“编辑单个文档”命令，如图11-1-8所示，弹出“合并到新文档”窗口后，单击“确定”按钮，如图11-1-9所示。

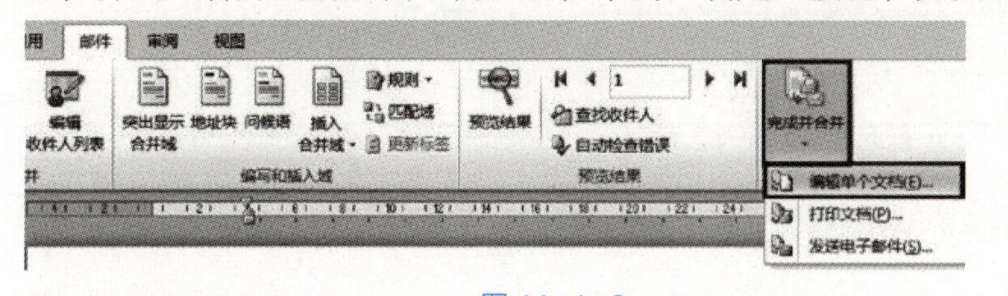

图 11-1-8

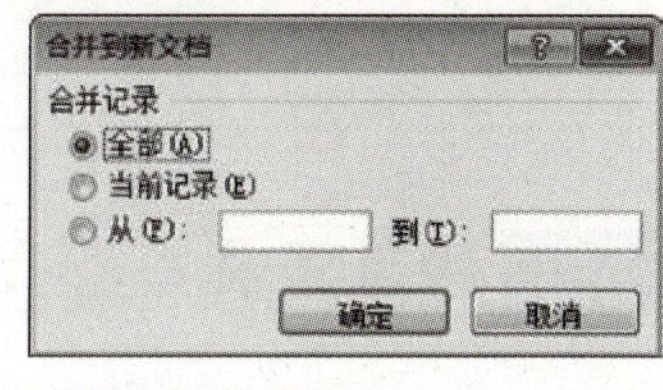

图 11-1-9

⑤ 邮件合并成功，预览信函，系统会自动批量生成会议通知，并在新文档中一一列出，效果如图11-1-10所示。

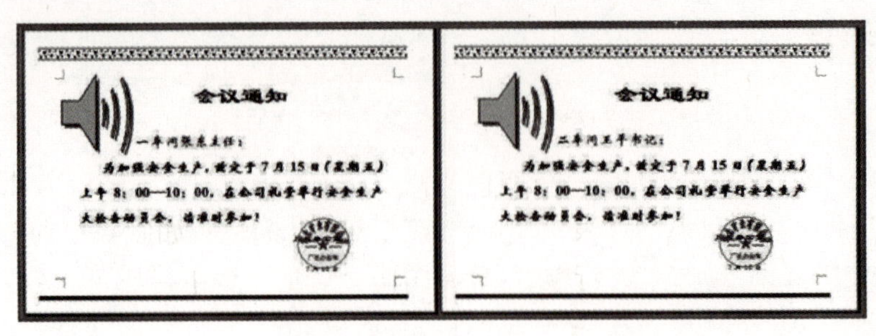
会议通知

一车间张东主任：

为加强安全生产，兹定于7月15日（星期五）上午8：00—10：00，在公司礼堂举行安全生产大检查动员会，请准时参加！

会议通知

二车间王平书记：

为加强安全生产，兹定于7月15日（星期五）上午8：00—10：00，在公司礼堂举行安全生产大检查动员会，请准时参加！

图 11-1-10

3．单击“自定义快速访问工具栏”中的“保存”命令按钮。

任务二

请完成图11-2-1所示文档“登录.docx”中的邮件合并。

“人员表”样张

姓名	账号
李力	AO1
王平	BO2

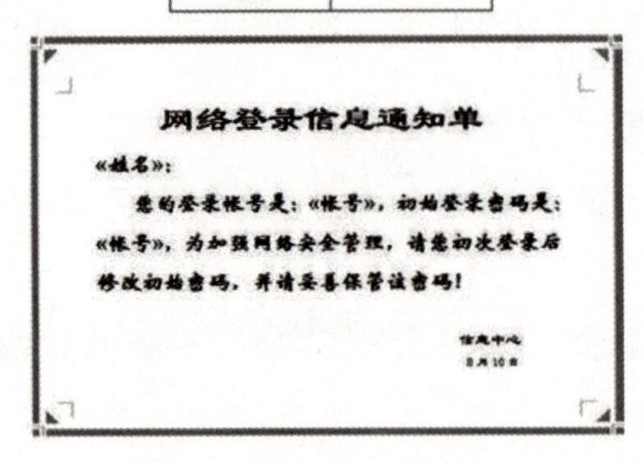
网络登录信息通知单

«姓名»：

您的登录帐号是：«帐号»，初始登录密码是：«帐号»，为加强网络安全管理，请您初次登录后修改初始密码，并请妥善保管该密码！

信息中心

8月10日

图 11-2-1

题目要求

1．建立收件人列表文件，以“人员表.docx”为文件名保存，文件内容如同样张所示。
2．选择“素材/实训十一/登录.docx”为信函文档。
3．参照样张，插入三处合并域。
4．保存文件。

操作步骤

1．建立数据源文件。

① 运行Word 2010程序，创建一个空白文档。

② 选择“插入”选项卡→“表格”→“插入表格”命令，如图11-2-2所示；在“插入表格”对话框中输入列数“2”、行数“3”，单击“确定”按钮，如图11-2-3所示。

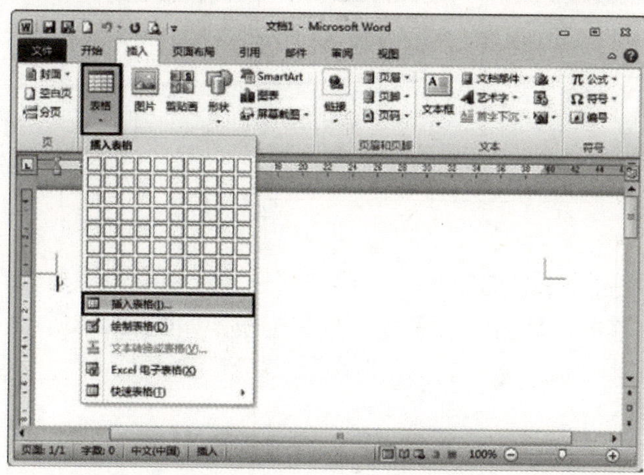

图 11-2-2

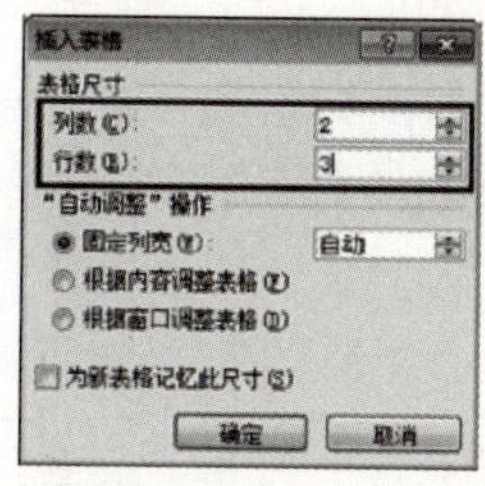

图 11-2-3

③ 然后按照样张输入表格内容，以“人员表”为文件名保存在指定目录下，如图11-2-4所示。

2．按照路径打开文件“素材/实训十一/抽奖.docx”，选择“邮件”选项卡→“开始邮件合并”→“信函”命令，如图11-2-5所示。

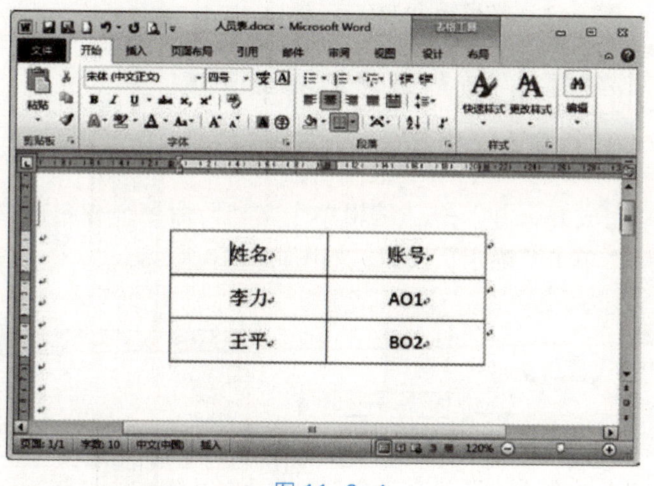

图 11-2-4

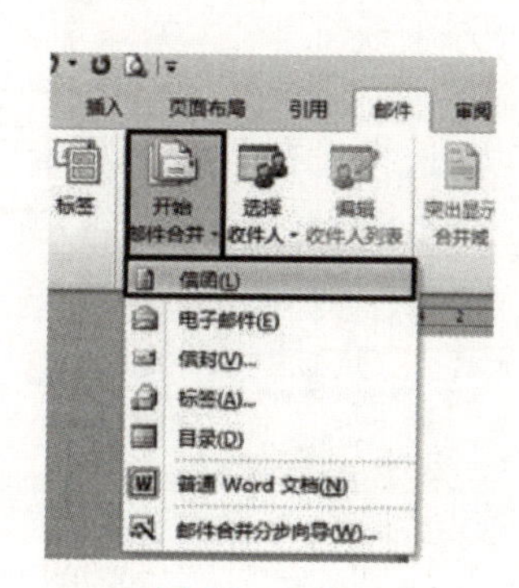

图 11-2-5

3．插入合并域。

① 按照路径打开“素材/实训十一/登录.docx”文件，选择“邮件”选项卡→“选择收件人”→“使用现有列表”命令，如图11-2-6所示。

② 弹出“选取数据源”窗口，打开前面创建的“人员表.docx”文件，如图11-2-7所示。

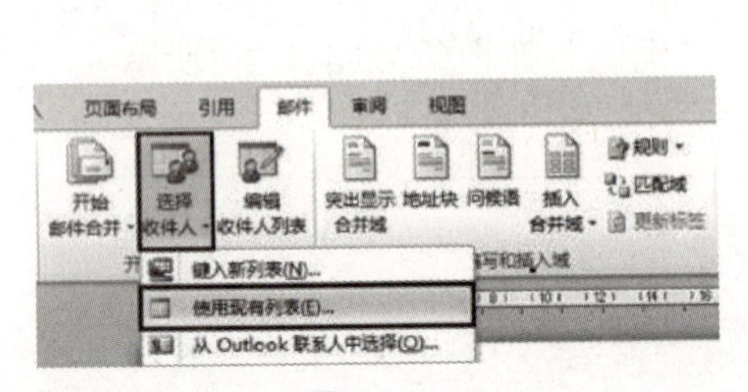

图 11-2-6

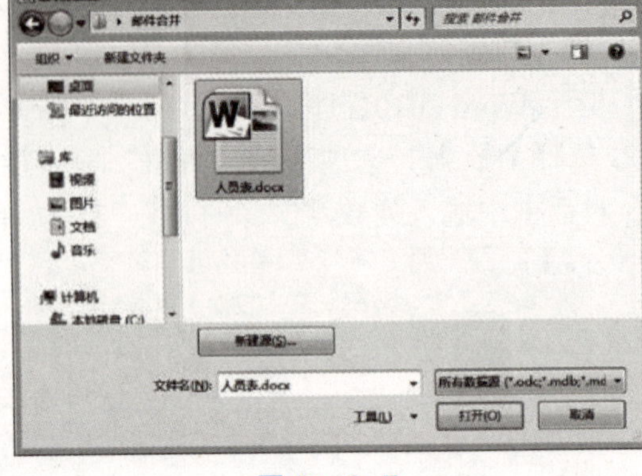

图 11-2-7

③ 光标移到“登录”文档需插入信息的位置，选择“邮件”选项卡→“插入合并域”命令，在展开的下拉列表中依次单击“姓名”“账号”命令按钮，如图11-2-8所示。

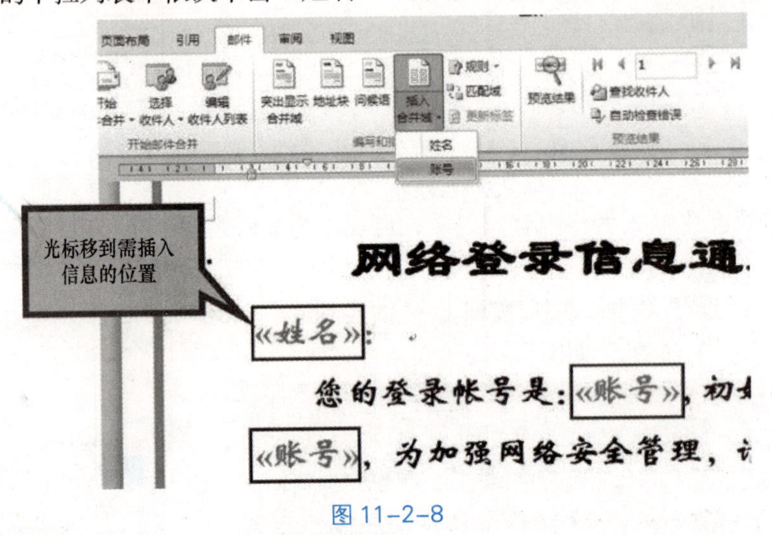

图 11-2-8

④ 选择“邮件”选项卡→“完成并合并”→“编辑单个文档”命令，如图11-2-9所示；弹出“合并到新文档”窗口后，单击“确定”按钮，如图11-2-10所示。

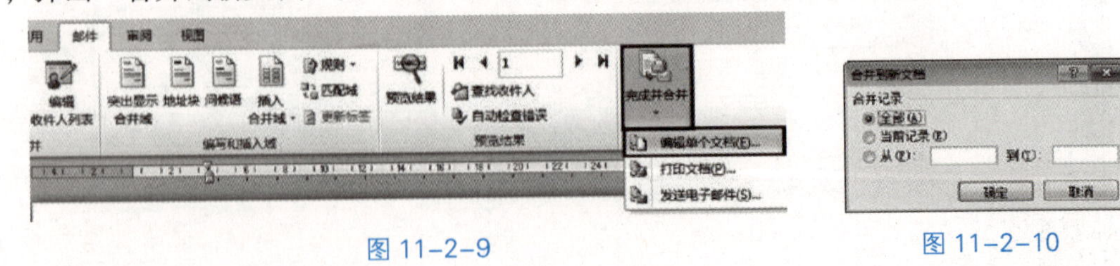

图 11-2-9

图 11-2-10

⑤ 邮件合并成功，预览信函，系统会自动批量生成会议通知，并在新文档中一一列出，效果如图11-2-11所示。

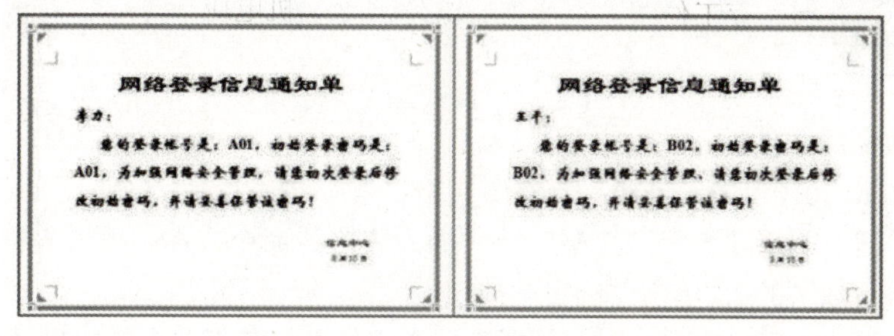

图 11-2-11

4．单击“自定义快速访问工具栏”中的“保存”命令按钮。

任务三

完成图11-3-1所示文档“素材/实训十一/抽奖.docx”中的邮件合并。

“信息表”样张

时间	账号
8 月 3 日	A001
8 月 10 日	B002

图 11-3-1

题目要求

1．建立收件人列表文件，以“信息表.docx”为文件名保存，文件内容如同样张所示。
2．选择“素材/实训十一/抽奖.docx”为信函文档。
3．参照样张，插入三处合并域。
4．保存文件。

操作步骤

1．建立数据源文件。

① 运行Word 2010程序，创建一个空白文档。

② 选择“插入”选项卡→“表格”→“插入表格”命令，在“插入表格”对话框中输入列数“2”、行数“3”，单击“确定”按钮。

③ 按照样张输入表格内容，以“信息表”为文件名将其保存在指定目录下。

2．按照路径打开文件“素材/实训十一/抽奖.docx”，选择“邮件”选项卡→“开始邮件合并”→“信函”命令。

3．插入合并域。

① 按照路径打开“素材/实训十一/登录.docx”文件，选择“邮件”选项卡→“选择收件人”命令→“使用现有列表”命令，弹出“选取数据源”窗口，找到并选中前面创建的“信息表.docx”，单击“打开”按钮。

② 光标移到“抽奖”文档需插入信息的位置，选择“邮件”选项卡→“插入合并域”命令，在展开的下拉列表中依次单击“时间”“编号”命令按钮。

③ 然后，选择“邮件”选项卡→“完成并合并”→“编辑单个文档”命令，弹出“合并到新文档”窗口后，单击“确定”按钮。

④ 邮件合并成功，预览信函，系统会自动批量生成会议通知，并在新文档中一一列出，效果如图11-3-2所示。

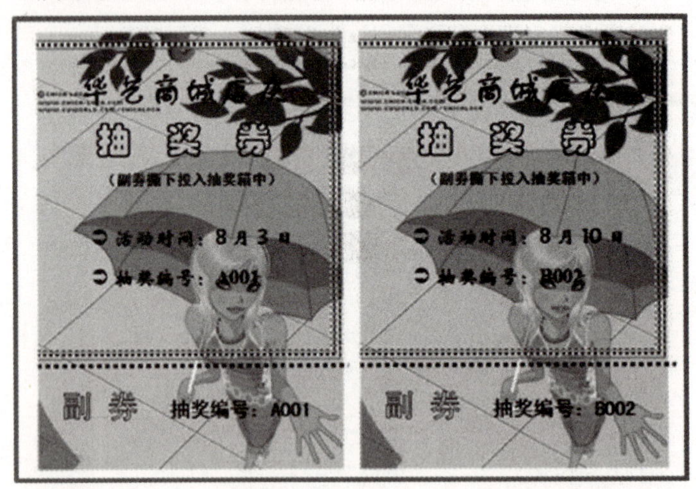

图 11-3-2

4．单击“自定义快速访问工具栏”中的“保存”命令按钮。

实训十二 Word 2010的组织结构图操作

实训目的 ⇨ 掌握组织结构图的操作方法。

实训内容 ⇨ 参照样张，按照题目要求，完成以下文档的操作。

任务一

请参照图12-1-1所示样张完成文档“传粉.doc”的制作。

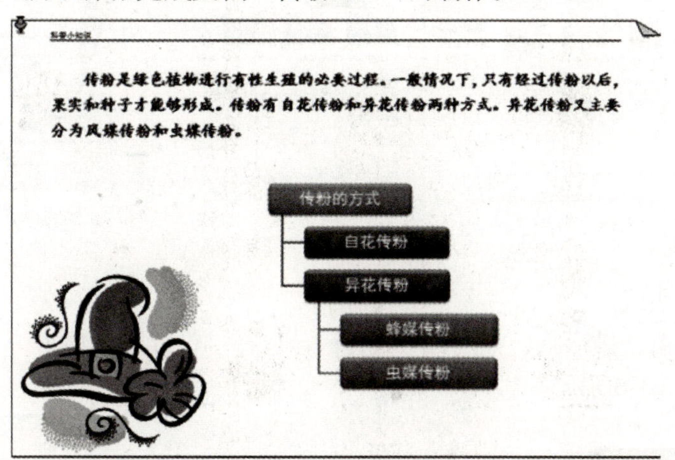

图 12-1-1

题目要求

1. 图示类型：SmartArt图形—层次结构—组织结构图。
2. 图示版式：右悬挂。
3. 图示中所有输入文本设置为黑体、20号字、文字居中，并调整图形宽度。
4. 将图形中的“矩形”更换为“圆角矩形”。

5. 图示SmartArt样式设置：“颜色更改”为“彩色-强调文字颜色”，文档的最佳匹配对象为“强烈效果”。

6. 设置图示文字环绕方式为“浮于文字上方”，并参照样张调整结构图的位置。

7. 保存文件。

操作步骤

1. 设置图示类型。

① 按照路径打开“素材/实训十二/传粉.docx”文档，选择“插入”选项卡→“SmartArt”命令，如图12-1-2所示。

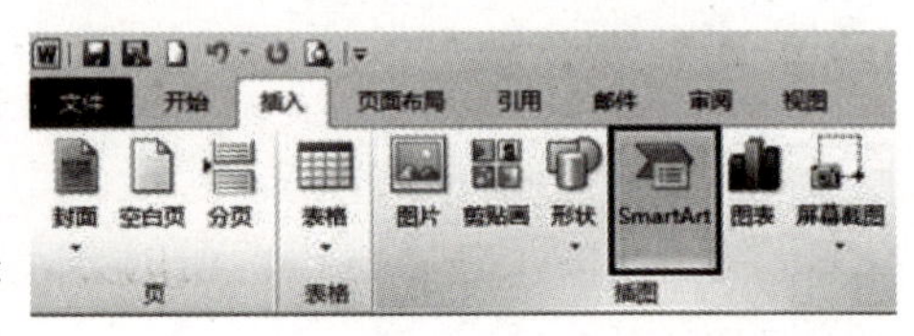

图 12-1-2

② 弹出“选择SmartArt图形”对话框，选择“层次结构”→“组织结构图”设置，单击“确定”按钮，如图12-1-3所示。

③ 鼠标选中第二排“助理”框，如图12-1-4所示，敲击键盘“Delete”键，将其删除。

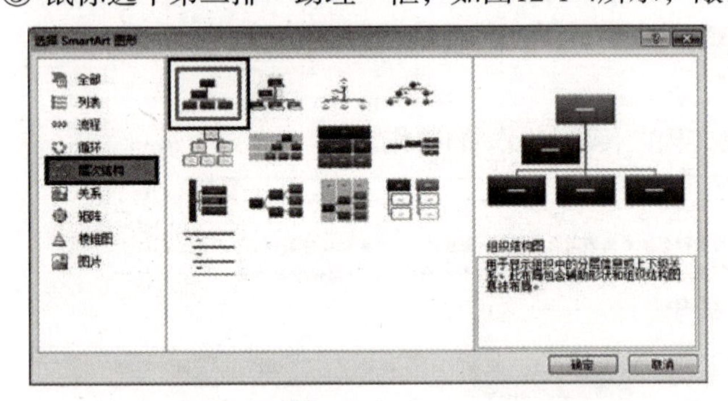

图 12-1-3

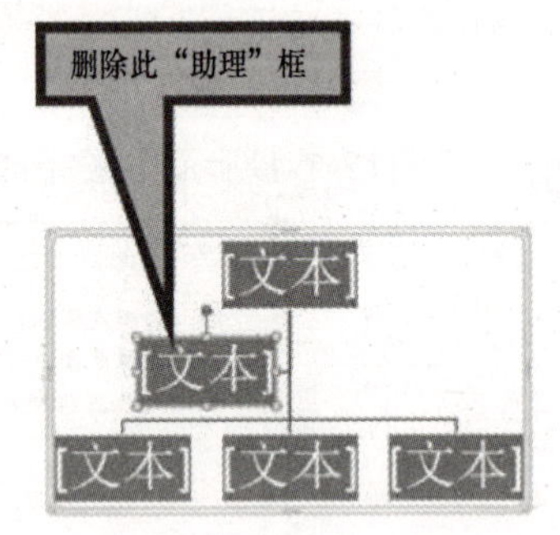

图 12-1-4

2. 设置图示版式。

① 鼠标选中第一排形状，如图12-1-5所示，选择“设计”选项卡→“布局”→“右悬挂”命令，如图12-1-6所示。

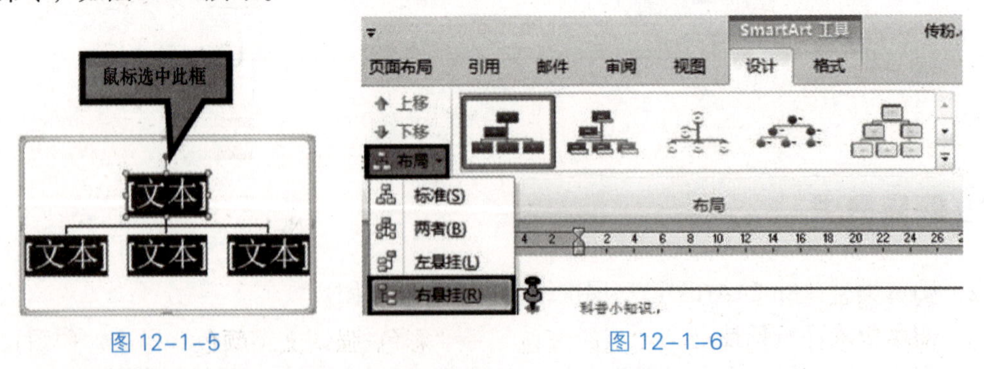

图 12-1-5　　图 12-1-6

② 鼠标选中最后一排形状框，敲击键盘“Delete”键将其删除。

③ 然后单击“添加形状”右侧的三角按钮，在展开的下拉列表中单击“在下方添加形状”命令按钮，如图12-1-7所示，在所选的形状下方添加形状框；选中第三个形状框，重复以上步骤为其添加第二层形状框，如图12-1-8所示。

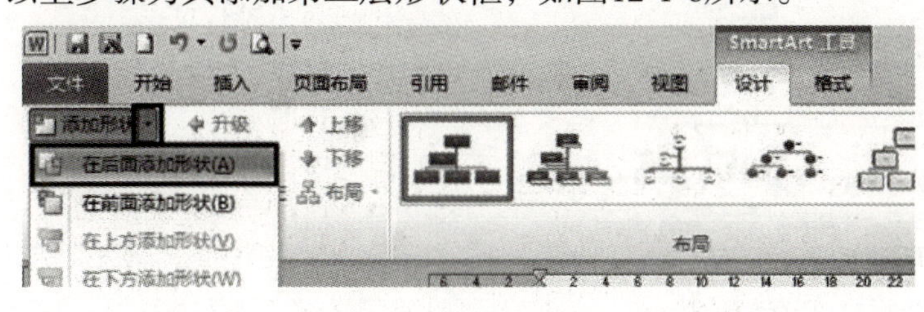

图 12-1-7

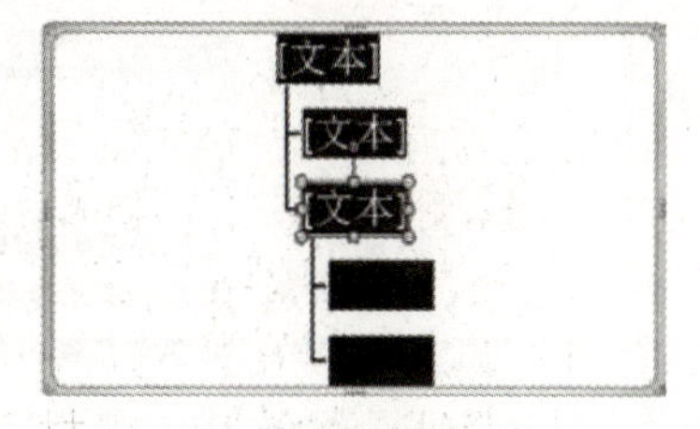

图 12-1-8

3．设置图示中文本格式。

① 参照样张内容将“传粉的方式、自花传粉、异花传粉、风媒传粉、虫媒传粉”输入相应的框内。

② 选中整个组织结构图，在“开始”选项卡中设置文字字体为“黑体”、字号为“20”、对齐方式为“居中”，如图12-1-9所示。

③ 调整图形框的宽度，如图12-1-10所示。

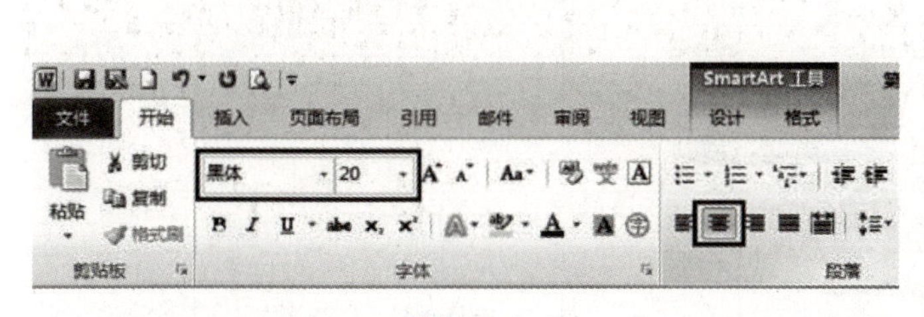

图 12-1-9

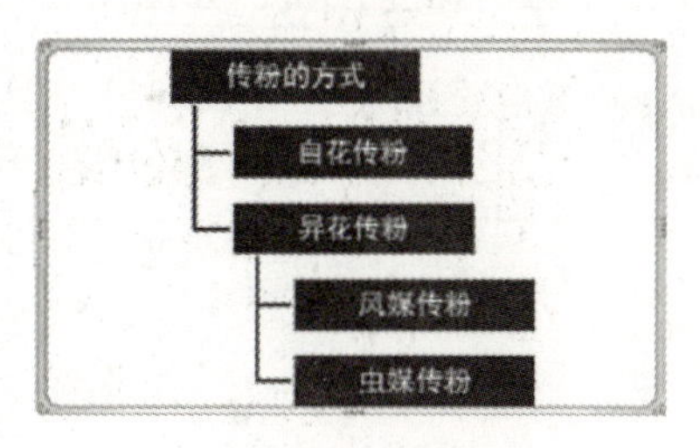

图 12-1-10

4．按住键盘“Shift”键不动，鼠标选中全部的形状框，如图12-1-11所示；选择“格式”选项卡→“更改形状”→“圆角矩形”命令，将所有形状框更换为“圆角矩形”，如图12-1-12所示。

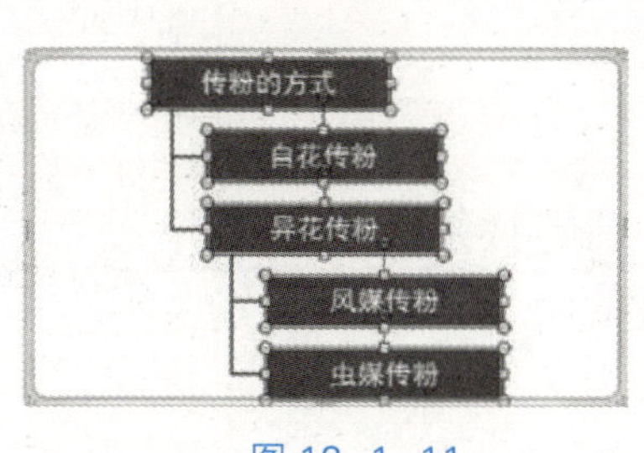

图 12-1-11

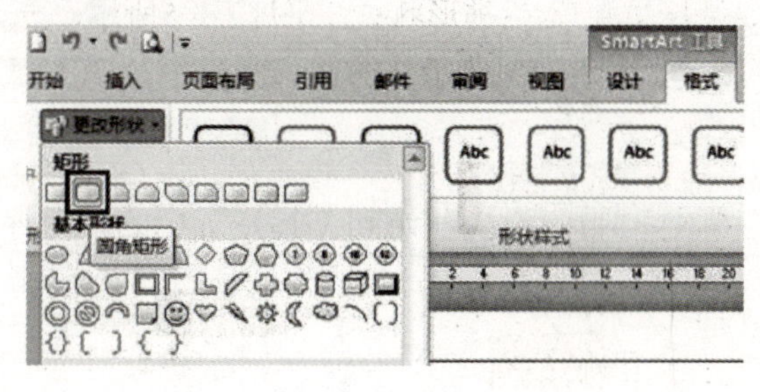

图 12-1-12

5．设置图示样式。

① 选择“设计”选项卡→“更改颜色”→“彩色-强调文字颜色”样式，如图12-1-13所示。

② 选择“设计”选项卡→ “SmartArt样式”组→“强烈效果”样式，如图12-1-14所示。

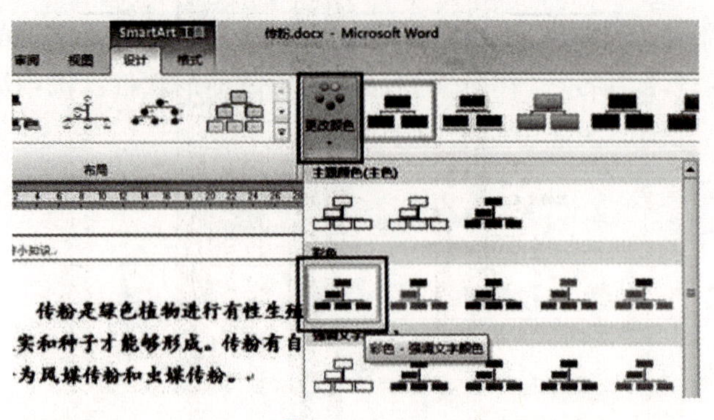

图 12-1-13

图 12-1-14

6. 选中整个组织结构图，单击右键，在弹出的快捷菜单中单击“自动换行”中“浮于文字上方”命令按钮，如图12-1-15所示，并参照样张调整结构图的位置。

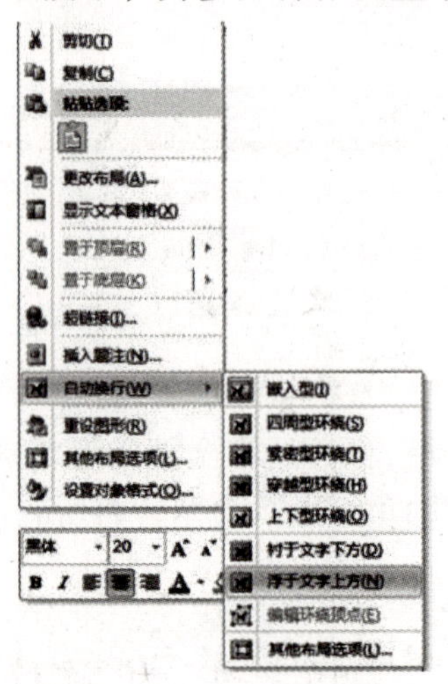

图 12-1-15

7. 单击“自定义快速访问工具栏”中的“保存”命令按钮。

任务二

请参图12-2-1所示照样张完成文档“管理.doc”中图示的制作。

管理之道

企业管理职能

管理（management）一词在当今社会已普遍使用，但关于管理的定义至今未能得到统一，原因就在于它的含义随着社会的发展而发展，它的外延和内涵也随着社会的进步不断被丰富和充实，企业管理职能也不断地更新和完善。

从根本上来说，企业管理工作是一个过程，所有管理者为了实现预期目标都要从事一些相互关联的活动。这些相互关联的活动我们称之为管理的职能（functions of management），是指管理在社会经济活动中所发挥出的功能 。我们可以把它分为计划工作、组织工作，领导工作和控制工作等四项基本职能。管理活动的顺利进行正是通过正确执行这些基本的职能来进行的。

图 12-2-1

题目要求

1. 图示类型：SmartArt图形—循环—文本循环。

2. 反转图示。

3. 图示中文字格式为：黑体、红色、四号、文字居中。

4. 图示SmartArt样式设置：“颜色更改”为“彩色-强调文字颜色”，“三维”为“嵌入”样式。

5. 设置图示文字环绕方式为“浮于文字上方”，并参照样张调整图示大小和位置。

6. 保存文件。

操作步骤

1. 设置图示类型。

① 按照路径打开“素材/实训十二/管理.docx”文档，选择“插入”选项卡→“SmartArt”命令，如图12-2-2所示。

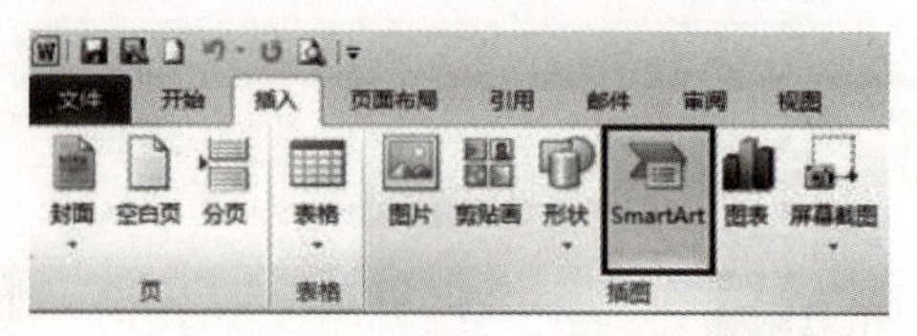

图 12-2-2

② 弹出“选择SmartArt图形”对话框，选择“循环”→“基本循环”设置，单击“确定”按钮，如图12-2-3所示。

③ 鼠标选中任意一个文本框，如图12-2-4所示，敲击键盘“Delete”键将其删除。

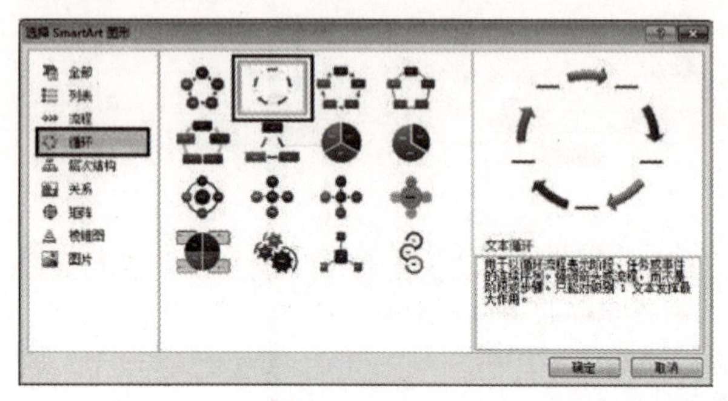

图 12-2-3

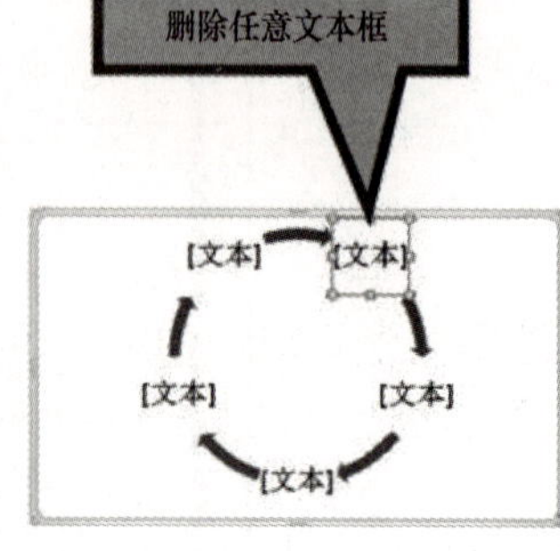

图 12-2-4

2．选中整个组织结构图，选择“设计”选项卡→“从右向左”命令，如图12-2-5所示，将图示的箭头进行反转，效果如图12-2-6所示。

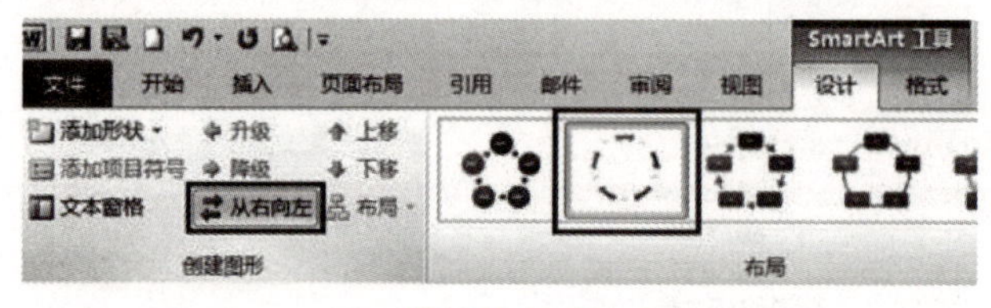

图 12-2-5

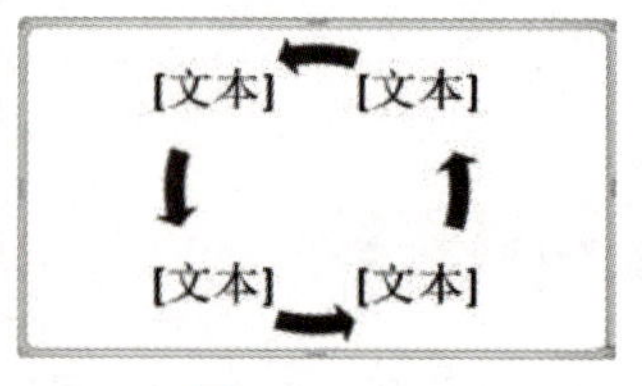

图 12-2-6

3．设置图示中文本格式。

① 参照样张内容将“计划、控制、组织、领导”输入相应的框内。

② 选中整个组织结构图，在“开始”选项卡中设置文字字体为“黑体”、字号为“四号”、对齐方式为“居中”，如图12-2-7所示。

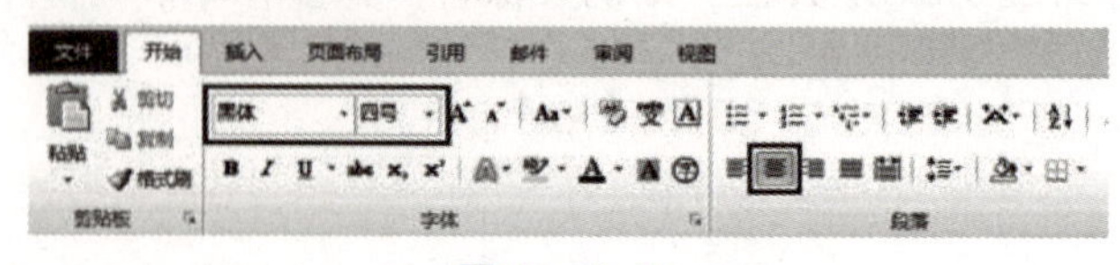

图 12-2-7

4．设置图示样式。

① 选择“设计”选项卡→“更改颜色”→“彩色-强调文字颜色”样式，如图12-2-8所示。

② 选择“设计”选项卡→“SmartArt样式”组→“强烈效果”样式，如图12-2-9所示。

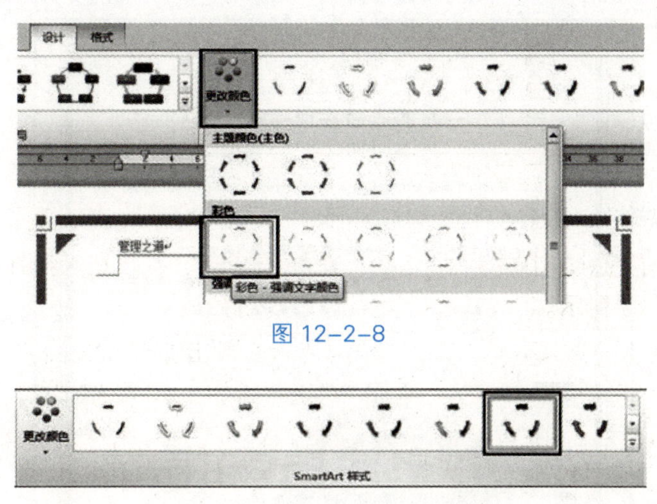

图 12-2-8

图 12-2-9

5. 选中整个组织结构图，单击右键，在弹出的快捷菜单中单击“自动换行”→“浮于文字上方”按钮，如图12-2-10所示，并参照样张调整结构图的位置。

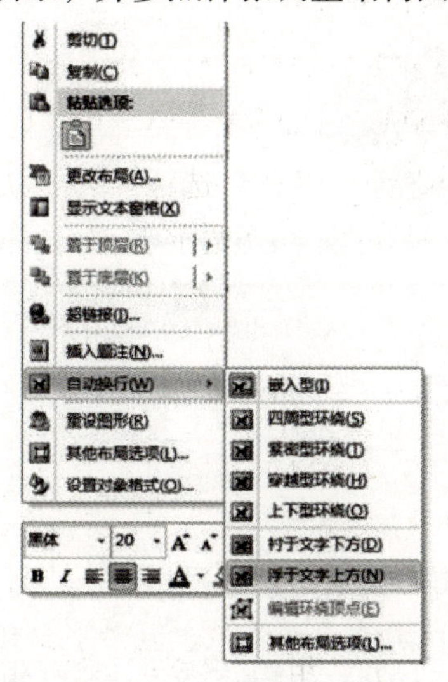

图 12-2-10

6. 单击 “自定义快速访问工具栏”中的“保存”命令按钮。

任务三

请参考图12-3-1所示样张完成文档“需求.doc”中图示的制作。

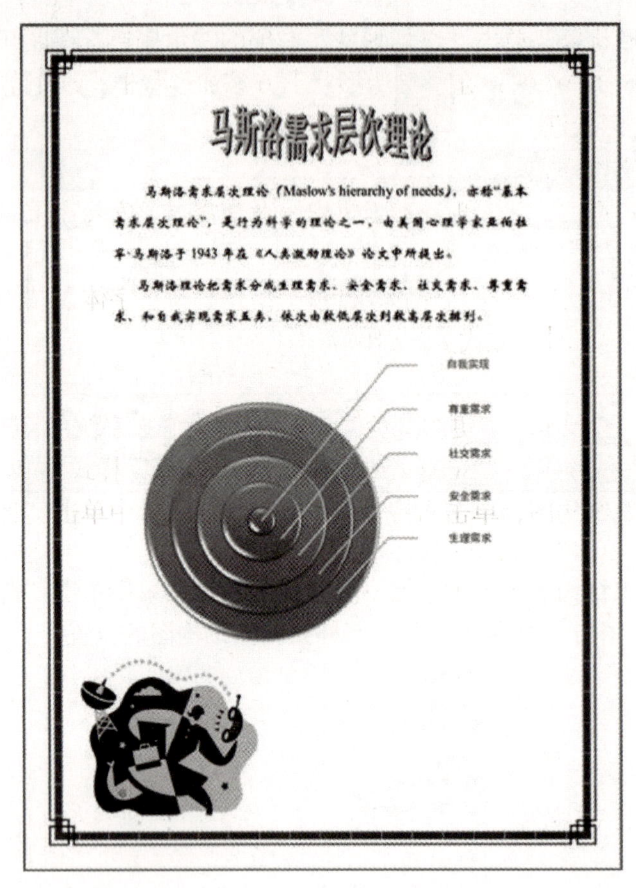

马斯洛需求层次理论

马斯洛需求层次理论（Maslow's hierarchy of needs），亦称"基本需求层次理论"，是行为科学的理论之一，由美国心理学家亚伯拉罕·马斯洛于1943年在《人类激励理论》论文中所提出。

马斯洛理论把需求分成生理需求、安全需求、社交需求、尊重需求、和自我实现需求五类，依次由较低层次到较高层次排列。

自我实现
尊重需求
社交需求
安全需求
生理需求

图 12-3-1

题目要求

1．图示类型：SmartArt图形—关系—基本目标图。

2．图示中所有输入文本为：黑体、深蓝色、五号字、文字居中。

3．图示SmartArt样式设置：“颜色更改”为“彩色-强调文字颜色3至4”，“三维”为“优雅”样式。

4．设置图示环绕方式为“衬于文字下方”，并参照样张调整图示的位置。

5．保存文件。

操作步骤

1．设置图示类型。

① 按照路径打开“素材/实训十二/需求.docx”文档，选择“插入”选项卡→“SmartArt”命令，弹出“选择SmartArt图形”对话框，选择“关系”→“ 基本目标图”设置，单击“确定”按钮。

② 选中第三个形状框，单击“添加形状”右侧的三角按钮，在展开的下拉列表中单击“在下方添加形状”命令按钮，在所选的形状下方添加形状框；选中第四个形状框，重复以上步骤添加第五个形状框。

2．设置图示中文本格式。

① 参照样张内容将“自我实现、尊重需求、社交需求、安全需求、生理需求”输入相应的框内。

② 选中整个组织结构图，在“开始”选项卡中设置文字字体为“黑体”、颜色为“深蓝”、字号为“五号”、对齐方式为“居中”。

3．设置图示样式。

① 选择“设计”选项卡→“更改颜色”→“彩色-强调文字颜色3至4”样式。

② 选择“设计”选项卡→“SmartArt样式”组→“优雅”样式。

4．选中整个组织结构图，单击右键，在弹出的快捷菜单中单击“自动换行”→“浮于文字上方”按钮，并参照样张调整结构图的位置。

5．单击 “自定义快速访问工具栏”中的“保存”命令按钮。

实训十三 Excel 2010的基本操作-1

实训目的 ⇨ 1. 掌握数据、公式的输入方法。
2. 掌握设置数据格式、表格格式的方法。

实训内容 ⇨ 参照样张，按照任务要求，完成以下文档的操作。

任务一

参照图13-1-1所示样张完成“车票.xlsx”中表格的编辑工作。

	A	B	C	D	E
1	到站	票数	日期	时间	联系电话
2	北京	20	2014-5-1	1:30 PM	2630099
3	上海	16	2014-4-30	4:00 AM	2740888
4	天津	32	2014-4-29	3:45 PM	3650066
5	重庆	19	2014-5-1	8:30 AM	2630168

图 13-1-1

任务要求

建立如图13-1-1所示工作表，并以“车票.xlsx”为文件名保存。

操作步骤

1．启动Excel 2010时，系统会自动新建默认文件名是“Book1”的工作簿，也可单击按钮或Ctrl+N键。

2．在工作表中，“到站”栏中的内容原样输入（文本数据自动左对齐）。

3．在工作表中，“票数”栏中的内容原样输入（数值数据自动右对齐）。

4．在工作表中，“日期”栏中的内容按2001-5-1或2004/5/1格式输入。

5．在工作表中，“时间”栏中的内容按1:30 pm和4:00 am格式输入。

6．在工作表中，“联系电话”栏中的内容先输入一个英文单引号（’）再输入电话号码。

7．单击按钮，在弹出的对话框中以“车票.xlsx”为文件名保存工作簿，然后关闭工作簿。

任务二

参照图13-2-1所示样张完成“课程表.xlsx”中表格的编辑工作。

	A	B	C	D	E	F
1		星期一	星期二	星期三	星期四	星期五
2	第1节	数学	语文	英语	物理	化学
3	第2节	语文	英语	物理	化学	数学
4	第3节	英语	物理	化学	数学	语文
5	第4节	体育	化学	数学	语文	英语
6	第5节	物理	数学	语文	英语	物理
7	第6节	化学	物理	化学	数学	语文

图 13-2-1

任务要求

建立图13-2-1所示工作表，并以“课程表.xlsx”为文件名保存。

操作步骤

1．启动Excel 2010时，系统会自动新建默认文件名是“Book1”的工作簿，也可单击按钮或Ctrl+N键。

2．在工作表中的B1单元格中输入“星期一”，选定B1单元格，拖动填充柄到F1单元格。

3．在工作表中的A2单元格中输入“第1节”，选定A2单元格，拖动填充柄到A7单元格。

4．按住Ctrl键分别单击填写“数学”的单元格，输入“数学”，按Ctrl+Enter键。

5．用步骤4的方法分别填写其他课程。

6．单击按钮，在弹出的对话框中以“课程表.xlsx”为文件名保存工作簿，然后关闭工作簿。

任务三

参照图13-3-1所示样张完成“报销.xlsx”中表格的编辑工作。

任务要求

1．建立图13-3-1所示工作表，并以“报销.xlsx”为文件名保存。

	A	B	C	D	E
1				制表日期	2014-4-30
2	日期	部门	报销人	事由	金额
3	4月1日	研发部	赵甲忠	差旅费	1026.46
4	4月10日		钱乙孝	仪器费	3427.75
5	4月21日	市场部	孙丙义	差旅费	1347.68
6	4月26日		李丁慈	出租费	996.74

图 13-3-1

2．将图13-3-1置成图13-3-2所示的数据格式。

	A	B	C	D	E
1				制表日期	2014-4-30
2	**日期**	**部门**	**报销人**	**事由**	**金额**
3	4月1日	研发部	赵甲忠	差旅费	¥1,026.46
4	4月10日		钱乙孝	仪器费	¥3,427.75
5	4月21日	市场部	孙丙义	差旅费	¥1,347.68
6	4月26日		李丁慈	出租费	¥996.74

图 13-3-2

操作步骤

1．打开任务要求1建立的“报销.xlsx”的工作簿。

2．选定D1单元格，在“开始”选项卡的“字体”工具栏下拉列表中选择“楷体”。

3．选定A2：E2单元格区域，单击“字体”工具栏 B 按钮和“对其方式”工具栏 ≡ 按钮。

4．选定C3：C6单元格区域，在“字体”工具栏下拉列表中选择“黑体”。

5．选定E1单元格，选择“数字”→“其他数字格式（M）…”命令，弹出如图13-3-3所示的对话框；在“数字”→“自定义”→“类型”列表中输入“yyyy-m-d”类型，单击 确定 按钮。

6．选定E3：E6单元格区域，单击“数字”→“自定义”选项栏列表，选择“货币”，结果如图13-3-4所示，单击 确定 按钮。

7．单击 按钮保存工作簿，然后关闭工作簿。

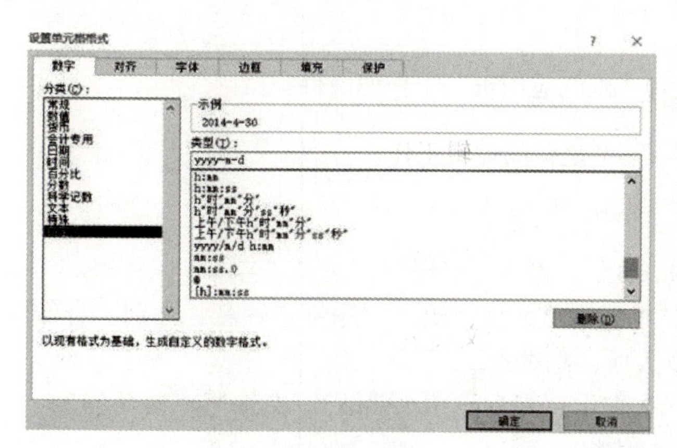

图 13-3-3

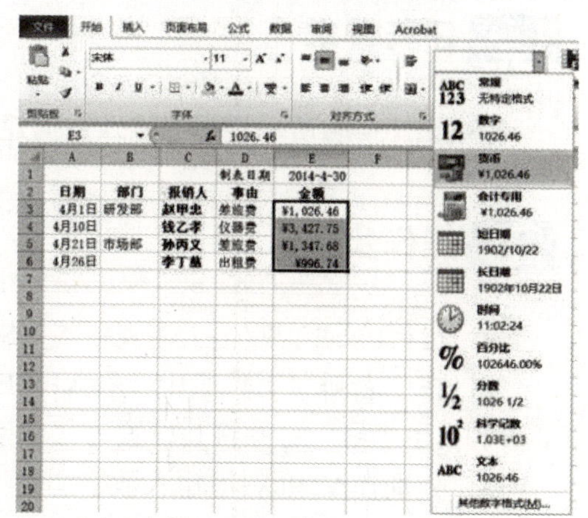

图 13-3-4

任务四

参照图13-4-1所示样张完成表格的编辑工作。

样张

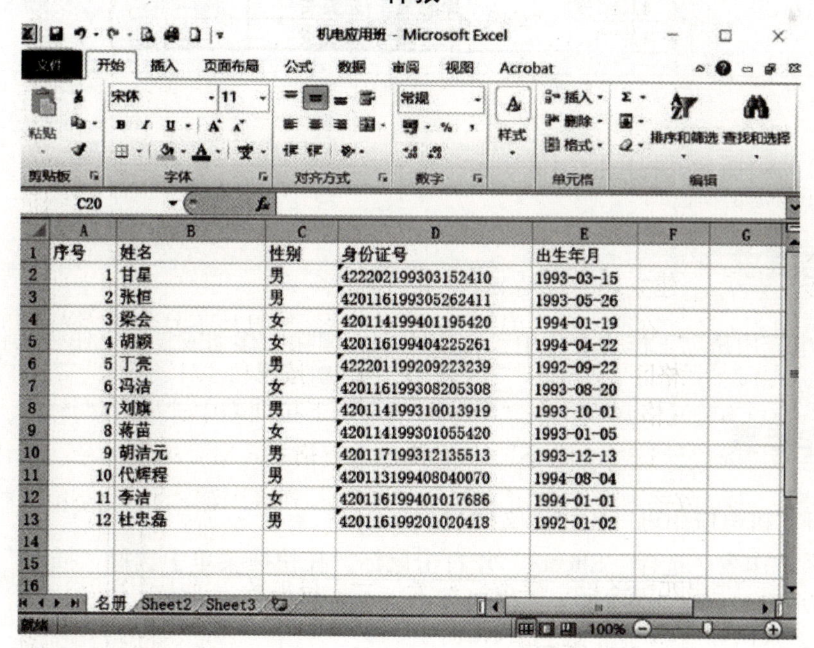

序号	姓名	性别	身份证号	出生年月
1	甘星	男	422202199303152410	1993-03-15
2	张恒	男	420116199305262411	1993-05-26
3	梁会	女	420114199401195420	1994-01-19
4	胡颖	女	420116199404225261	1994-04-22
5	丁亮	男	422201199209223239	1992-09-22
6	冯洁	女	420116199308205308	1993-08-20
7	刘旗	男	420114199310013919	1993-10-01
8	蒋苗	女	420114199301055420	1993-01-05
9	胡洁元	男	420117199312135513	1993-12-13
10	代辉程	男	420113199408040070	1994-08-04
11	李洁	女	420116199401017686	1994-01-01
12	杜忠磊	男	420116199201020418	1992-01-02

图 13-4-1

任务要求

参照图13-4-1所示样张，输入数据建立“机电应用班”工作簿文件。

操作步骤

1. 运行Excel，双击工作表标签“Sheet1”，输入“名册”，建立“名册”工作表。

2. 在“名册”工作表中，在A1～E1单元格里，依次输入“序号、姓名、性别、身份证号和出生年月”，并将其设置为文本型数据，左对齐。

3. 分别在A2和A3里输入数字“1”和“2”，然后选中A2和A3，左拖填充柄至A13，完成A列输入，将其设置为数值型数据，右对齐。

4. 分别在B列和C列直接输入姓名和性别，将其设置为文本型数据、左对齐。

5. 在D列中，身份证号作为字符输入，需以单引号开头输入身份证号（如422202199303152410），并设置为文本型数据，左对齐。

6. 在E列中，出生年月按为“年/月/日”或“年-月-日”输入，如“1992-1-2”，并设置为数值型数据，右对齐。

7. 输入完毕，保存工作簿在桌面上，文件名为“机电应用班”。

任务五

参照图13-4-1所示“机电应用班”表完善表格编辑工作。

任务要求

在“机电应用班”工作簿文件中，完成插入、删除、移动或复制工作表操作。

操作步骤

1. 打开“机电应用班”工作簿文件。

2. 插入工作表。选择“Sheet3”并右击鼠标，在快捷菜单中选择“插入”命令，如图13-5-1所示，在“插入”对话框中选择插入工作表，如图13-5-2所示。

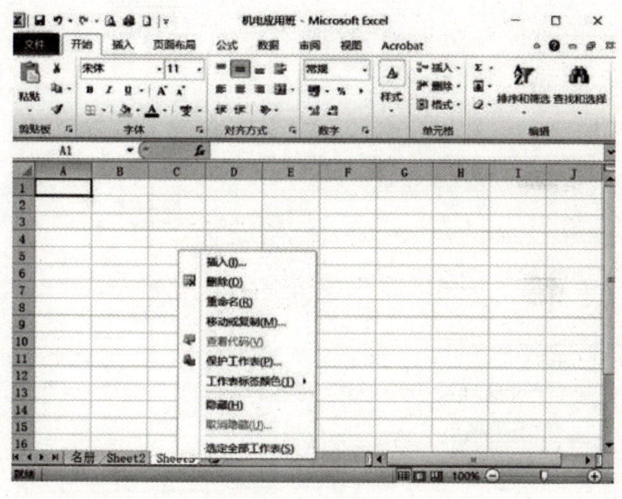

图 13-5-1

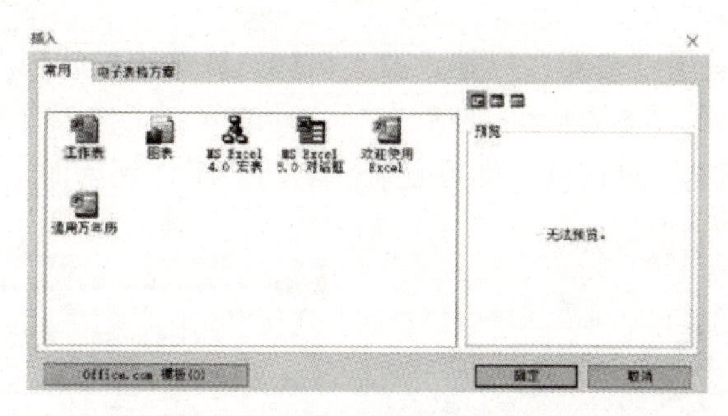

图 13-5-2

3．删除选定的行。按住Ctrl键，选中第3、12、13行，如图13-5-3所示，再选择“单元格”→“删除”命令，如图13-5-4所示，删除选择的行。

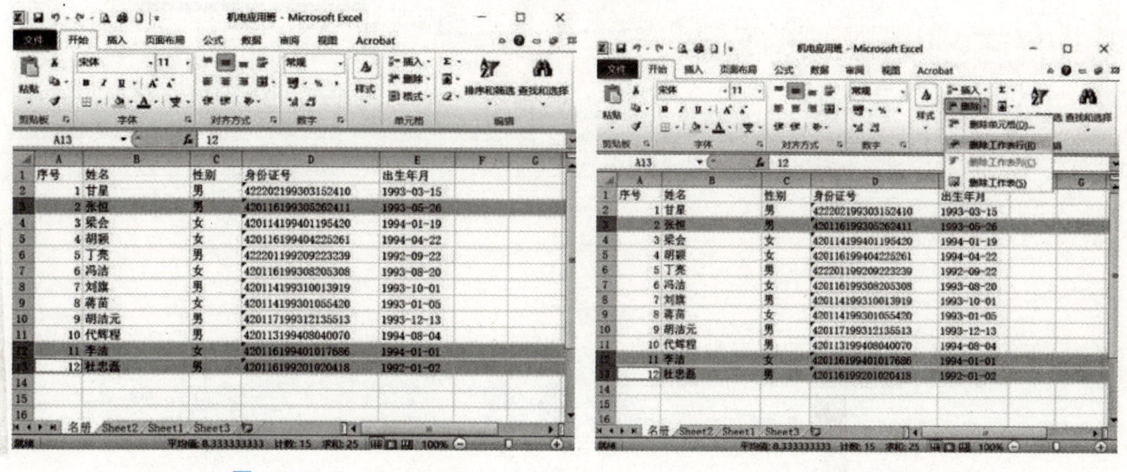

图 13-5-3　　图 13-5-4

4．移动工作表。选中“名册”标签，左拖至“Sheet3”的后面即可，如图13-5-5和图13-5-6所示。

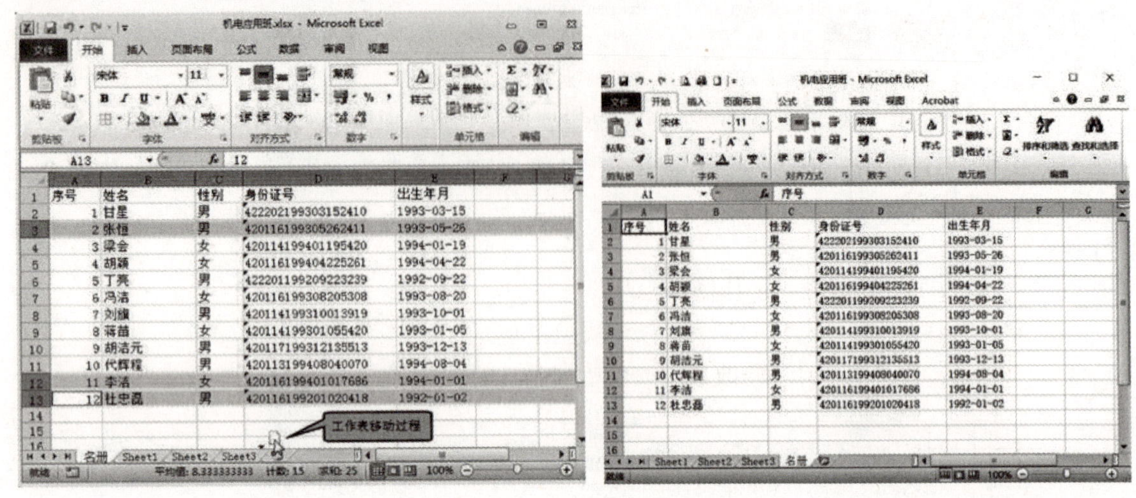

图 13-5-5　　　　图 13-5-6

5. 复制工作表。选中“名册”标签，右击鼠标，在弹出的快捷菜单中，选择“移动或复制工作表”命令，如图13-5-7所示；然后在“移动或复制工作表”对话框中，选中“移到最后”并选择“建立副本”复选框，即可复制“名册”工作到后面，如图13-5-8所示。

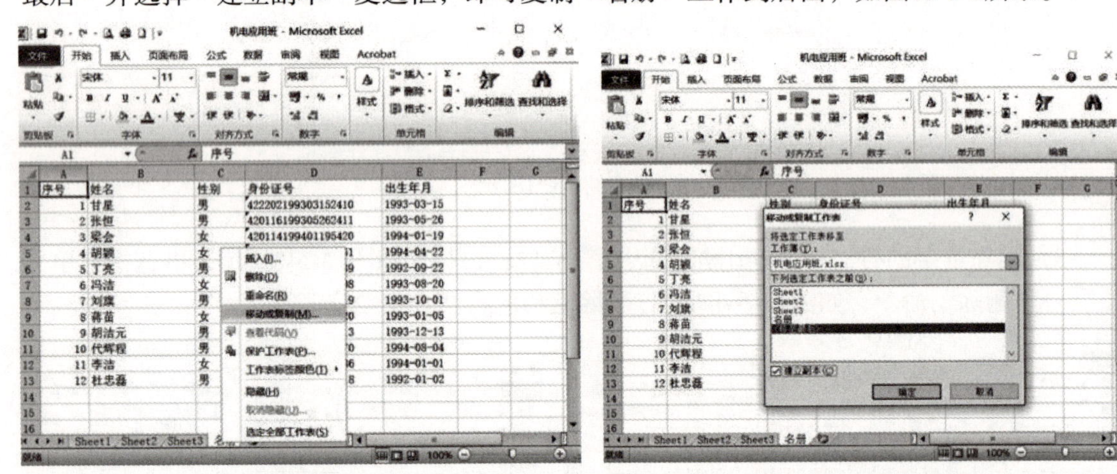

图 13-5-7　　　　图 13-5-8

任务六

参照图13-4-1所示“机电应用班”表完善表格编辑工作。

任务要求

在“机电应用班”工作簿中，完成行高和列宽的调整、设置边框和合并居中等操作。

操作步骤

1．打开“机电应用班”工作簿“名册”工作表。

2．调整行高。选中第1～13行，右键快捷菜单→“行高”命令，如图13-6-1所示，在“行高”对话框中将“14.4”修改成“15”，如图13-6-2所示。

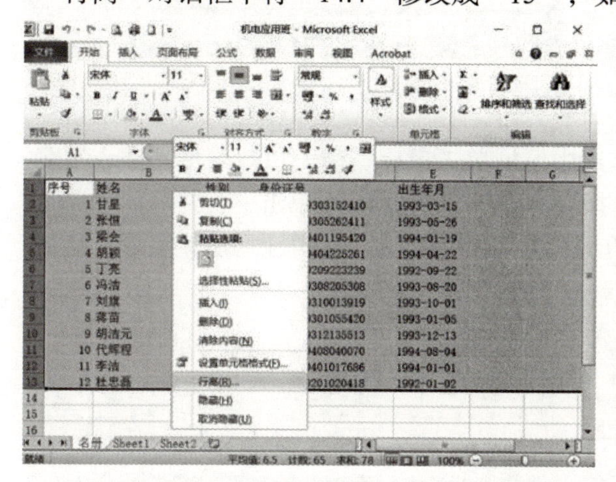

图 13-6-1

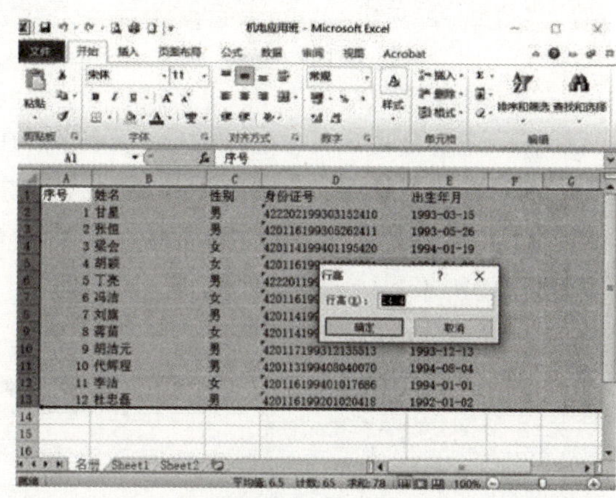

图 13-6-2

3．调整列宽。选中第A～E列，选择“单元格”→“格式”→“自动调整列宽”命令，如图13-6-3所示，调整后的列宽如图13-6-4所示。

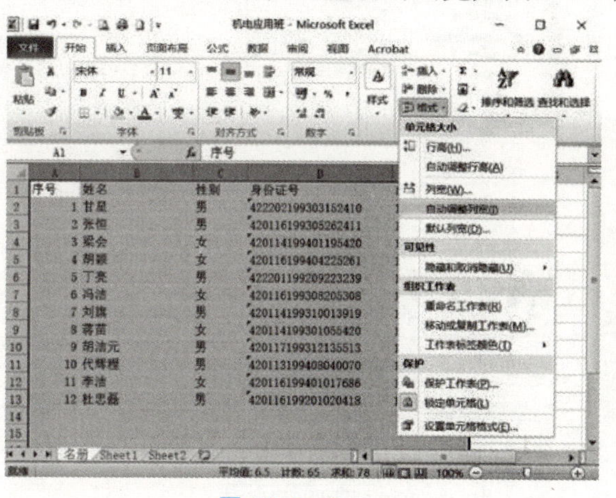

图 13-6-3

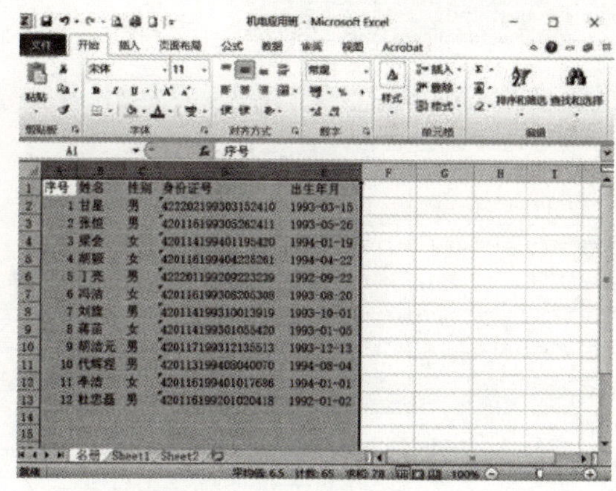

图 13-6-4

4．设置边框。选中A1～E13区域，选择“字体”→“边框”→“其他边框”命令，如图13-6-5所示。在“设置单元格格式”对话框的“边框”标签中，单击“外边框”和“内部”按钮，再按“确定”按钮，如图13-6-6所示。设置效果如图13-6-7所示。

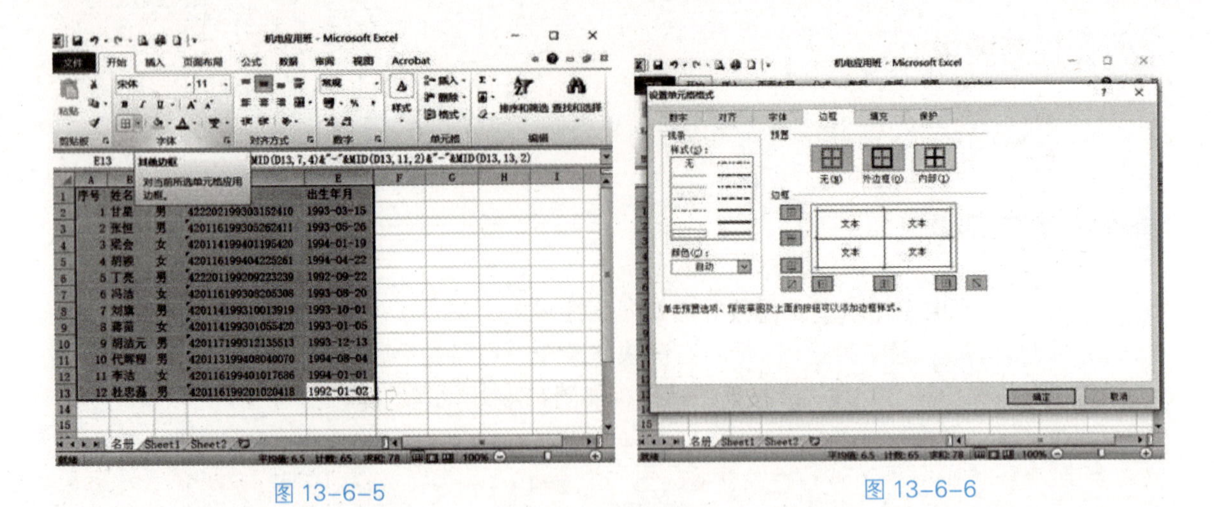

图 13-6-5　　图 13-6-6

5. 设置合并居中。首先选中第1行，在选中区域单击鼠标右键→快捷菜单“插入”命令，插入1行，如图13-6-8所示；然后左拖选择A1～E1单元格区域后单击“合并后居中”按钮，合并单元格，如图13-6-9所示；最后在合并的单元格中输入“机电应用班花名册”，如图13-6-10所示。

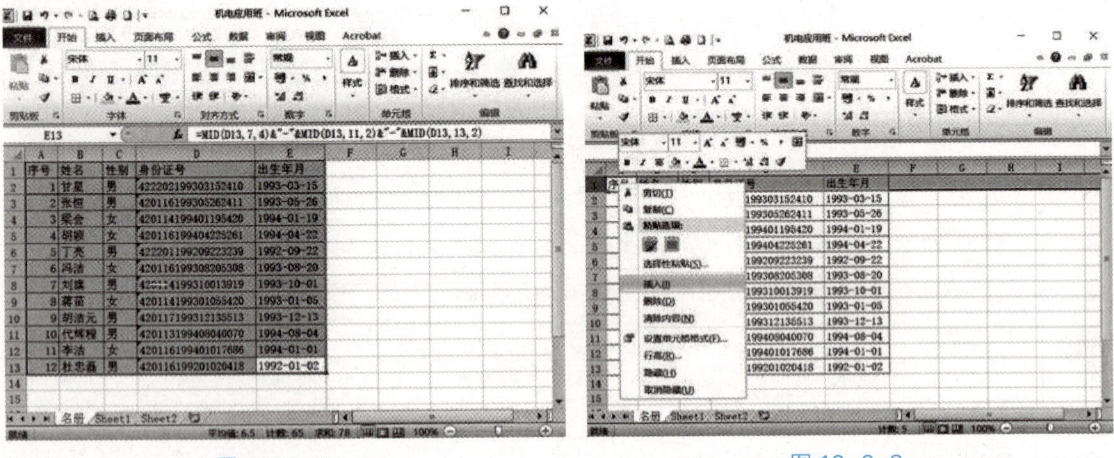

图 13-6-7　　图 13-6-8

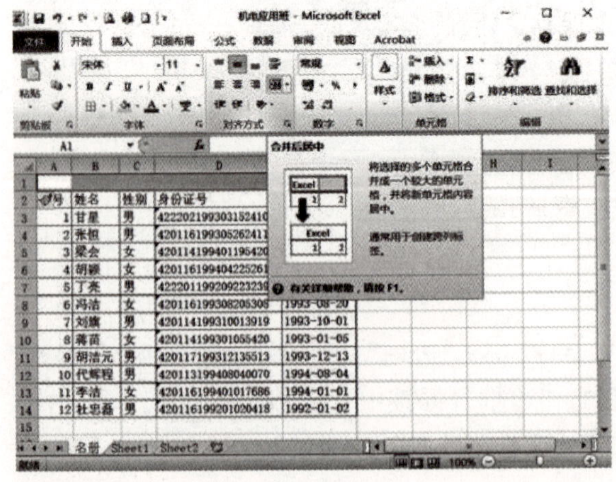

图 13-6-9

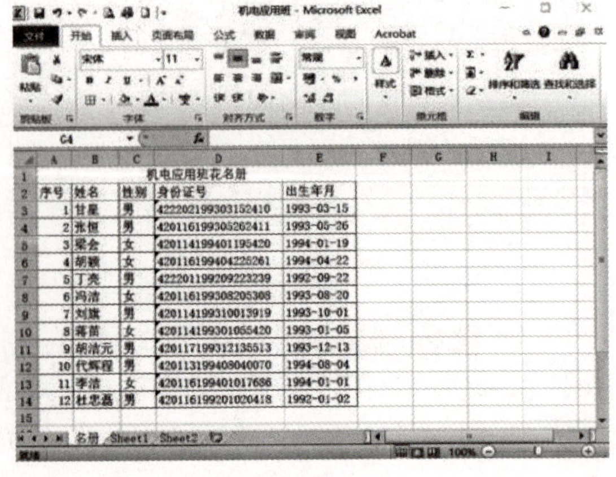

图 13-6-10

实训十四 Excel 2010的基本操作-2

实训目的 ⇨ 1. 掌握数据、公式的输入方法。
2. 掌握设置数据格式、表格格式的方法。

实训内容 ⇨ 参照样张，按照任务要求，完成以下文档的操作。

任务一

参照图14-1-1所示样张完成“工资.xlsx”中表格的编辑工作。

	A	B	C	D	E	F	G	H
1	姓名	基本工资	职务工资	应发工资	房租	公积金	扣款金额	实发金额
2	赵亮明	1000	700	1700	100	50	150	1550
3	钱广阔	1200	840	2040	110	60	170	1870
4	孙孝寿	1800	1260	3060	200	90	290	2770
5	李红	1500	1050	2550	150	75	225	2325
6	总计	5500	3850	9350	560	275	835	8515

图 14-1-1

任务要求

建立工作表，并以“工资.xlsx”为文件名保存。要求“应发工资”“扣款金额”“实发金额”以及“总计”用公式计算，计算公式是：

应发工资=基本工资+职务工资

扣款金额=房租+公积金

实发金额=应发工资－扣款金额

总计为每个人各项的总和。

操作步骤

1. 启动Excel 2010时，系统会自动新建默认文件名是“Book1”的工作簿，也可单击按钮或Ctrl+N键。

2．在工作表中的A1单元格中输入“姓名”，在相应单元格中分别输入项目名称和姓名。

3．分别在“基本工资”“职务工资”“房租”“公积金”栏内输入每个人相应的金额数。

4．在“赵亮明”的“应发工资”单元格（D2单元格）内输入以下公式：“=B2+C2”。

5．选定D2单元格，拖动填充柄到D5单元格。

6．按步骤4、5的方法，分别计算“扣款金额”和“实发金额”。

7．在“基本工资”的“总计”单元格（B6单元格）内输入以下公式：“=SUM（B2：B5）”。

8．选定B6单元格，拖动填充柄到H6单元格。

9．单击按钮，在弹出的对话框中以“工资.xlsx”为文件名保存工作簿，然后关闭工作簿。

任务二

参照图14-2-1所示样张完成“成绩.xlsx”中表格的编辑工作。

任务要求

建立图14-2-1所示工作表，并以“成绩.xlsx”为文件名保存，要求“总评”用公式计算，计算公式是：

总评=作业×10%+期中×10%+期末×80%

	A	B	C	D	E
1	学号	作业	期中	期末	总评
2	2014001	50	40	80	73
3	2014002	90	90	70	74
4	2014003	70	70	80	78
5	2014004	80	60	70	70

图 14-2-1

操作步骤

1．启动Excel 2010时，系统会自动新建默认文件名是“Book1”的工作簿，也可单击按钮或Ctrl+N键。

2．在工作表中的A1单元格中输入“学号”，在相应单元格中分别输入“作业”“期中”“期末”和“总评”。

3．在工作表中的A2单元格中输入“2014001”。

4．选定A2单元格，拖动填充柄到A5单元格。

5．在相应单元格中分别输入每个学生的“作业”“期中”“期末”成绩。

6．在E2单元格中输入公式：“=B2*10%+C2*10% D2*80%”。

7．选定E2单元格，拖动填充柄到E5单元格。

8．单击按钮，在弹出的对话框中以“成绩.xlsx”为文件名保存工作簿，然后关闭工作簿。

任务三

参照图14-3-1所示样张完成“机电应用班.xlsx”中表格的编辑工作。

样张1

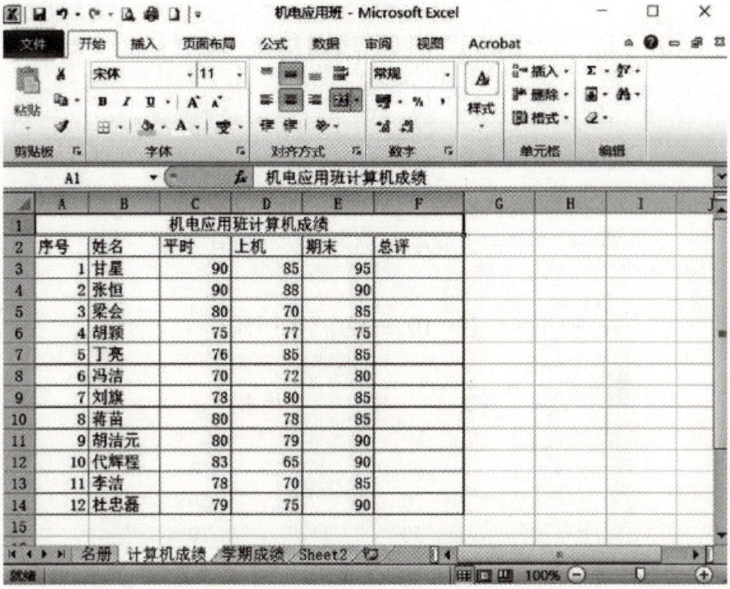

机电应用班计算机成绩					
序号	姓名	平时	上机	期末	总评
1	甘星	90	85	95	
2	张恒	90	88	90	
3	梁会	80	70	85	
4	胡颖	75	77	75	
5	丁亮	76	85	85	
6	冯洁	70	72	80	
7	刘旗	78	80	85	
8	蒋苗	80	78	85	
9	胡洁元	80	79	90	
10	代辉程	83	65	90	
11	李洁	78	70	85	
12	杜忠磊	79	75	90	

图 14-3-1

任务要求

在“机电应用班”工作簿中，对照样张1建立“计算机成绩”工作表，完成“总评”的计算操作。

注：总评=平时×30%+上机×30%+期末×40%。

操作步骤

1．打开“机电应用班”工作簿，对照样张4建立“计算机成绩”工作表，如图14-3-1所示。

2．选中F3单元格，输入“=C3*0.3+D3*0.3+E3*0.4”，如图14-3-2所示，按回车键完成公式输入。

图 14-3-2

3．重新选中F3单元格，左拖F3单元格的填充柄至F14单元格，完成F4～F14单元格中公式的复制，如图14-3-3所示。

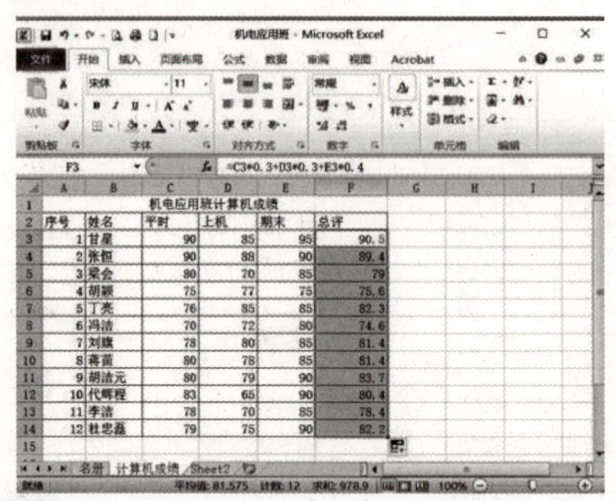

机电应用班计算机成绩					
序号	姓名	平时	上机	期末	总评
1	甘星	90	85	95	90.5
2	张恒	90	88	90	89.4
3	梁会	80	70	85	79
4	胡颖	75	77	75	75.6
5	丁亮	76	85	85	82.3
6	冯洁	70	72	80	74.6
7	刘旗	78	80	85	81.4
8	蒋茵	80	78	85	81.4
9	胡洁元	80	79	90	83.7
10	代辉程	83	65	90	80.4
11	李洁	78	70	85	78.4
12	杜忠磊	79	75	90	82.2

图 14-3-3

任务四

参照图14-4-1所示样张完成“机电应用班.xlsx”中表格的编辑工作。

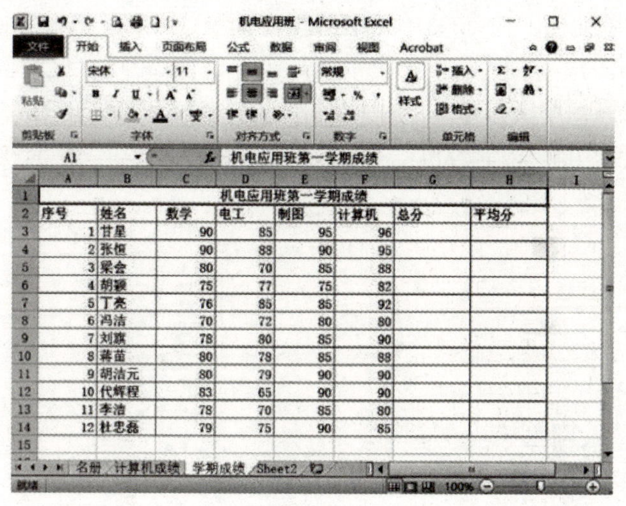

	机电应用班第一学期成绩						
序号	姓名	数学	电工	制图	计算机	总分	平均分
1	甘星	90	85	95	96		
2	张恒	90	88	90	95		
3	梁会	80	70	85	88		
4	胡颖	75	77	75	82		
5	丁亮	76	85	85	92		
6	冯洁	70	72	80	80		
7	刘旗	78	80	85	90		
8	蒋苗	80	78	85	88		
9	胡洁元	80	79	90	90		
10	代辉程	83	65	90	90		
11	李洁	78	70	85	80		
12	杜忠磊	79	75	90	85		

图 14-4-1

任务要求

在“机电应用班”工作簿中，对照样张2建立“学期成绩”工作表，完成总分、平均分的计算操作。

操作步骤

1．打开“机电应用班”工作簿，对照样张建立“学期成绩”工作表，如图14-4-1所示。

2．选中G3单元格，单击“编辑”→“自动求和”按钮Σ ▾，如图14-4-2所示，选择“求和”命令，如图14-4-3所示，按回车键完成求和函数输入。

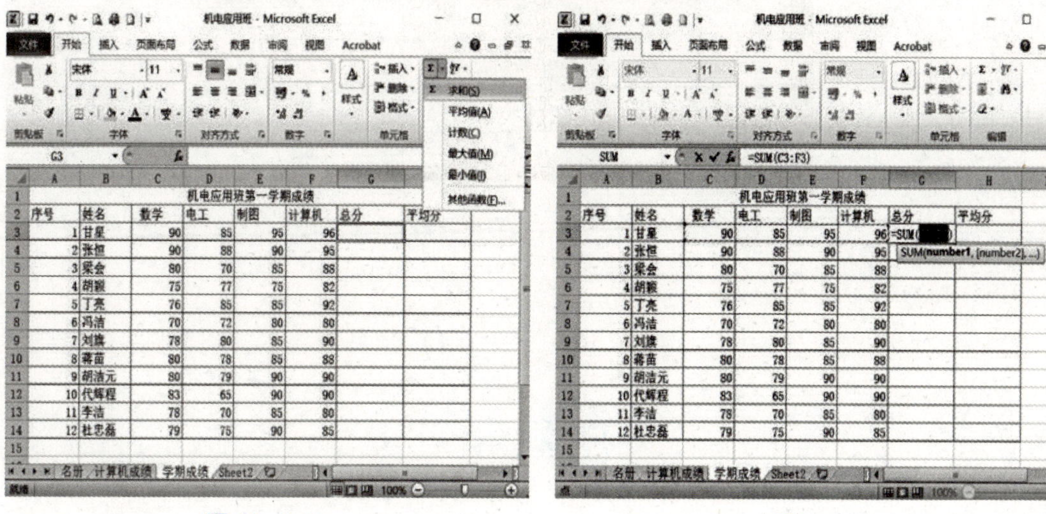

图 14-4-2　　　　图 14-4-3

3．重新选中G3单元格，左拖G3单元格的填充柄至G14单元格，完成G4～G14单元格中求和公式的复制，如图14-4-4所示。

4．选中H3单元格，单击常用工具栏中的“自动求和” Σ - 按钮，如图14-4-5所示。选择“平均值”命令，将求平均值范围C3：G3改成C3：F3，如图14-4-6所示，按回车键完成平均值函数输入。

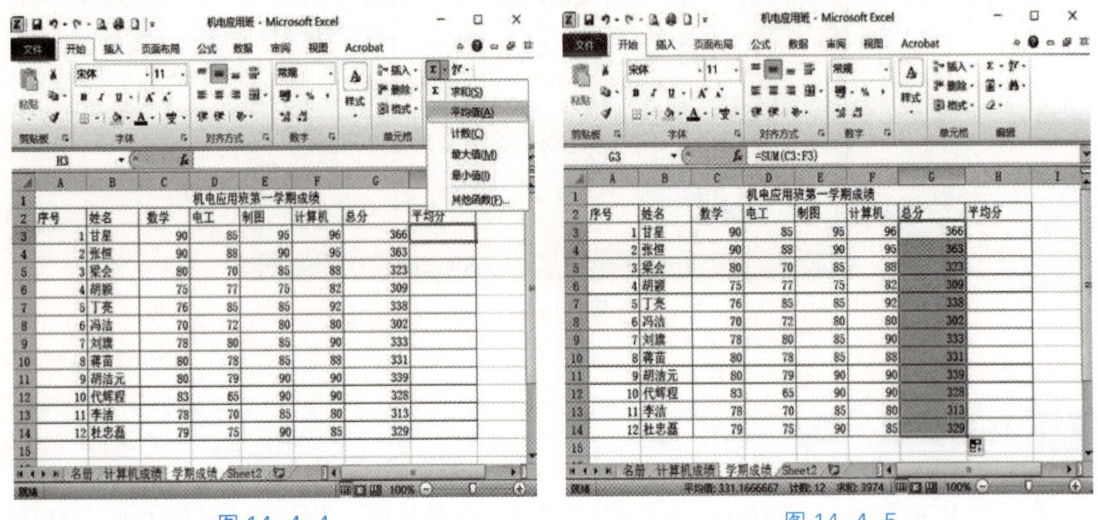

图 14-4-4　　　　图 14-4-5

5．重新选中H3单元格，左拖H3单元格的填充柄至H14单元格，完成H4～H14单元格中求平均值公式的复制，如图14-4-7所示。

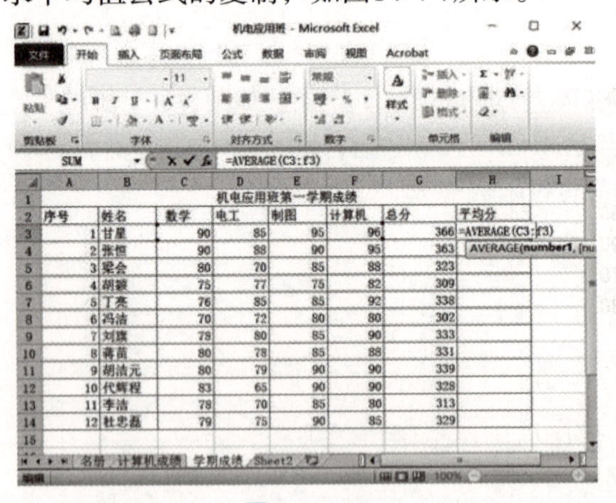

图 14-4-6

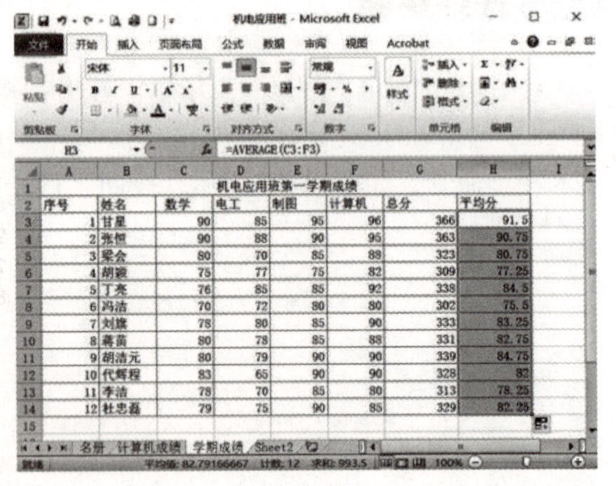

图 14-4-7

实训十五 Excel 2010的高级操作-1

实训目的 ⇨ 1. 掌握数据排序、数据筛选的方法。

2. 掌握数据分类汇总的方法。

实训内容 ⇨ 参照样张，按照任务要求，完成以下文档的操作。

任务一

参照图15-1-1所示样张完成“成绩.xlsx”中表格的编辑工作。

任务要求

1. 建立图15-1-1所示工作表，并以“成绩.xlsx”为文件名保存。

	A	B	C	D	E	F
1	学号	姓名	作业	期中	期末	总评
2	2014001	赵一声	50	40	80	73
3	2014002	钱二电	90	90	70	74
4	2014003	孙三慈	70	70	80	78
5	2014004	李四光	80	60	70	70

图 15-1-1

2. 将表15-1-1按总评成绩由高到低排序，排序后的结果如图15-1-2所示。

	A	B	C	D	E	F
1	学号	姓名	作业	期中	期末	总评
2	2014003	孙三慈	70	70	80	78
3	2014002	钱二电	90	90	70	74
4	2014001	赵一声	50	40	80	73
5	2014004	李四光	80	60	70	70

图 15-1-2

3. 从步骤1建立的表中筛选出作业大于70分的学生。

操作步骤（1）

1. 打开步骤1建立的“成绩.xlsx”的工作簿。

2. 选定F1：F5单元格区域中的一个单元格，单击“常用”工具栏中的按钮。

3. 单击按钮保存工作簿，然后关闭工作簿。

4. 将步骤1建立的表以期末和总评为第一、二关键字由高到低排序，排序后的结果如图15-1-3所示。

	A	B	C	D	E	F
1	学号	姓名	作业	期中	期末	总评
2	2014003	孙三慈	70	70	80	78
3	2014001	赵一声	50	40	80	73
4	2014002	钱二电	90	90	70	74
5	2014004	李四光	80	60	70	70

图 15-1-3

操作步骤（2）

1. 打开操作步骤1建立的“成绩.xlsx”的工作簿。

2. 选定A1：F5单元格区域中的一个单元格，选择“数据”→“排序”命令，弹出如图15-1-4所示的排序对话框。

3. 在“主要关键字”下拉列表中选择“期末”，在其右边选择“降序”选项，在添加的“次要关键字”下拉列表中选择“总评”，在其右边选择“降序”选项，单击 确定 按钮。

4. 单击按钮保存工作簿，然后关闭工作簿。

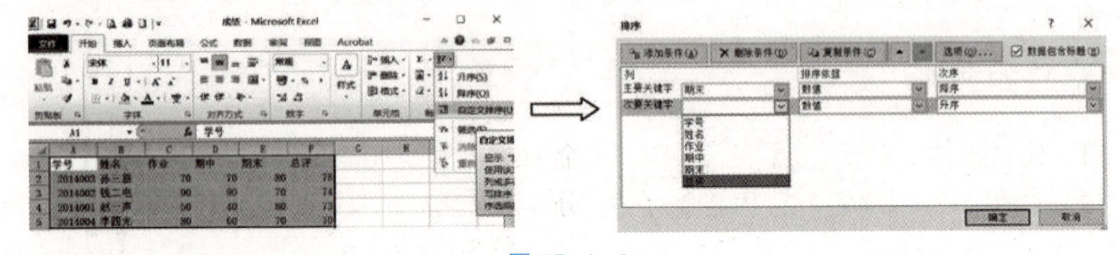

图 15-1-4

操作步骤（3）

从操作步骤1建立的表中筛选出作业大于70分的学生，筛选后的结果如图15-1-5所示。

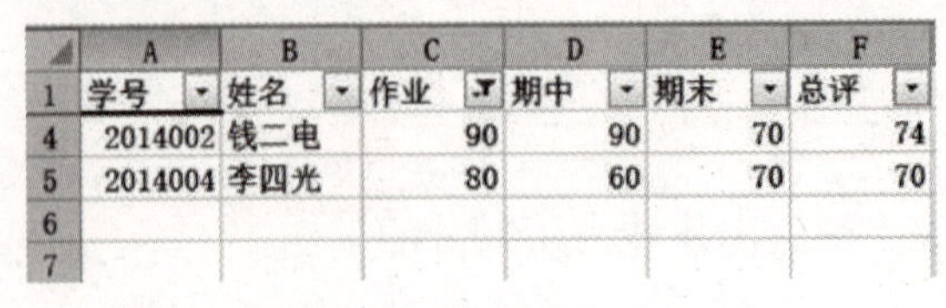

	A	B	C	D	E	F
1	学号	姓名	作业	期中	期末	总评
4	2014002	钱二电	90	90	70	74
5	2014004	李四光	80	60	70	70
6						
7						

图 15-1-5

1．打开操作步骤1建立的“成绩.xlsx”的工作簿。

2．选定A1：F5单元格区域中的一个单元格。

3．选择“数据”→“筛选”→“自动筛选”命令。

4．在工作表中的“作业”下拉列表中选择“自定义”，弹出如图15-1-6所示的自定义自动筛选方式对话框。

图 15–1–6

5．在第1行的第1个下拉列表中选择“大于”。

6．在第1行的第2个下拉列表中输入“70”。

7．单击 确定 按钮。

8．单击 按钮保存工作簿，然后关闭工作簿。

任务二

参照图15-2-1所示样张完成“奖金.xlsx”中表格的编辑工作。

任务要求

1．建立图15-2-1所示工作表，并以“奖金.xlsx”为文件名保存

2．对表15-2-1统计各职称的奖金总额，分类汇总后的结果如图15-2-2所示。

	A	B	C	D
1	姓名	性别	职称	奖金
2	赵东梅	女	教授	2000
3	钱南兰	女	副教授	1900
4	孙西竹	男	讲师	1600
5	李北菊	男	教授	2500
6	周春紙	男	副教授	2200
7	吴夏笔	女	讲师	1900
8	郑秋砚	男	教授	2800
9	王冬墨	女	副教授	2000

图 15–2–1

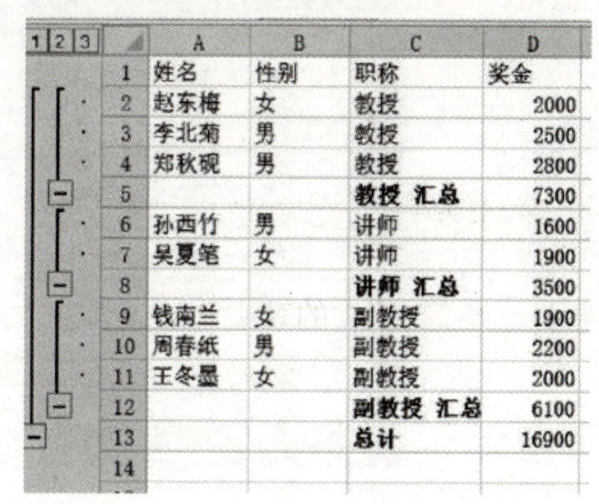

	A	B	C	D
1	姓名	性别	职称	奖金
2	赵东梅	女	教授	2000
3	李北菊	男	教授	2500
4	郑秋砚	男	教授	2800
5			教授 汇总	7300
6	孙西竹	男	讲师	1600
7	吴夏笔	女	讲师	1900
8			讲师 汇总	3500
9	钱南兰	女	副教授	1900
10	周春紙	男	副教授	2200
11	王冬墨	女	副教授	2000
12			副教授 汇总	6100
13			总计	16900
14				

图 15–2–2

操作步骤

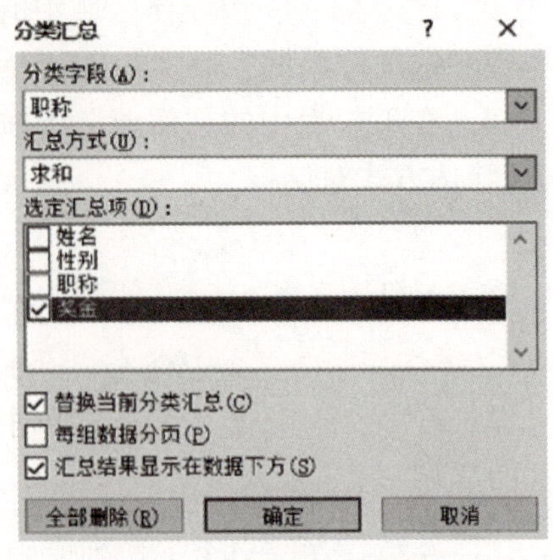

图 15-2-3

1. 打开建立的“奖金.xlsx”的工作簿。

2. 选定C1：C9单元格区域中的一个单元格，单击“常用”工具栏中的 按钮。

3. 选择“数据”→“分类汇总”命令，弹出如图15-2-3所示的“分类汇总”对话框。

4. 在“分类字段”下拉列表中选择“职称”，在“汇总方式”下拉列表中选择“求和”，单击 确定 按钮。

5. 选择“数据”→“分类汇总”命令，弹出如图15-2-3所示的“分类汇总”对话框，单击 全部删除(R) 按钮，删除汇总结果。

6. 单击 按钮保存工作簿，然后关闭工作簿。

任务三

参照图15-3-1所示样张完成“机电应用班.xlsx”中表格的编辑工作。

样张1

机电应用班第一学期成绩

序号	姓名	性别	数学	电工	制图	计算机	总分	平均分
1	甘星	男	90	85	95	96	366	91.5
2	张恒	男	90	88	90	95	363	90.8
3	梁会	女	80	70	85	88	323	80.8
4	胡颖	女	75	77	75	82	309	77.3
5	丁亮	男	76	85	85	92	338	84.5
6	冯洁	女	70	72	80	80	302	75.5
7	刘旗	男	78	80	85	90	333	83.3
8	蒋茴	女	80	78	85	88	331	82.8
9	胡洁元	男	80	79	90	90	339	84.8
10	代辉程	男	83	65	90	90	328	82.0
11	李洁	女	78	70	85	80	313	78.3
12	杜忠磊	男	79	75	90	85	329	82.3

图 15-3-1

任务要求

对照图15-3-1所示样张，完成排序、筛选和分类汇总的操作。

操作步骤

1．运行Excel，双击工作表标签“Sheet1”，输入“学期成绩分析”，建立“学期成绩分析”工作表，总分、平均分用公式计算（具体方法见实训十四），如图15-3-1样张所示。

2．排序。选中H2单元格，单击“数据”工具栏→“降序”按钮，如图15-3-2所示。排序后的结果如图15-3-3所示。

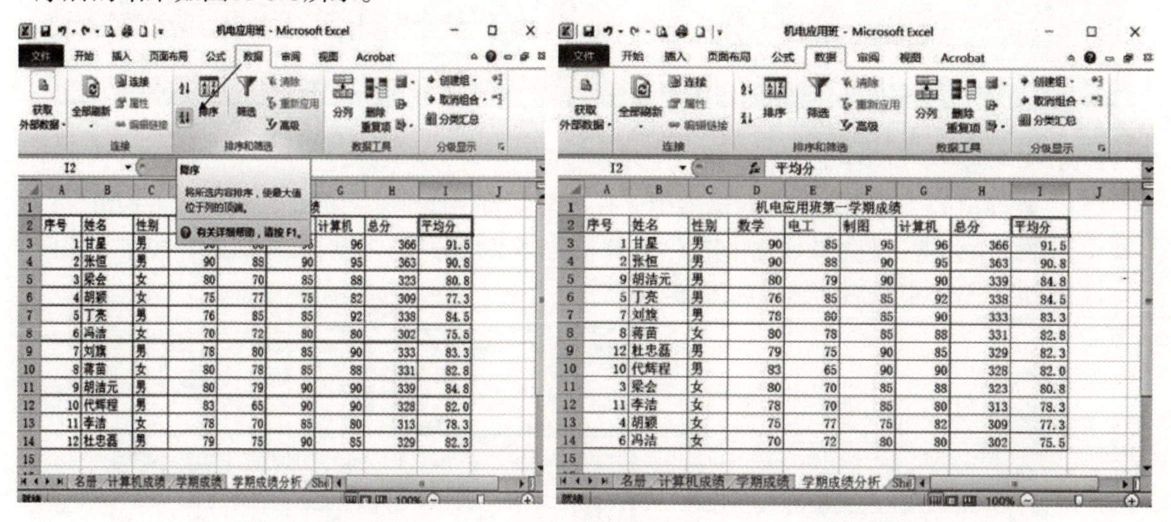

图 15-3-2　　图 15-3-3

3．筛选。单击数据清单内一个单元格，选择“数据”→“自动筛选”命令，单击“性别”右侧边的▾按钮，选择“男”，如图15-3-4所示。完成筛选，如图15-3-5所示。

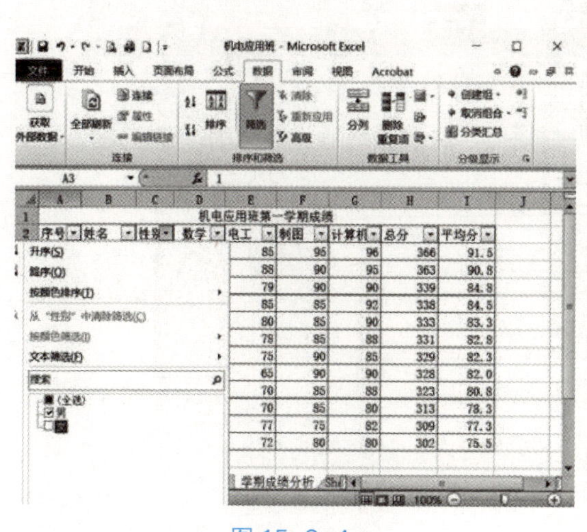

图 15-3-4

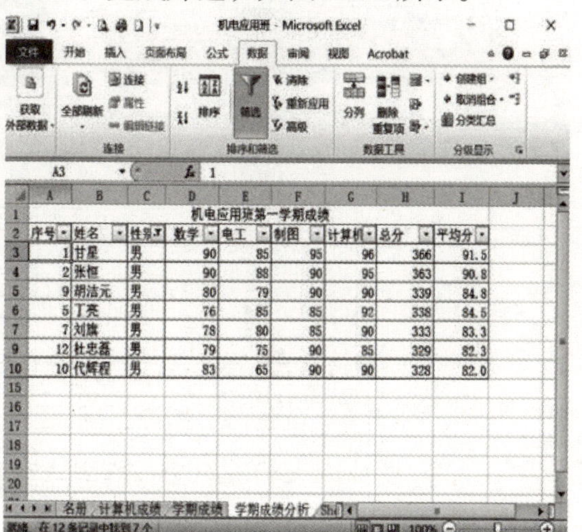

图 15-3-5

4．分类汇总。首先选中C2单元格，单击常用工具栏中的升序（或降序）排序按钮，排序后的结果如图15-3-6所示；然后选择“数据”→“分类汇总”命令，如图15-3-7所示。

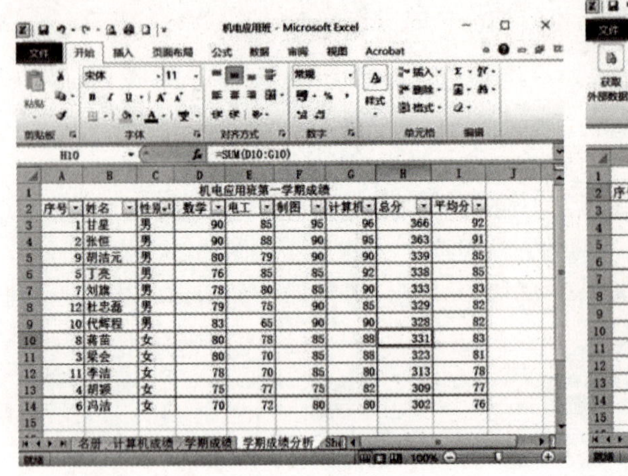

图 15-3-6

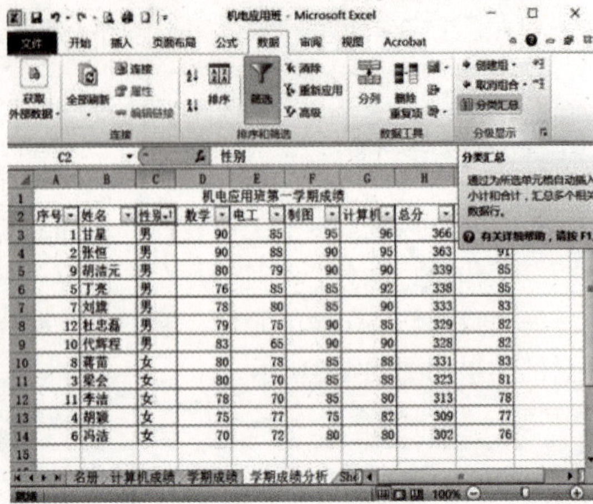

图 15-3-7

5．在弹出的“分类汇总”对话框中，分类字段为“性别”，汇总方式为“平均值”，选定汇总项中勾选“电工”“制图”“计算机”“平均分”，然后按“确定”按钮，如图15-3-8所示。分类汇总后的结果如图15-3-9所示。

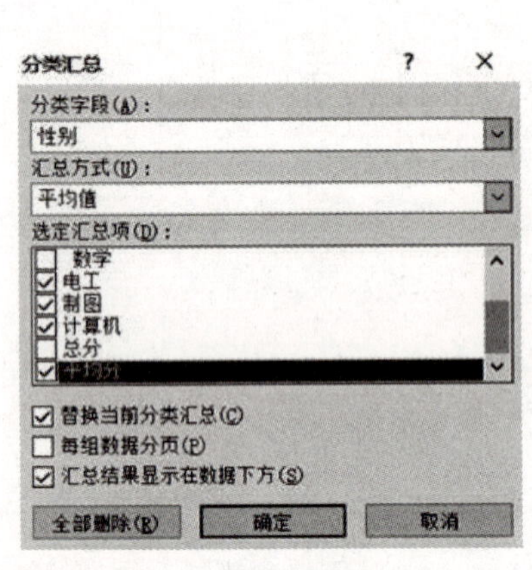

图 15-3-8

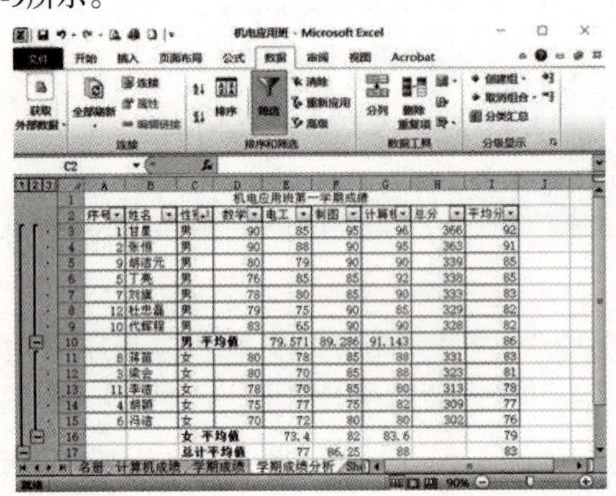

图 15-3-9

实训十六 Excel 2010的高级操作-2

实训目的 ⇨ 掌握建立图表的方法。

实训内容 ⇨ 参照样张，按照任务要求，完成以下文档的操作。

任务一

参照图16-1-1所示样张完成“奖金.xlsx”中表格的编辑工作。

	A	B	C	D
1	姓名	性别	职称	奖金
2	赵东梅	女	教授	2000
3	钱南兰	女	副教授	1900
4	孙西竹	男	讲师	1600
5	李北菊	男	教授	2500
6	周春纸	男	副教授	2200
7	吴夏笔	女	讲师	1900
8	郑秋砚	男	教授	2800
9	王冬墨	女	副教授	2000

图 16-1-1

任务要求

对图16-1-1建立的数据，在原工作表中建立图16-1-2所示的“奖金图表1”。

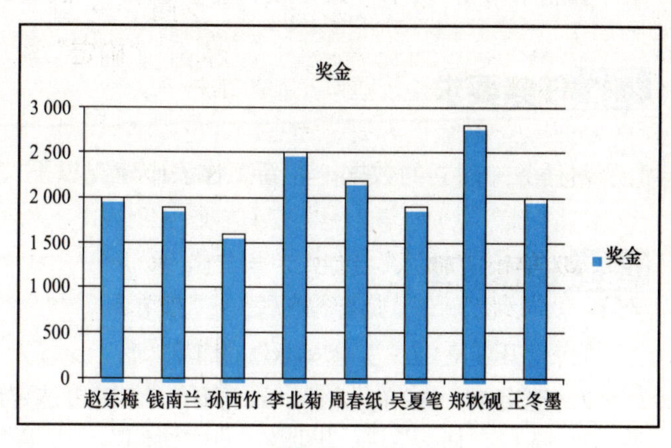

图 16-1-2

操作步骤

1. 打开建立的“奖金.xlsx”的工作簿。
2. 选定A1：A9单元格区域，按住Ctrl键再选定D1：D9单元格区域。
3. 选择“插入”→“图表”→“创建图表”命令，弹出如图16-1-3所示的图表向导对话框。

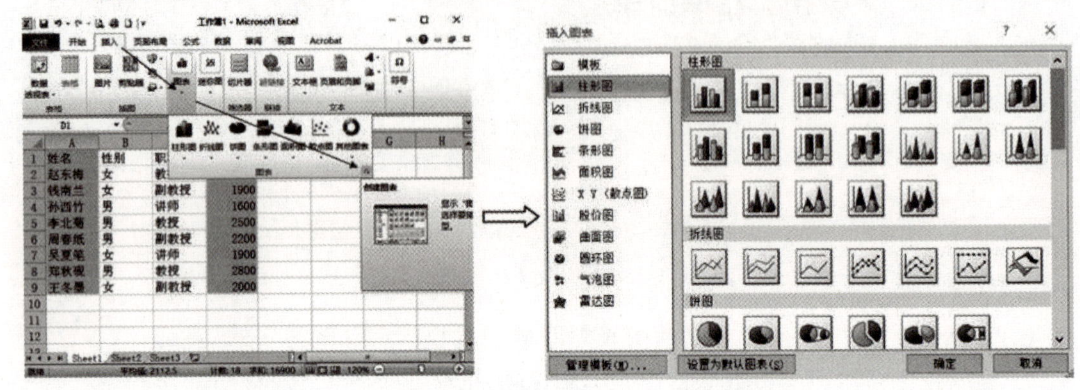

图 16-1-3

4. 在“图表向导”对话框中，在“图表类型”列表框中选择“柱形图”，在“子图表类型”列表框中选择第 1 个图表的图标。
5. 由于以后都使用默认设置，所以可单击按钮，在当前工作表中插入以上图表。
6. 单击按钮保存工作簿，然后关闭工作簿。

任务二

参照图16-1-1所示样张完成“奖金xlsx”中表格的编辑工作。

任务要求

对任务一建立的数据，在新工作表中建立以下“奖金图表 2”。

操作步骤

1. 打开建立的“奖金.xlsx”的工作簿。
2. 选定A1：A9单元格区域，按住Ctrl键再选定D1：D9单元格区域。
3. 选择“插入”→“图表”→“饼图”，选择第 1 个图表的图标，如图16-2-1所示。

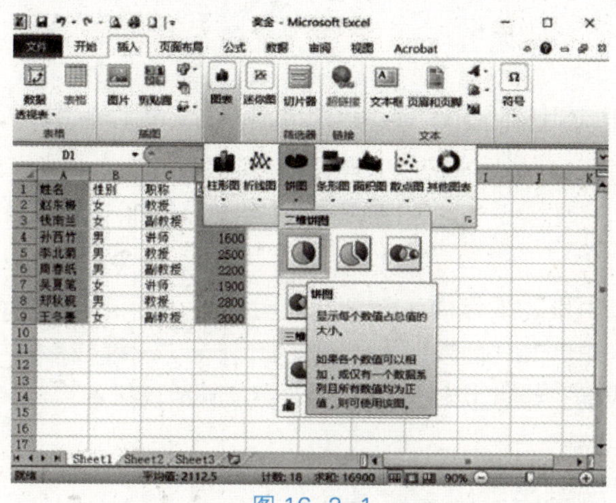

图 16-2-1

4．双击生成饼图，选择“移动图表”菜单，弹出“移动图表”对话框，“新工作表（s）”输入框中输入“奖金图表2”，Excel 2010自动新建一个工作表“奖金图表2”，过程如图16-2-2所示。

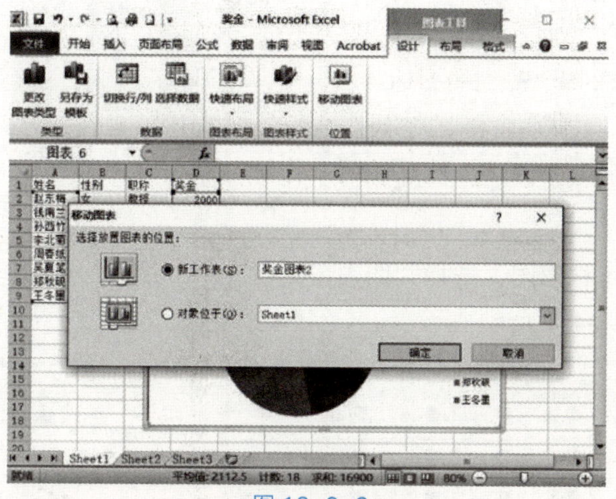

图 16-2-2

5．单击💾按钮保存工作簿，然后关闭工作簿。

任务三

参照图15-3-1所示样张完成“机电应用班.xlsx”中表格的编辑工作。

任务要求

在已建立的“机电应用班”工作簿“学期成绩分析”工作表中，完成图表的创建操作。

操作步骤

1．打开“机电应用班”工作簿“学期成绩分析”工作表，按Ctrl键左拖选中B2～B7、H2～H7单元格区域，并单击“插入”→“柱形图”→“三维柱形图”→三维簇状柱形图，如图16-3-1所示，生成的三维簇状柱形图如图16-3-2所示。

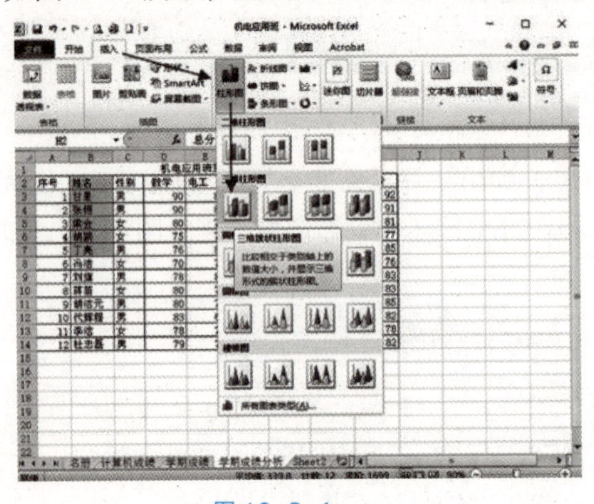

图 16-3-1

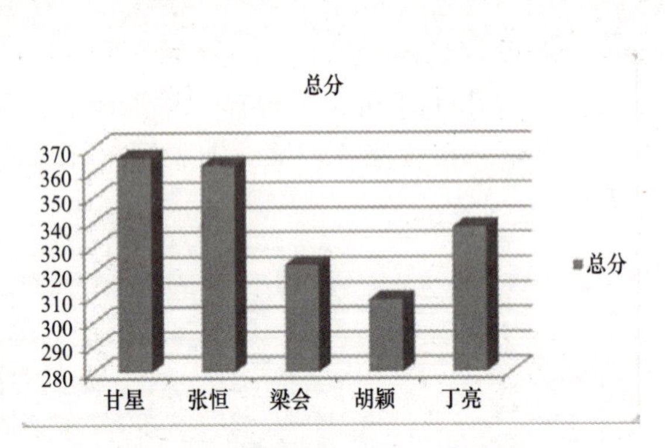

图 16-3-2

2．选中总分三维柱形图，选择“图表工具栏”→“设计”菜单→“图表样式”→样式12，如图16-3-3和16-3-4所示。

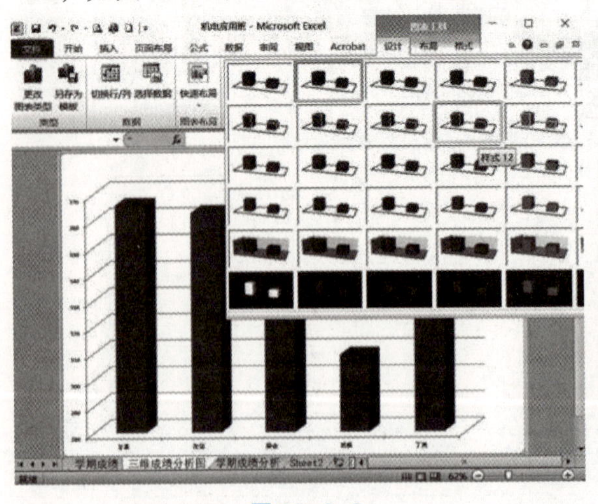

图 16-3-3

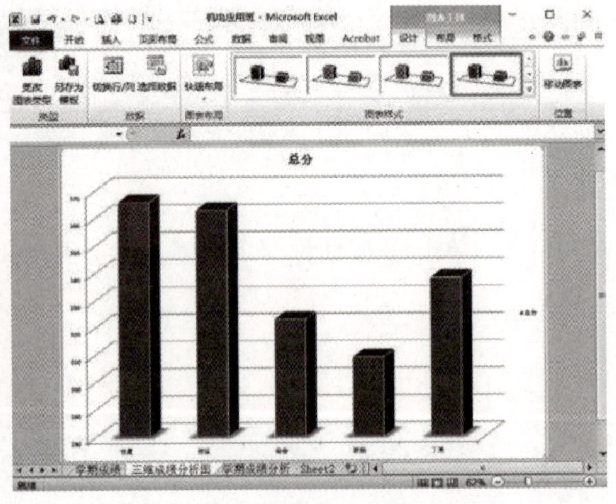

图 16-3-4

3．选中总分三维柱形图，选择“图表工具栏”→“设计”菜单→“选择数据”菜单，单击“选择数据源”对话框中“图表数据区域（D）”区域选择按钮，按Ctrl键左拖选中

B2～B7、H2～H7单元格区域，如图16-3-5和16-3-6所示。

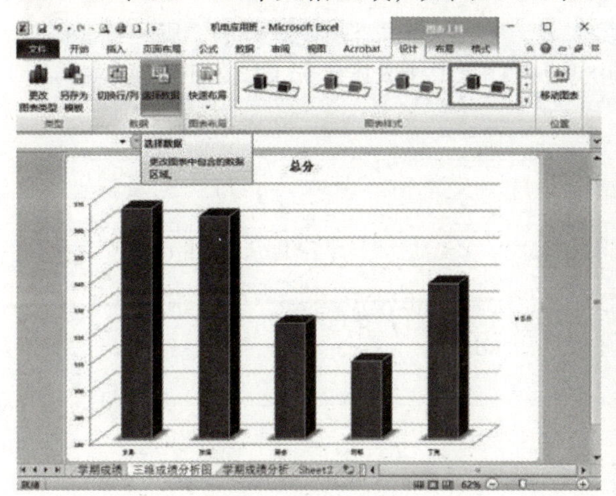

图 16-3-5

图 16-3-6

4．确定更改数据区域，生成新的三维柱形图，如图16-3-7和16-3-8所示。

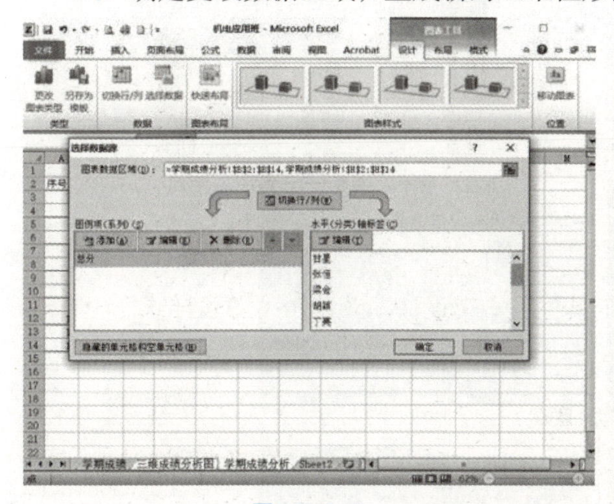

图 16-3-7

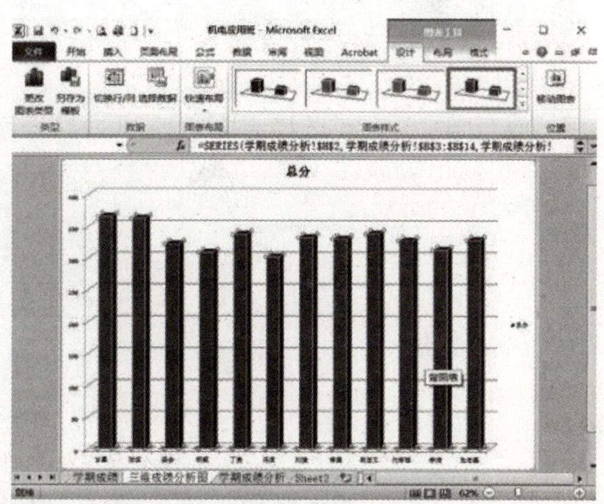

图 16-3-8

实训十七 PowerPoint 2010的使用

实训目的 ⇨ 掌握在幻灯片中插入并编辑图片、文本框、艺术字的方法，及排版布局和版面美化的方法。

实训内容 ⇨ 参照样张，按照任务要求，完成以下幻灯片的操作。

任务一

参照图17-1-1所示样张完成新建幻灯片操作。

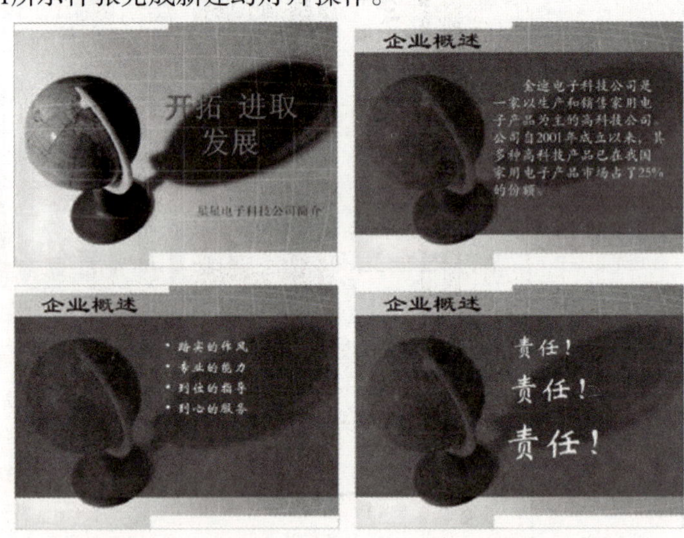

图 17-1-1

任务要求

1. 新建四张幻灯片，将第一张幻灯片版式设置为标题幻灯片，第二、三、四张幻灯片设置为标题和内容幻灯片。

2. 以“地球仪”为模板设计幻灯片。

3. 输入文字，调整格式。将第一张幻灯片标题文字设置为“宋体”66号字、青色、阴影效果，副标题为“宋体”28号字。

4. 将第二、三张幻灯片标题设置为“隶书”54号字，黑色；其他文本为“华文楷体”32号字。

5. 将第四张幻灯片标题设置为“隶书”54号字，黑色；正文“华文新魏”，字号分别为54、72、88字号大小。

6. 将编辑好的效果以“练习一.pptx”放映模式保存。

操作步骤

1. 文件设置。

① 单击“开始”选项卡→“幻灯片”→“新建幻灯片”→“标题幻灯片”命令，新建一张幻灯片，如图17-1-2所示。

② 单击“开始”选项卡→“幻灯片”→“新建幻灯片”→“标题和内容”命令，新建三张幻灯片，如图17-1-2所示。

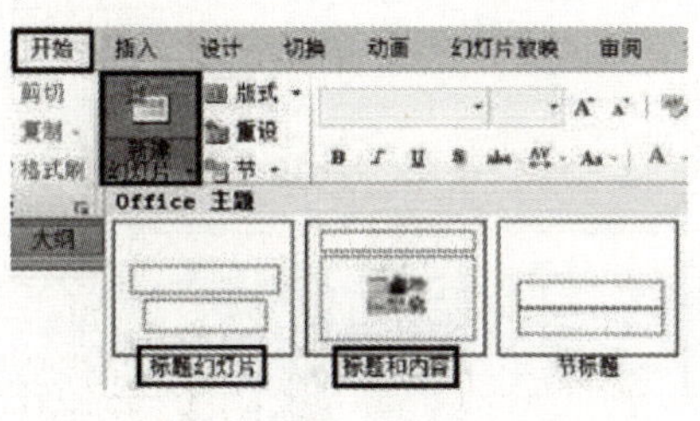

图 17-1-2

2. 母版设置。

单击“视图”选项卡→“母版视图”→“幻灯片母版”命令，如图17-1-3所示；单击“插入”选项卡→“图像”→“图片”命令，插入“地球仪”图片，如图17-1-4所示；单击“幻灯片母版”→“关闭”→“关闭母版视图”命令。

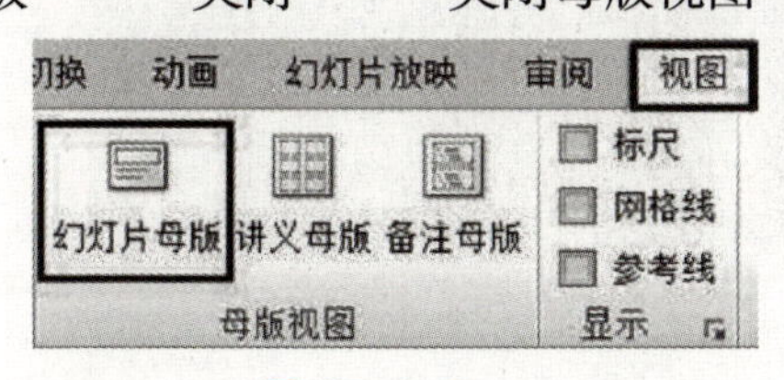

图 17-1-3

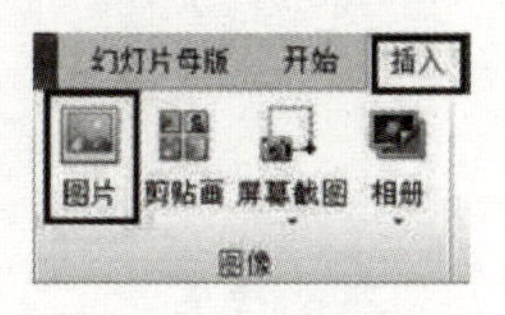

图 17-1-4

3. 文本设置。

① 参照样张，在第一张幻灯片中输入指定文字，设置标题文字为“宋体、66号、加粗、青色、文字阴影”，设置副标题文字为“宋体、28号、深蓝”。

② 参照样张，在第二、三张幻灯片中输入指定文字，设置标题文字为“隶书、54号、黑色”，设置其他文字为“华文楷体、32号”。

③ 参照样张，在第四张幻灯片中输入指定文字，设置标题文字为“隶书、54号、黑色”，设置其他文字为“华文新魏”，“字号”分别为“54、72、88”。

4. 保存。

单击“文件”选项卡→“保存”命令按钮，弹出“另存为”对话框，文件名文本框中输入“练习一.pptx”，单击“保存”命令按钮，如图17-1-5所示。

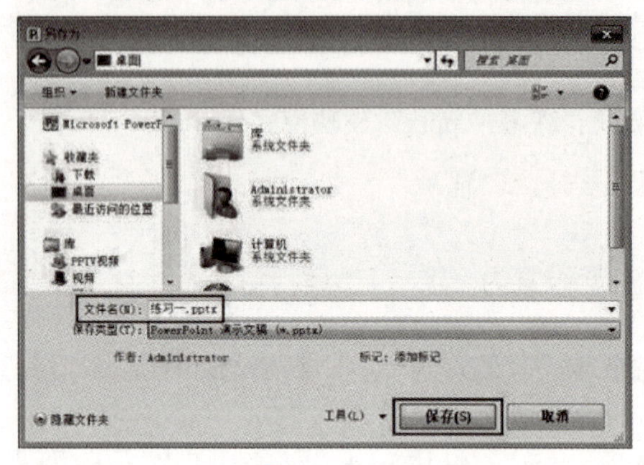

图 17-1-5

任务二

参照图17-2-1所示样张完成幻灯片“练习二.pptx”的制作。

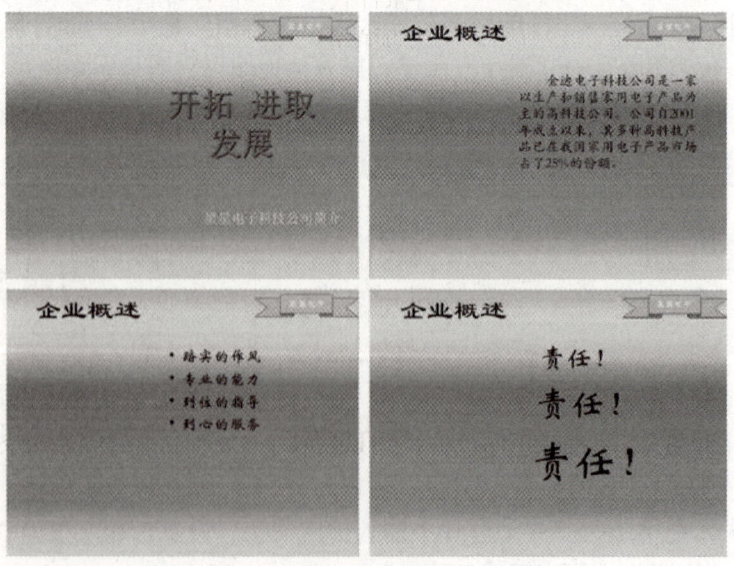

图 17-2-1

题目要求

1．新建四张幻灯片，将第一张幻灯片版式设置为标题幻灯片，第二、三、四张幻灯片设置为标题和内容幻灯片。

2．建立幻灯片母版，在标题母版中设置背景样式为渐变填充，选择“麦浪滚滚”样式。

3．在标题母版中使用形状添加公司标志“星星电子”。

4．输入文字，调整格式。将第一张幻灯片标题文字设置为“宋体”66号字、青色、阴影效果，副标题为“宋体”28号字。

5．将第二、三张幻灯片标题设置为“隶书”54号字，黑色；其他文本“华文楷体”32号字。

6．将第四张幻灯片标题设置为“隶书”54号字，黑色；正文“华文新魏”，字号分别为54、72、88字号大小。

7．将编辑好的效果以“练习二.pptx”放映模式保存。

操作步骤

1．文件设置。

① 单击“开始”选项卡→“幻灯片”→“新建幻灯片”→“标题幻灯片”命令，新建幻灯片。

② 单击“开始”选项卡→“幻灯片”→“新建幻灯片”→“标题和内容”命令，新建幻灯片。

2．母版设置。

① 单击幻灯片母版，单击“视图”选项卡→“母版视图”→“幻灯片母版”命令，单击“幻灯片母版”选项卡→“背景”→“背景样式”→“设置背景格式”命令，如图17-2-2所示，在“设置背景格式”对话框“填充”项单击“渐变填充”，“预设颜色”选择“麦浪滚滚”样式，如图17-2-3所示。

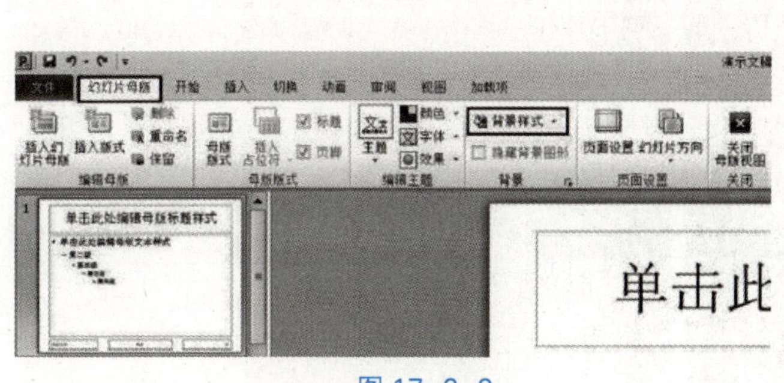

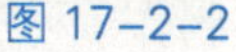
图 17-2-2

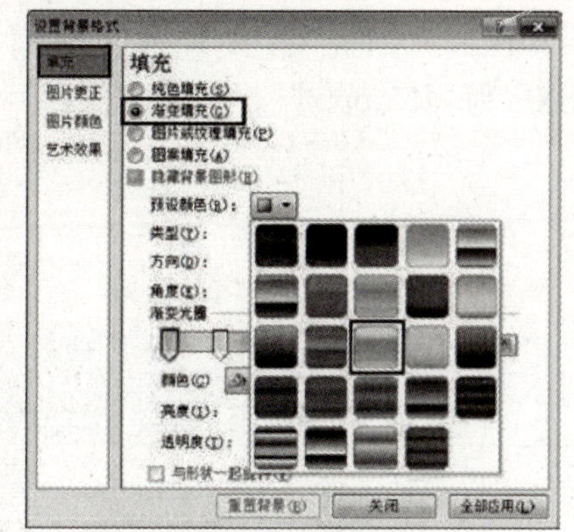

图 17-2-3

② 单击“插入”选项卡→“插图”→“形状”→“星与旗帜”→“上凸带形”命令，

如图17-2-4所示；在“幻灯片母版”上单击鼠标左键拉动绘出图形，单击“开始”选项卡→“绘图”→“形状填充”命令，选择“紫色，淡色60%”，如图17-2-5所示，参照样张设置公司名的文字格式。

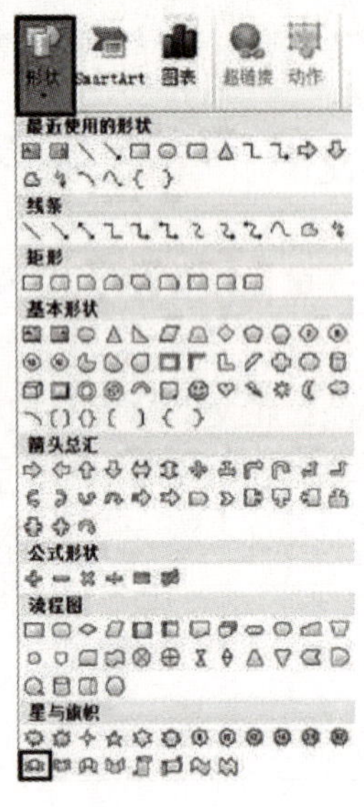

图 17-2-4

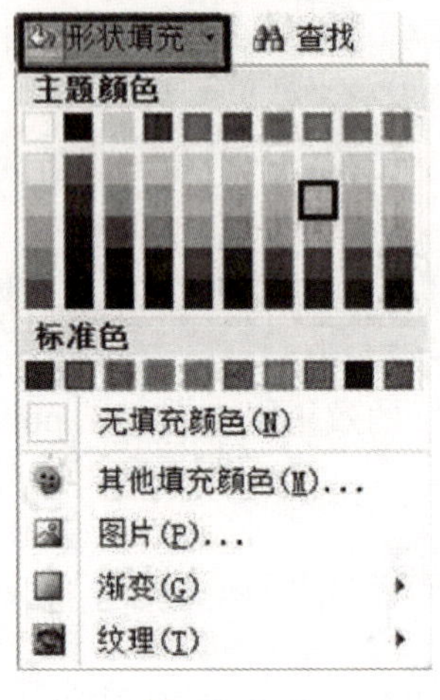

图 17-2-5

3．文本设置。

① 参照样张，在第一张幻灯片中输入指定文字，设置标题文字为“宋体、66号、青色、文字阴影”，设置副标题文字为“宋体、28号、白色”。

② 参照样张，在第二、三张幻灯片中输入指定文字，设置标题文字为“隶书、54号、黑色”，设置其他文字为“华文楷体、32号”。

③ 参照样张，在第四张幻灯片中输入指定文字，设置标题文字为“隶书、54号、黑色”，设置其他文字为“华文新魏”，“字号”分别为“54、72、88”。

4．保存。

单击“文件”选项卡→“保存”命令按钮，弹出“另存为”对话框，文件名文本框中输入“练习二.pptx”，单击“保存”命令按钮。

任务三

参照图17-3-1所示样张完成幻灯片“练习三.pptx”的制作。

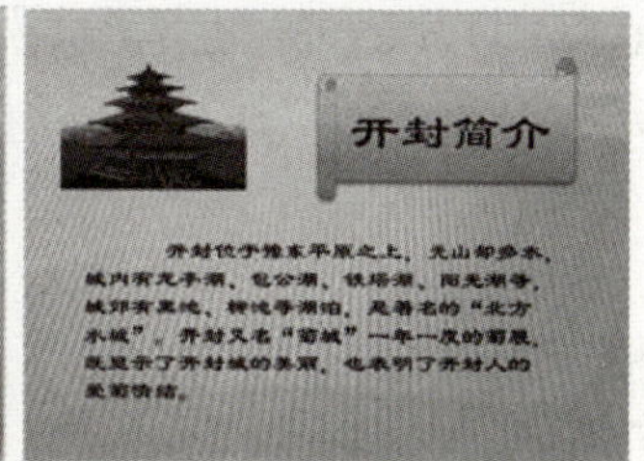

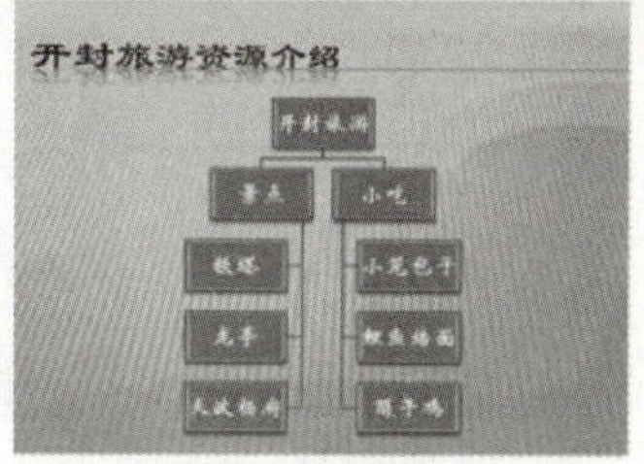

图 17-3-1

题目要求

1. 插入三张幻灯片，将第一张默认幻灯片删除，插入一张空白幻灯片，以“跋涉”为模板设计幻灯片。

2. 插入艺术字（第5行第5列）“开封古城欢迎你”，文本轮廓为“黄色”，字体为“华文楷体”，字号为“72”。插入素材中的图片，将图片调整到合适大小和位置，在格式中选择“柔化边缘矩形”。

3. 插入第二张版式为“空白”的幻灯片，插入剪贴画“architecture，Asia，Asian，…”，插入形状为横卷形，填充效果为“强调颜色2”，线条颜色设置为“褐色”。在形状中添加文字“开封简介”，字体为“隶书”，字号为“60”，字体颜色为“黑色”。

4. 插入横排文本框，输入相应文字，设置字为：“黑色，隶书，28号”。

5. 插入第三张幻灯片版式为标题和内容，输入标题：开封旅游资源介绍，插入SmartArt图，样式为“卡通”。

6. 将编辑好的效果以“练习三.pptx”放映模式保存。

操作步骤

1. 页面设置。

① 增、删幻灯片（略）。

② 单击“设计”选项卡→“主题”→“自定义”→“跋涉”命令，如图17-3-2所示。

2. 幻灯片设置。

① 单击“插入”选项卡→“文本”→“艺术字”→“塑料棱台，映像”命令，如图

17-3-3所示，参照样张录入文字，单击“开始”选项卡→“绘图”→“形状轮廓”命令，设置文本轮廓为“黄色”，“字体”为“华文楷体”，“字号”为“72”。

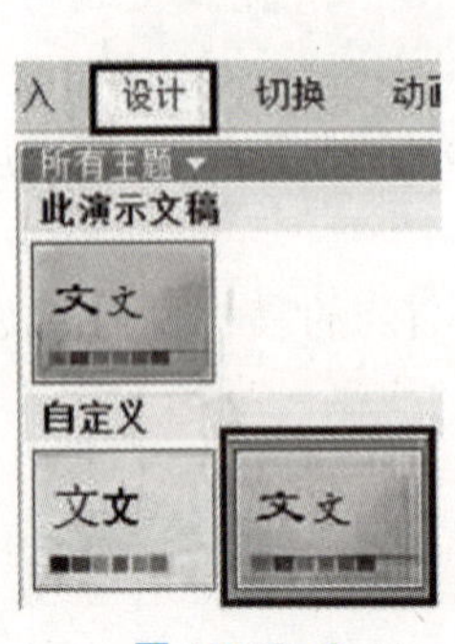

图 17-3-2

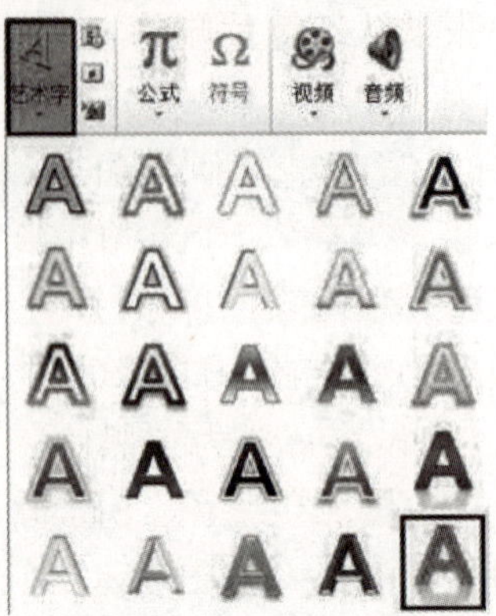

图 17-3-3

② 参照样张调整插入的图片，单击“图片工具”选项卡→“格式”→“图片样式”→“图片效果”→“柔化边缘”→“5磅”命令。

③ 单击“开始”选项卡→“插入”→“图像”→“剪贴画”命令，参照样张调整图片位置。

④ 单击“开始”选项卡→“插入”→“插图”→“形状”→“星与旗帜”→“横卷形”命令，参照样张调整插入的图形，单击“开始”选项卡→“绘图”→“形状填充”→“渐变”→“变体”→“线性向下”命令。

⑤ 插入文字、图片设置略。

3．保存。

单击“文件”选项卡→“保存”命令按钮，弹出“另存为”对话框，在文件名文本框中输入“练习三.pptx”，单击“保存”命令按钮。

任务四

参照图17-4-1所示样张完成幻灯片“练习四.pptx”的制作。

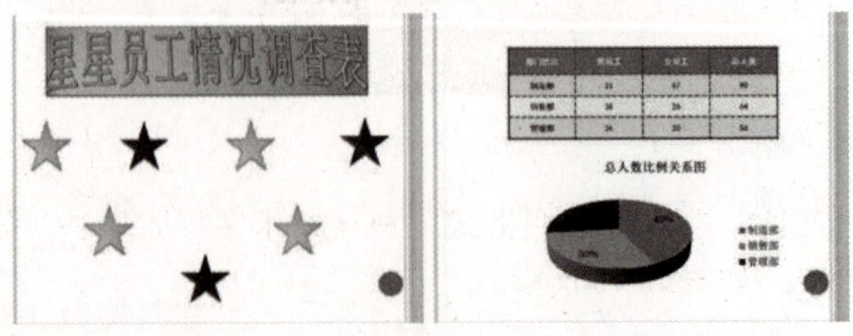

图 17-4-1

题目要求

1．将第一张默认幻灯片删除，插入一张空白幻灯片，以“凸显”为模板设计幻灯片。

2．在幻灯片中插入艺术字（第1行第1列）“星星员工情况调查表”，字体为“宋体”，字号为66，文本样式为“弯曲两端近”。

3．在艺术字下方插入7个五角星形状，形状样式为“强烈效果-灰色，强调颜色6”和“强烈效果-橙色，强调颜色1”，调整形状大小及位置。

4．插入版式为“空白”的新幻灯片，插入一个四行四列的表格，输入如图17-4-1右图所示表格内容，并设置字体为“黑体”，字号“12磅”，水平、垂直居中；外边框颜色深红，3磅实线；内边框颜色紫色，3磅虚线；表格样式为“中度样式2-强调1”。

5．在表格下方插入一张图表。

6．将编辑好的效果以“练习四.pptx”放映模式保存。

操作步骤

1．页面设置。

① 增、删幻灯片（略）。

② 单击“设计”选项卡→“主题”→“自定义”→“凸显”命令，如图17-4-2所示。

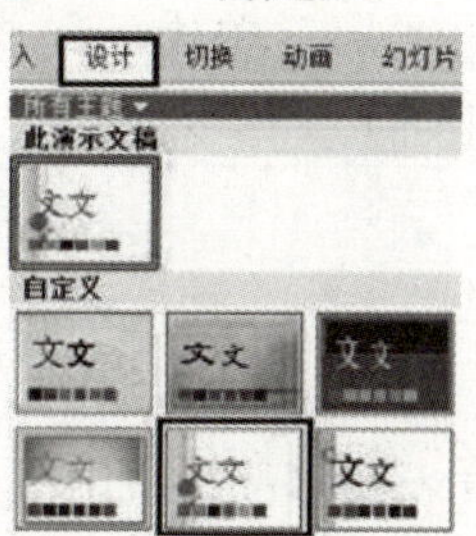

图 17-4-2

2．页面设置。

① 单击“插入”选项卡→“文本”→“艺术字”→“填充，浅黄”命令，如图17-4-3所示，参照样张插入标题，设置“字体”为“宋体”，“字号”为“66”。

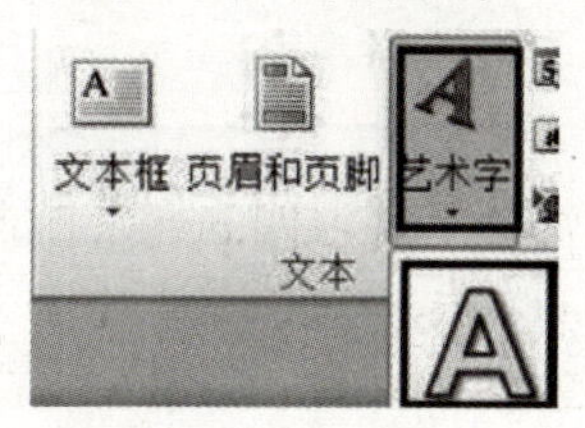

图 17-4-3

② 单击“绘图工具”选项卡→“格式”→“艺术字样式”→“文字效果”→“转换”→“两端近”命令，如图17-4-4所示。

③ 单击“插入”选项卡→“插图”→“形状”→“星与旗帜”→“五角星”命令，参照样张插入图形，单击“开始”选项卡→“绘图”→“快速样式”→“细微效果，橙色”命令，如图17-4-5所示。单击“开始”选项卡→“绘图”→“快速样式”→“强烈效果，灰色”命令，参照样张调整形状大小及位置。

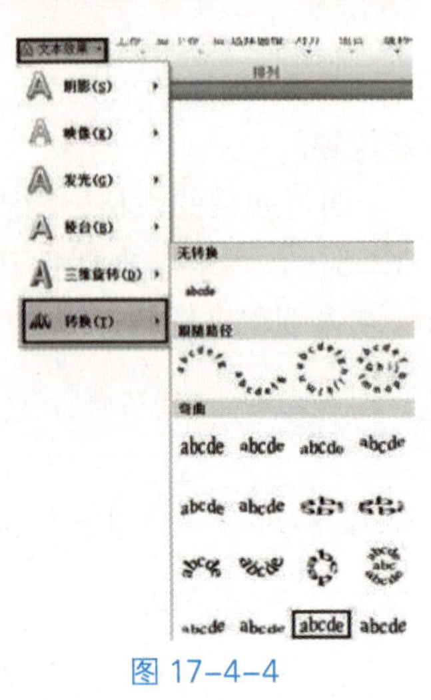

图 17-4-4

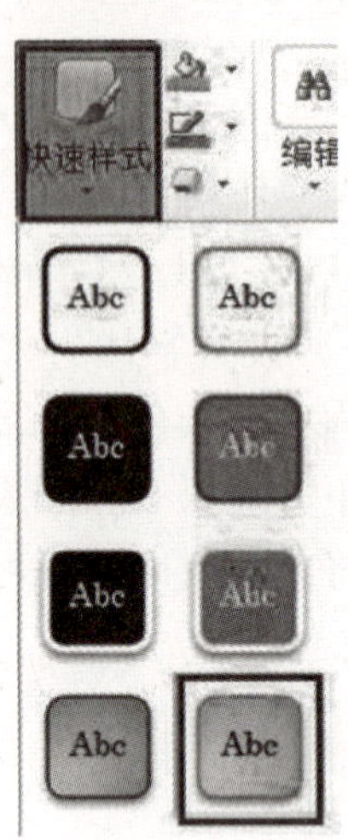

图 17-4-5

3．表格设置。

① 单击“插入”选项卡→“表格”→“表格”→“插入表格”命令，如图17-4-6所示。

② 参照样张输入文本并编辑（步骤略）。

③ 单击左键选中表格，单击“表格工具”选项卡→“设计”→“绘图边框”→“笔样式”命令，设置“笔样式”为“实线”，“笔画粗细”为“3磅”，“笔颜色”为“深红”；单击“表格工具”选项卡→“设计”→“表格样式”→“边框”→“外侧框线”命令，如图17-4-7所示。参照样张设置表格内部框线的线形和颜色。

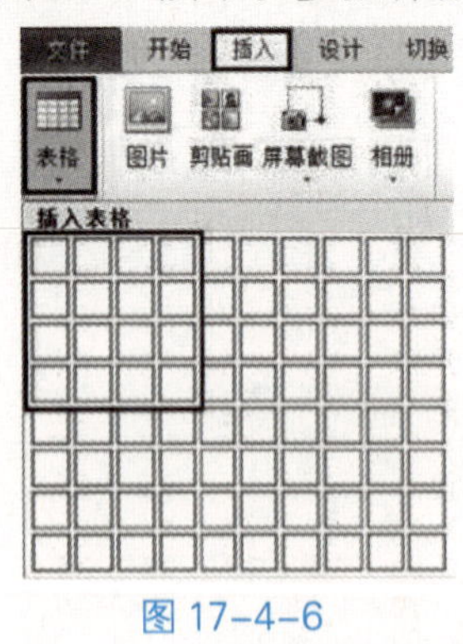

图 17-4-6

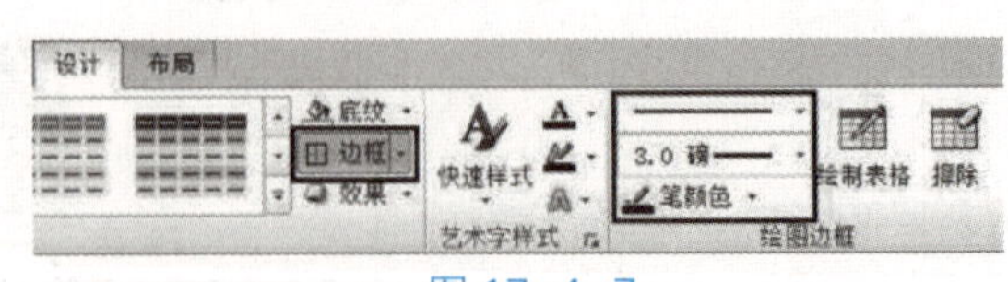

图 17-4-7

④ 单击“表格工具”选项卡→“设计”→“表格样式”→“中度样式2-强调1”命令。

4．图表设置。

① 单击“插入”选项卡→“插图”→“图表”命令，在“插入图表”对话框设置为“饼

图”→“三维饼图”，单击“确定”命令按钮，如图17-4-8所示。参照样张编辑图表。

② 单击“图表工具”选项卡→“设计”→“图表布局”→“布局6”命令，如图17-4-9所示。

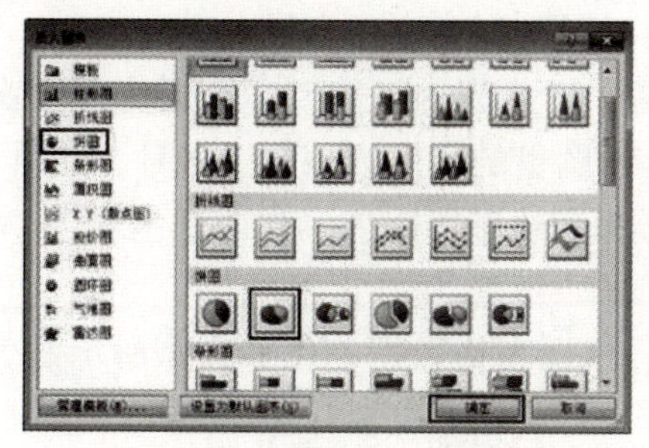

图 17-4-8

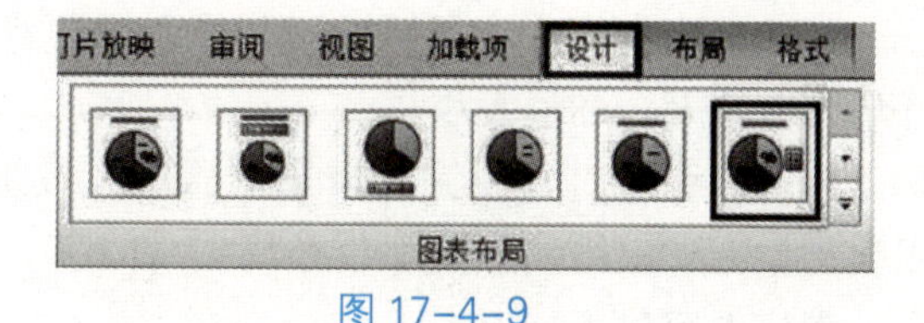

图 17-4-9

5．保存。

单击“文件”选项卡→“保存”命令按钮，弹出“另存为”对话框，在文件名文本框中输入“练习四.pptx”，单击“保存”命令按钮。

任务五

参照图17-5-1所示样张完成幻灯片“练习五.pptx”的制作。

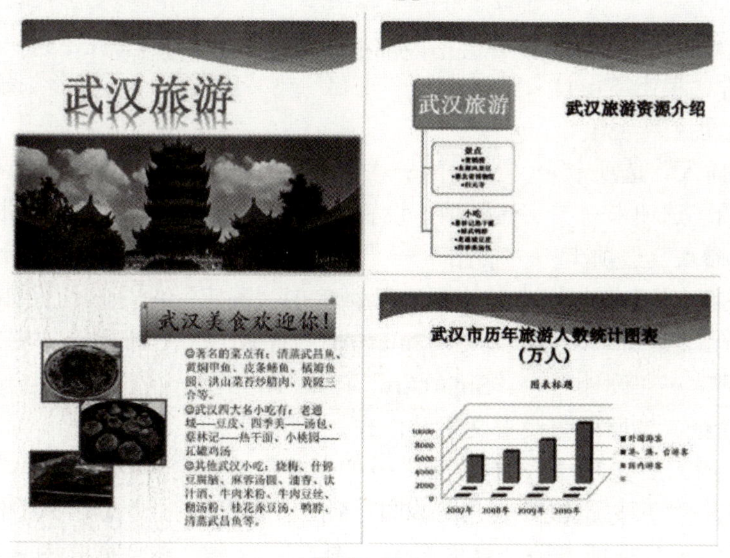

图 17-5-1

题目要求

1．插入四张幻灯片，选择版式“波形”。

2．第1张幻灯片：插入艺术字“武汉旅游”（第6行第5列），80字号大小。

3．第2张幻灯片：制作如样张所示的SmartArt图，样式为“粉末”，布局为“层次结构列表”，配色为颜色中的“强调颜色3-4”。SmartArt图里的字体为宋体、19号、加粗。

4．第3张幻灯片：参照样张制作，标题背景图形为横卷形、金色，强调颜色5，文字为“华文楷体”，48号大小。

5．第4张幻灯片：武汉市历年旅游人数统计表，根据表格数据制作如样张所示图表，图表类型为“三维柱形图”、布局1、样式6。

表格内容见表17-5-1。

表 17-5-1　历年旅游人数统计表

	外国游客	港、澳、台游客	国内游客
2007 年	43.43	9.55	3 889.07
2008 年	42.78	10.62	4 612.79
2009 年	52.63	14.26	6 359.99
2010 年	70.17	22.63	8 852.34

6．将编辑好的效果以“练习五.pptx”放映模式保存。

操作步骤

1．主题设置。

新建幻灯片，单击“设计”选项卡→“主题”→“内置”→“波形”命令。

2．页面设置。

① 单击“插入”选项卡→“文本”→“艺术字”→“填充-蓝色，强调文字颜色1”命令，单击“开始”选项卡→“字体”项，设置“字号”为“80”。参照样张插入图片。

② 单击“插入”选项卡→“插图”→“SmartArt”命令，在“选择SmartArt图形”对话框“层次结构”项选择“层次结构列表”，单击“确定”命令按钮，如图17-5-2所示。单击“SmartArt工具”→“设计”→“SmartArt”样式→“三维”→“粉末”命令，单击“SmartArt工具”→“设计”→“SmartArt”样式→“更改颜色”→“强调文字颜色3”→“彩色填充”命令，参照样张设置文字及格式。

③ 单击“插入”选项卡→“图像”→“图片”命令，单击“插入”选项卡→“插图”→“形状”→“星与旗帜”→“横卷形”命令，参照样张设置文字及格式。

④ 单击“插入”选项卡→“插图”→“图表”命令，在“插入图表”对话框设置为“柱形图”→“三维柱形图”，单击 “确定”命令按钮，如图17-5-3所示。参照样张编辑图表。

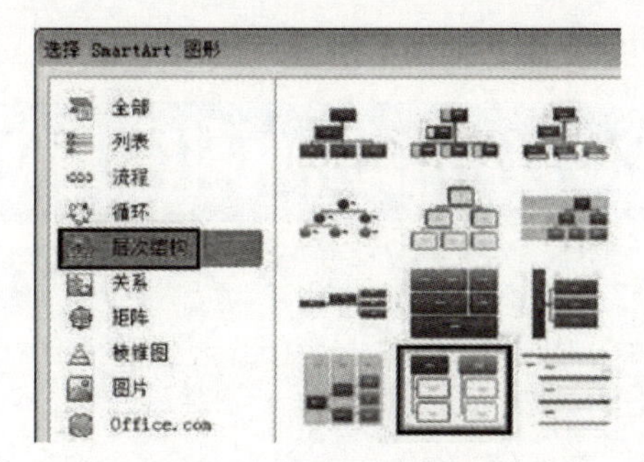

图 17-5-2

图 17-5-3

3．保存。

单击“文件”选项卡→“保存”命令按钮，弹出“另存为”对话框，在文件名文本框中输入“练习四.pptx”，单击“保存”命令按钮。

实训十八　PowerPoint 2010的动画和切换

实训目的 ⇨ 1．掌握幻灯片自定义动画和切换方式的设置。

2．掌握幻灯片超链接和动作按钮的添加与设置。

实训内容 ⇨ 参照样张，按照题目要求，完成以下幻灯片的操作。

任务一

请参照图18-1-1所示样张完成幻灯片“脑筋急转弯”的制作。

图 18–1–1

题目要求

1．幻灯片版式：创建6张幻灯片，第1张幻灯片为“标题幻灯片”。

2．幻灯片设计主题为“角度”。

3．参照样张各元素制作幻灯片。

4．幻灯片动画效果，动画顺序为“题目文字”→“剪贴画”→“答案文字”。

① 题目文字：动画效果“键盘”、开始“上一动画之后”。

② 剪贴画：动画效果“形状”、开始“上一动画之后”、持续时间“02.00”。

③ 答案文字：动画效果“弹跳”、开始“单击时”，持续时间“02.00”。

④ 第2～6张幻灯片中各元素位置和动画顺序一致。

5. 幻灯片切换方式：“水平百叶窗”。

6. 保存幻灯片。

操作步骤

1. 设置幻灯片版式。

① 启动PowerPoint 2010应用程序，创建空白演示文稿，选择“文件”选项卡→“另存为”命令，弹出“另存为”对话框，输入“脑筋急转弯”文件名保存在指定位置。

② 选择“开始”选项卡→“新建幻灯片”命令（或按下“Ctrl+M”快捷键），如图18-1-2所示，新建5张幻灯片。

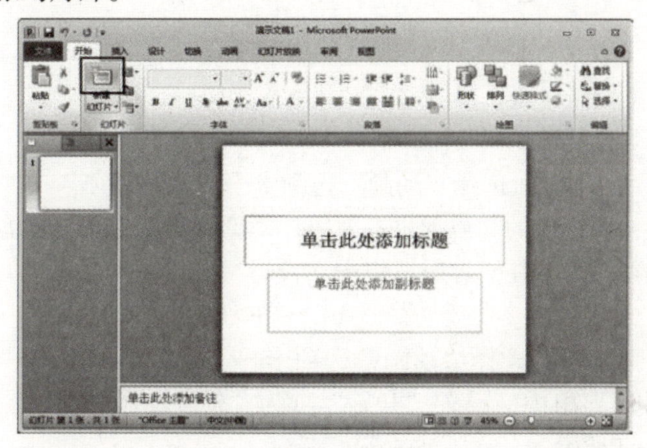

图 18-1-2

③ 选择“开始”选项卡→“版式”→“标题幻灯片”，将第1张幻灯片设置为“标题幻灯片”，如图18-1-3所示。

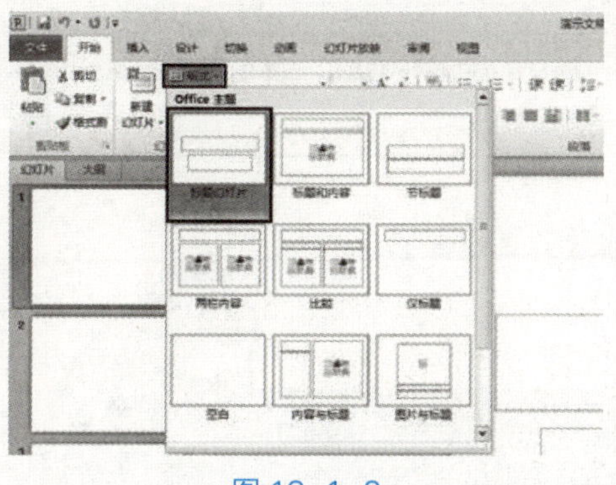

图 18-1-3

2. 设置幻灯片主题：在“设计”选项卡上“主题”组中，单击下拉列表框右侧的“其他”按钮，在展开的下拉列表中选择“角度”主题，如图18-1-4所示。

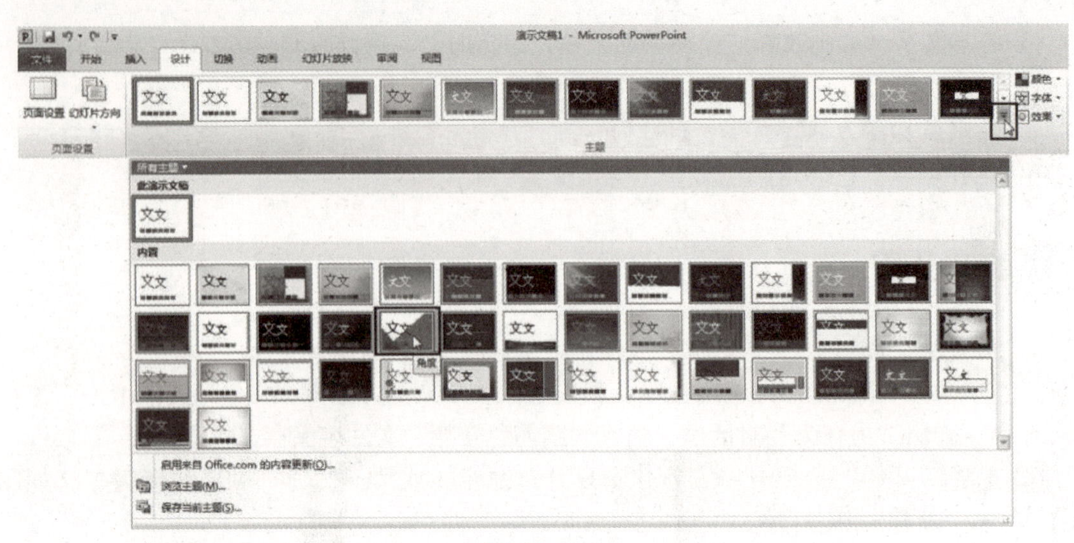

图 18–1–4

3．制作幻灯片（参照样张，步骤略）。

4．设置幻灯片动画效果。

① 选中“题目”文本框，选择“动画”选项卡→“添加动画”→“进入更多效果”命令，如图18-1-5所示；在弹出的“添加进入效果”对话框中，选择“棋盘”效果，单击“确定”按钮，如图18-1-6所示；在“计时”组中，设置“开始”项为“上一动画之后”，如图18-1-7所示。

② 选中“剪贴画”框，选择“动画”选项卡→“添加动画”→“形状”效果，如图18-1-8所示；在“计时”组中，设置“开始”项为“上一动画之后”、“持续时间”项为“02.00”，如图18-1-9所示。

图 18–1–5

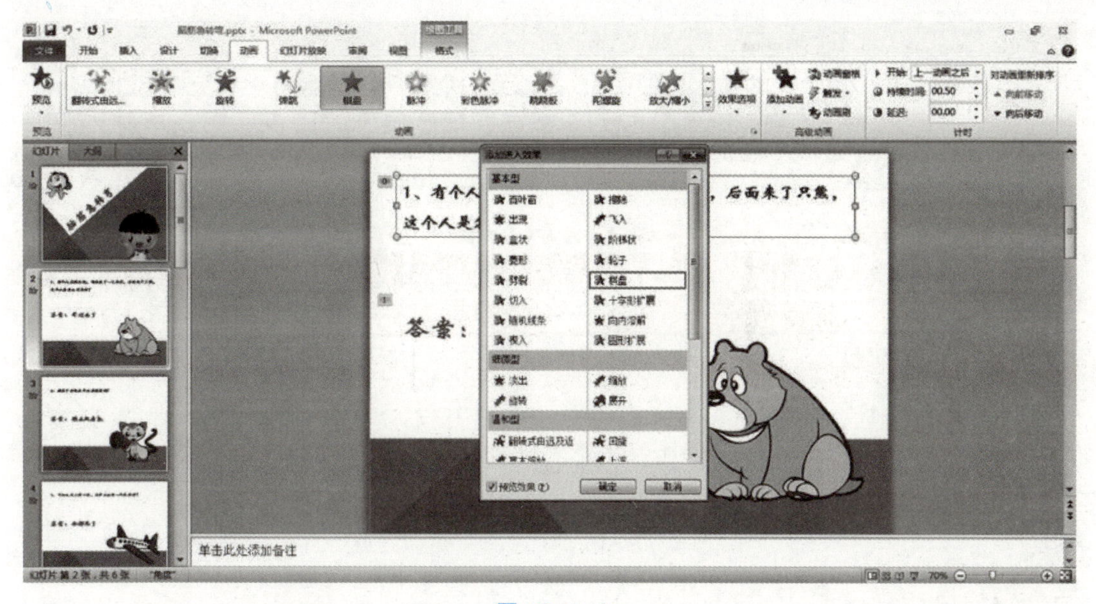

图 18–1–6

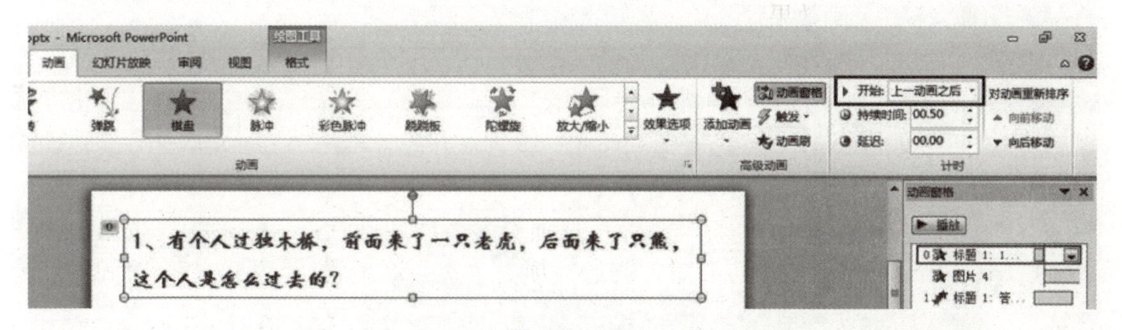

图 18–1–7

图 18–1–8

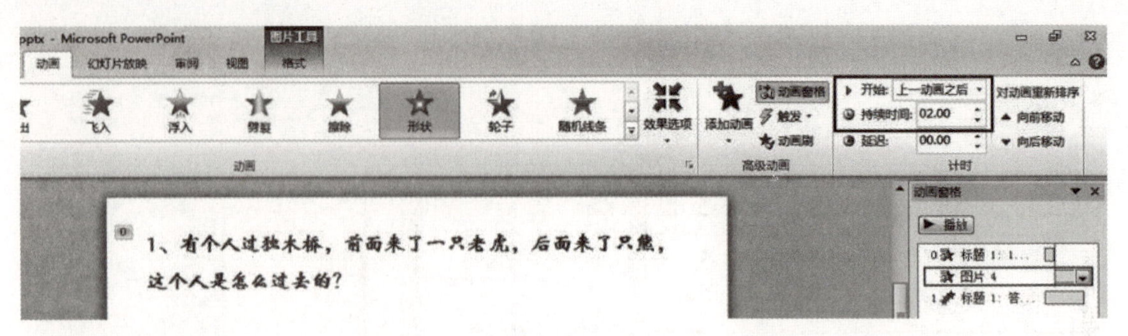

图 18-1-9

③ 选中“答案”文本框，选择“动画”选项卡→“添加动画”→“弹跳”效果，如图18-1-10所示；在“计时”组中，设置“开始”项为“单击时”、“持续时间”项为“02.00”，如图18-1-11所示。

图 18-1-10

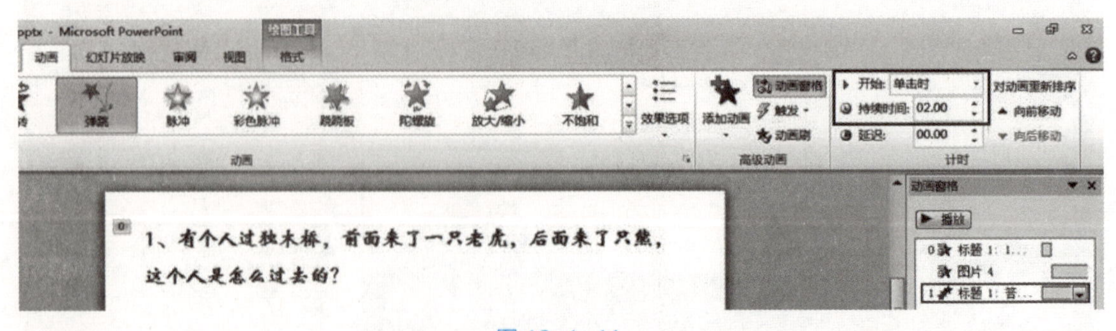

图 18-1-11

④ 双击“动画刷”，如图18-1-12所示，将“题目文字”“图片”和“答案文字”动画效果应用到第3～6张幻灯片相同的对象中去。

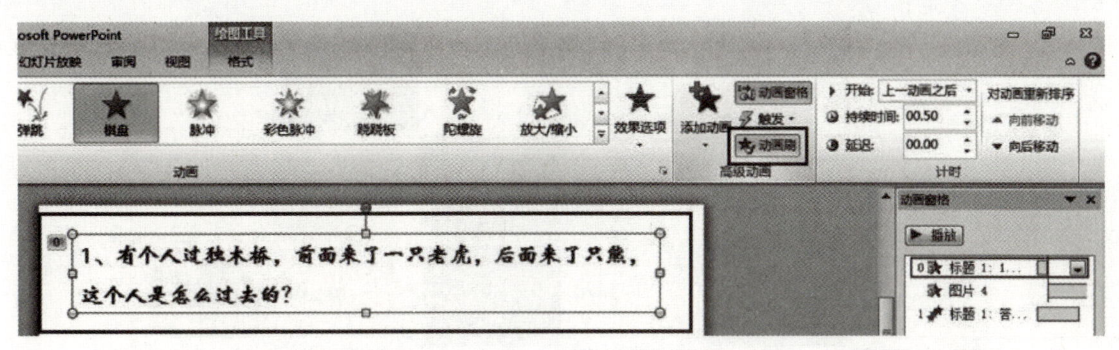

图 18-1-12

5. 设置幻灯片切换效果。

① 选择“切换”选项卡→“切换到此幻灯片”组→“百叶窗”效果。设置“效果选项”为“水平”，如图18-1-13所示。

② 在“计时”组中，选择“全部应用”，如图18-1-14所示。

图 18-1-13

图 18-1-14

6. 单击“自定义快速访问工具栏”中的“保存”命令按钮

任务二

请参照图18-2-1所示样张完成幻灯片“看图学习英语单词”的制作。

图 18-2-1

题目要求

1. 幻灯片版式：创建5张幻灯片，第1张幻灯片为“标题幻灯片”。

2. 参照样张各元素制作幻灯片。

3. “标题页”动画效果。

① 标题：“淡出”、开始“上一动画之后”、持续时间“01.00”。

② 图片（下）：“弹跳”、开始“上一动画之后”、持续时间“02.00”。

③ 图片（上）：“旋转”、开始“与上一动画同时”、持续时间“02.00”、两张图片同时播放。

4. 第2～5张幻灯片动画效果。

① 两张图片动画效果为“水平百叶窗”，同时自动播放。

② 英文单词动画效果为“缩放”→“跷跷板”→“淡出”，自动播放。

③ 设置“触发器”完成“单击图片同时，出现英文单词”的效果。

5. 第2～6张幻灯片中各元素位置和动画顺序一致。

6. 保存幻灯片。

操作步骤

1. 设置幻灯片版式（步骤略）。

2. 制作幻灯片（步骤略）。

3. 设计“标题页”动画效果。

① 选中“标题”文本框，选择“动画”选项卡→“动画”组→“淡出”效果；在“计时”组中，设置“开始”项为“上一动画之后”、“持续时间”项为“01.00”，如图18-2-2所示。

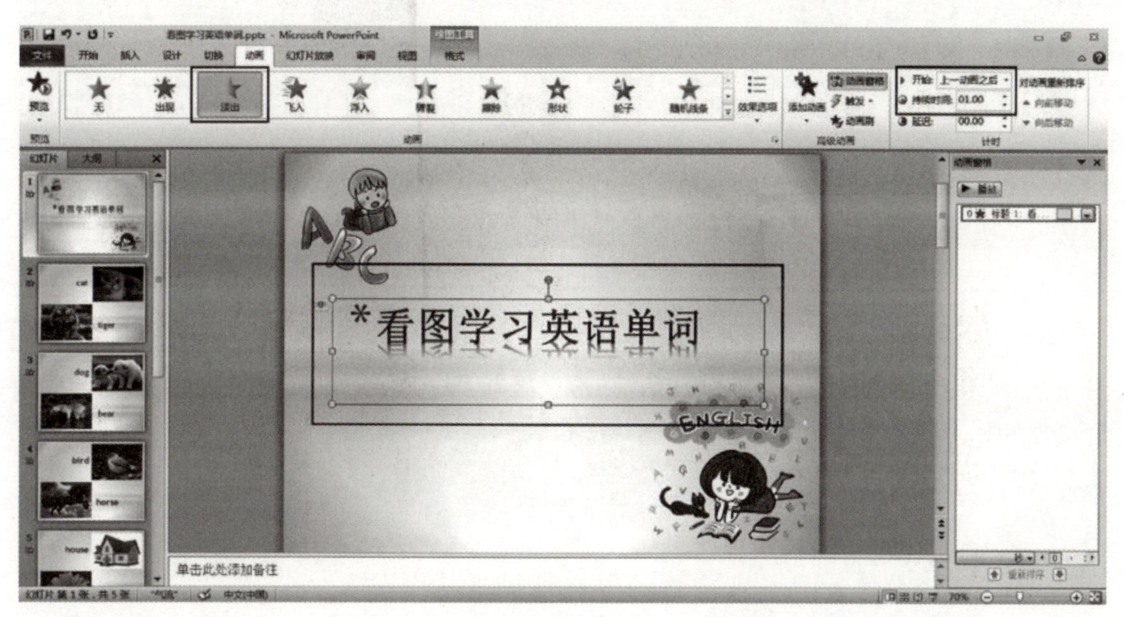

图 18–2–2

② 选中“图片（下）”框，选择“动画”选项卡→“添加动画” →“弹跳”效果，如图18-2-3所示；在“计时”组中，设置“开始”为“上一动画之后”、“持续时间”为“02.00”，如图18-2-4所示。

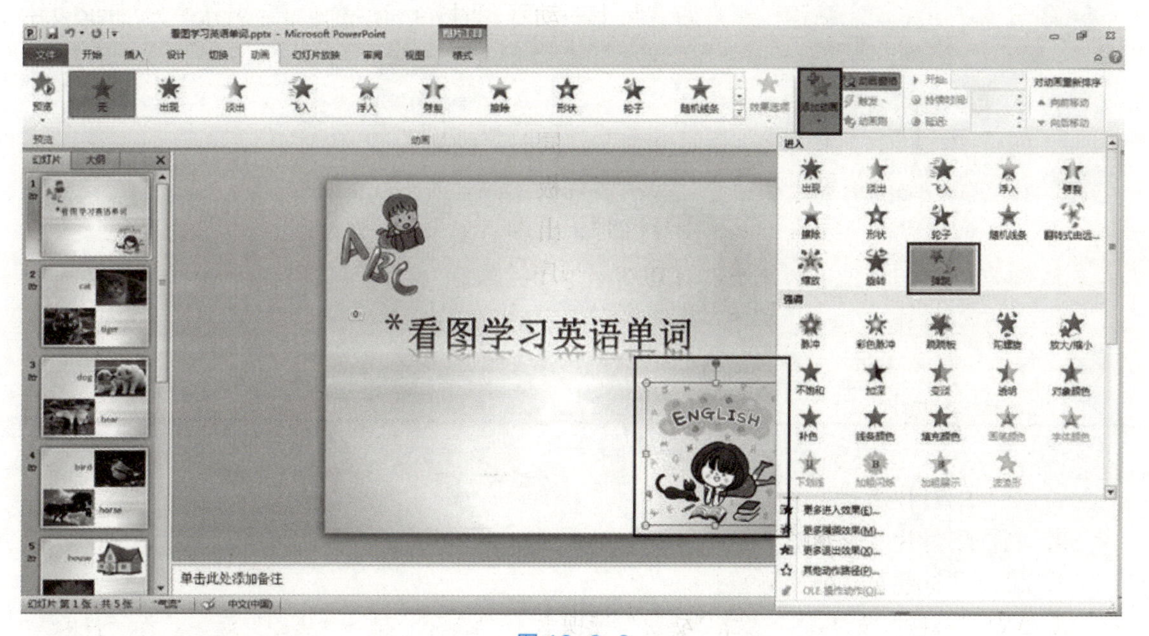

图 18–2–3

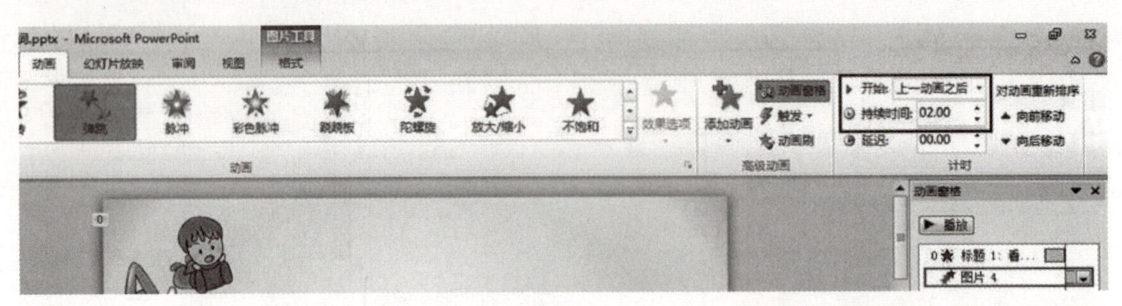

图 18-2-4

③ 选中"图片（上）"框，选择"动画"选项卡→"添加动画"→"旋转"效果，如图18-2-5所示；在"计时"组中，设置"开始"项为"与上一动画同时"、"持续时间"项为"02.00"，两张图片同时播放，如图18-2-6所示。

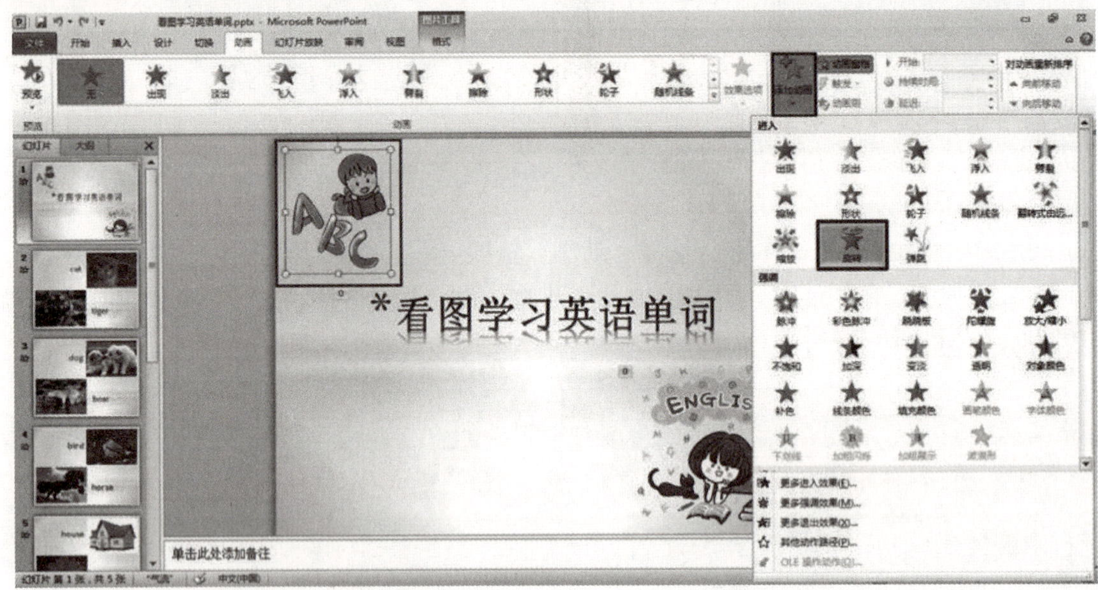

图 18-2-5

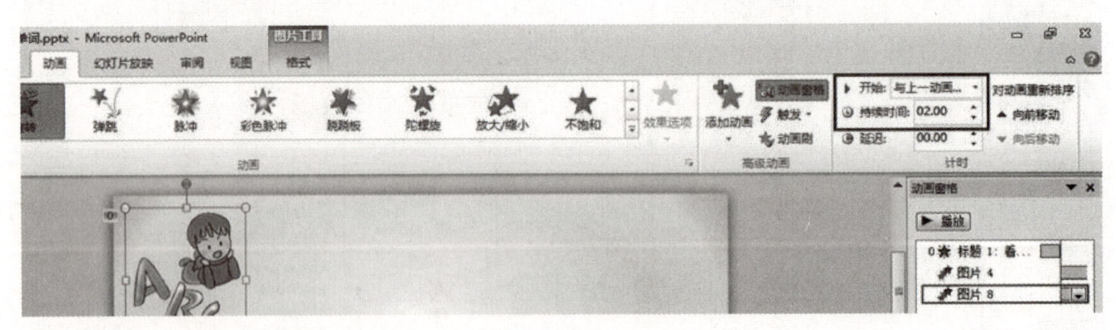

图 18-2-6

4．设置第2～5张幻灯片动画效果。

① 按住"Shift"键不动，同时选中两张"图片"框，选择"动画"选项卡→"添加动画"→"进入更多效果"命令，如图18-2-7所示；在弹出的"添加进入效果"对话框中，选

择“百叶窗”效果，单击“确定”按钮，如图18-2-8所示；设置“效果选项”为“水平”，如图18-2-9所示；在“动画窗格”中选中第2个动画框，在“计时”组中，设置“开始”项为“与上一动画同时”，如图18-2-10所示，将两张图片设置为同时自动播放。

图 18-2-7

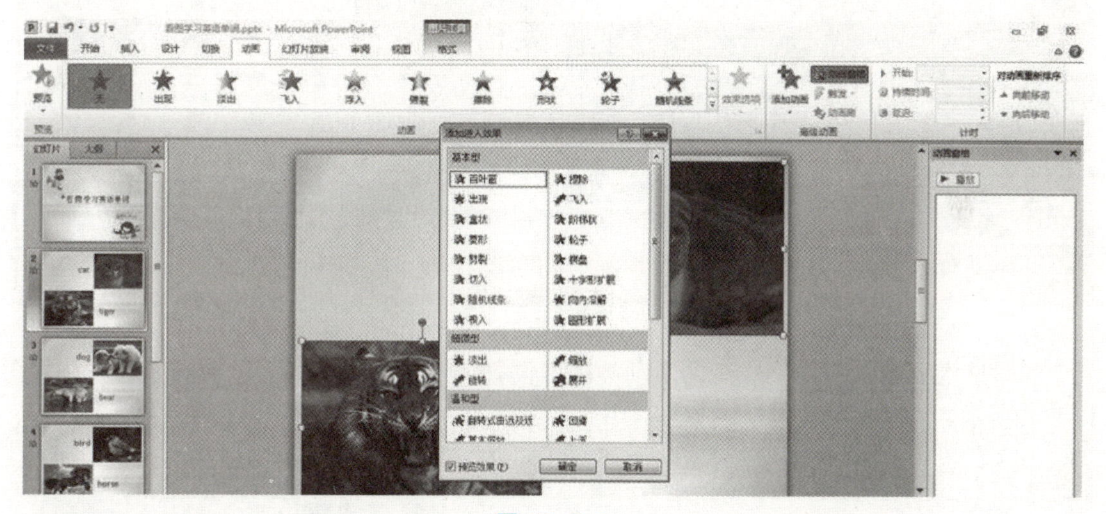

图 18-2-8

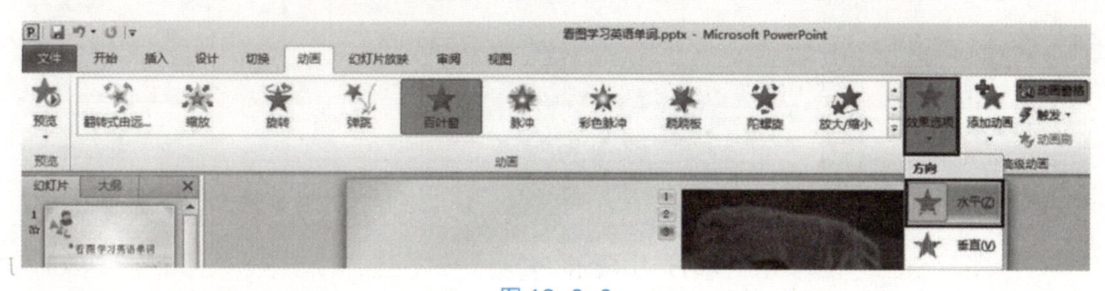

图 18-2-9

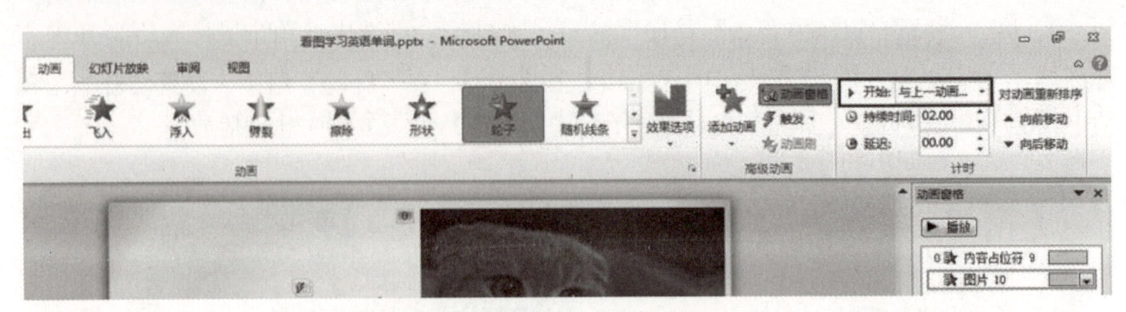

图 18-2-10

② 选中“cat”单词框，选择“动画”选项卡→“添加动画”→“缩放”效果，如图18-2-11所示；重复步骤，为其添加“强调”里的“跷跷板”、“退出”里的“淡出”效果。

图 18-2-11

同时选中“动画窗格”中后两个动画框，设置“开始”项为“上一动画之后”，如图18-2-12所示。

图 18-2-12

③ 将“动画窗格”中“cat”单词框的三个动画框全部选中，单击鼠标右键，在弹出的快捷菜单中单击“效果选项”命令按钮，如图18-2-13所示；在弹出的“效果选项”对话框中，选择“计时”选项卡→“触发器”→“单击下列对象时启动效果”→“图片10（猫）”选项，如图18-2-14所示。

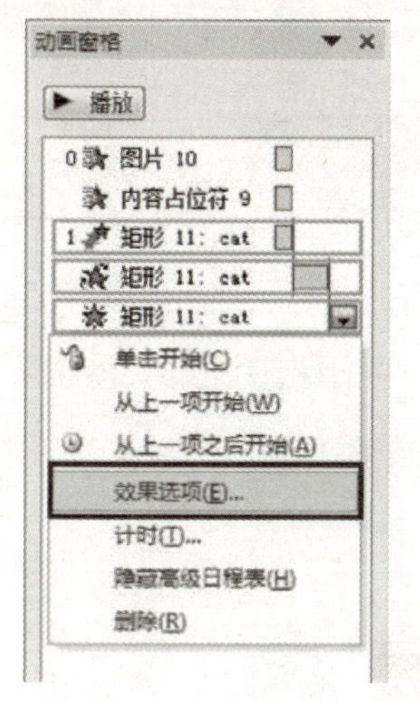

图 18-2-13

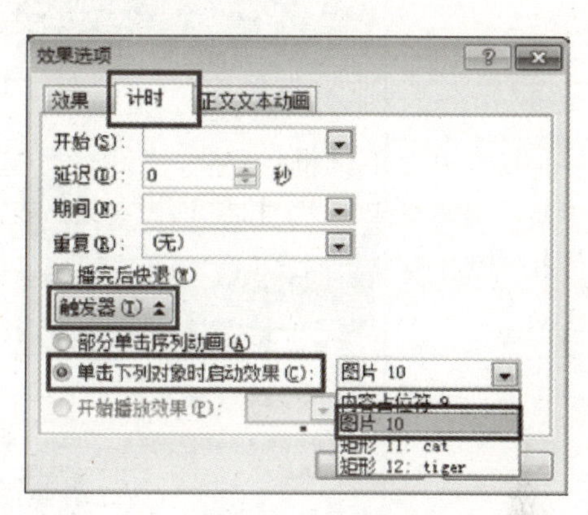

图 18-2-14

5．双击“动画刷”，如图18-2-15所示，将“英文单词”和“图片”动画效果应用到第3～5张幻灯片相同的对象中去。

图 18-2-15

6．单击“自定义快速访问工具栏”中的“保存”命令按钮。

任务三

请参照图18-3-1所示样张完成幻灯片“爱护我们的地球”的制作。

图 18-3-1

题目要求

1. 幻灯片版式：创建6张幻灯片，第1张幻灯片为“标题幻灯片”。

2. 参照样张各元素制作幻灯片（可根据自己的喜好设置动画、格式等）。

3. 幻灯片视图设置：要求设计一个幻灯片母版，母版中插入剪贴画，并设置有动画，使每一张幻灯片都具有同样的背景。

4. 幻灯片链接设置。

① 在“我们的主题”幻灯片中为每个主题设置超链接，当单击某一主题时，转向相应的幻灯片显示。

② 设置“返回”按钮，每一个主题演示完成后，应能返回到“我们的主题”幻灯片。

5. 幻灯片切换方式：“显示”。

6. 保存幻灯片。

操作步骤

1. 设置幻灯片版式（步骤略）。

2. 参照样张各元素制作幻灯片，并设置动画（步骤略）。

3. 幻灯片视图设置。

① 选择“视图”选项卡→“幻灯片母版”命令，如图18-3-2所示。

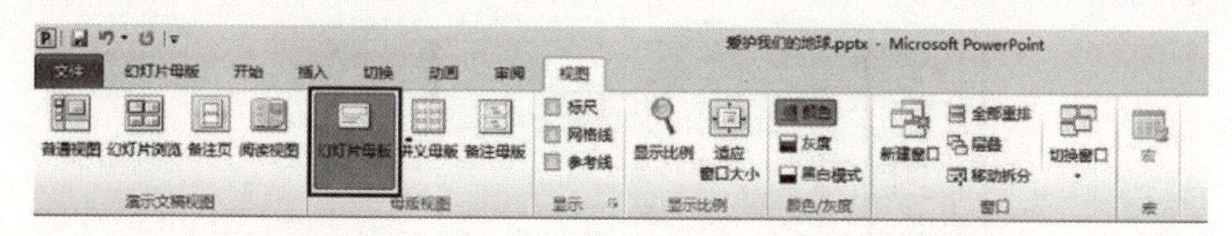

图 18-3-2

② 进入“母版视图”，在第一张幻灯片空白处粘贴素材图片（按照路径打开“素材/实训十八/爱护我们的地球/剪贴画.JPG”文件），缩小放置右下角后单击“关闭母版视图”按钮，如图18-3-3所示。

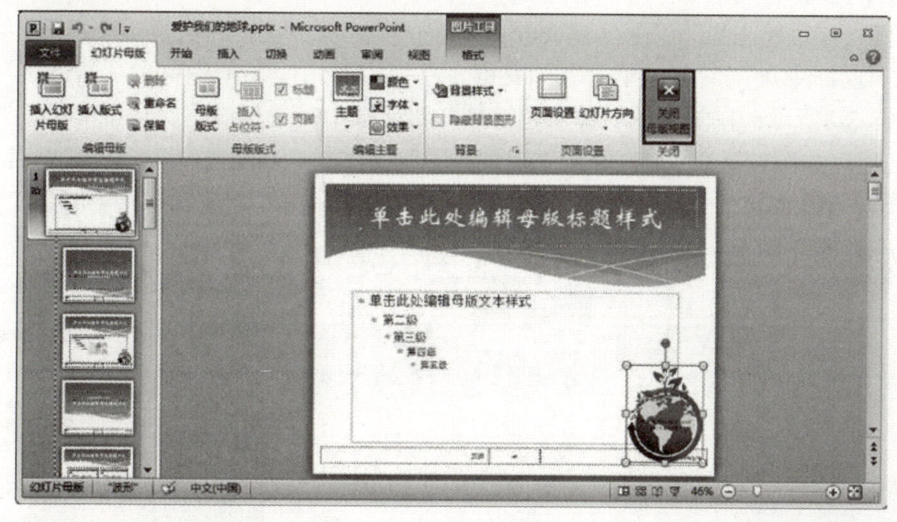

图 18-3-3

4. 幻灯片链接设置。

① 光标选中主题“只有一个地球”文字，如图18-3-4所示，单击鼠标右键，在弹出的快捷菜单中单击“超链接”命令按钮，如图18-3-5所示；在弹出的“插入超链接”对话框中，选择“本文档中的位置”→“幻灯片3”选项，如图18-3-6所示。

重复步骤，设置“我们是在向后代借用资源”和“为了生活更美”文字的超链接。

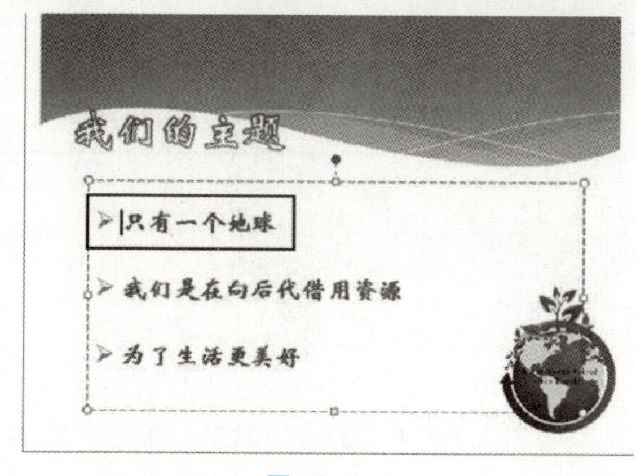

图 18-3-4

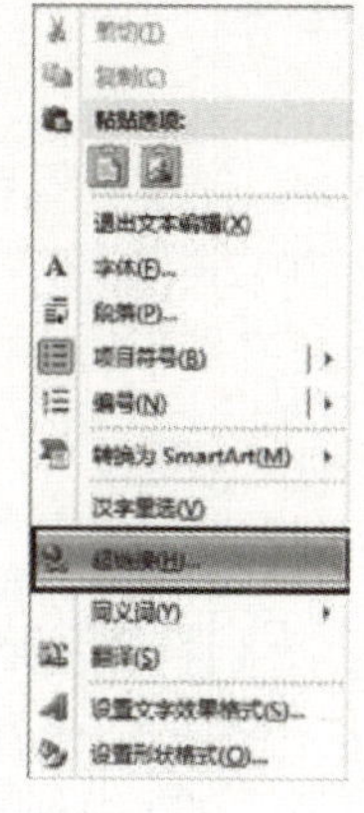

图 18-3-5

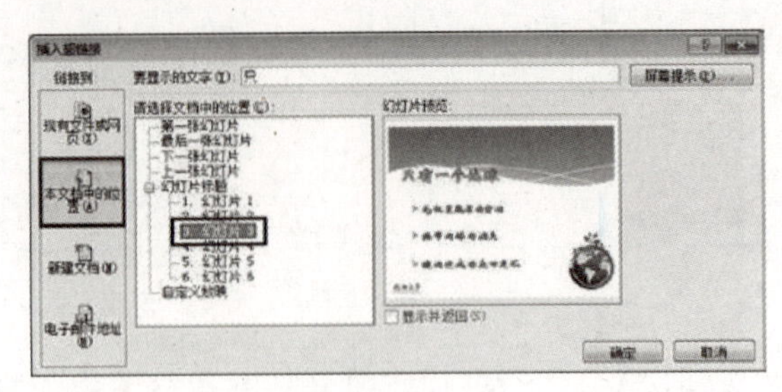

图 18-3-6

②选择“插入”选项卡→“文本框”→“横排文本框”命令，在幻灯片左下角绘制文本框，并键入“返回主页”文字，如图18-3-7所示。

全选“返回主页”文字，单击鼠标右键，在弹出的快捷菜单中单击“超链接”命令按钮，如图18-3-8所示；在弹出的“插入超链接”对话框中，选择“本文档中的位置”→“幻灯片2”选项，如图18-3-9所示；复制“返回主页”文本框，粘贴在第4、5张幻灯片中。

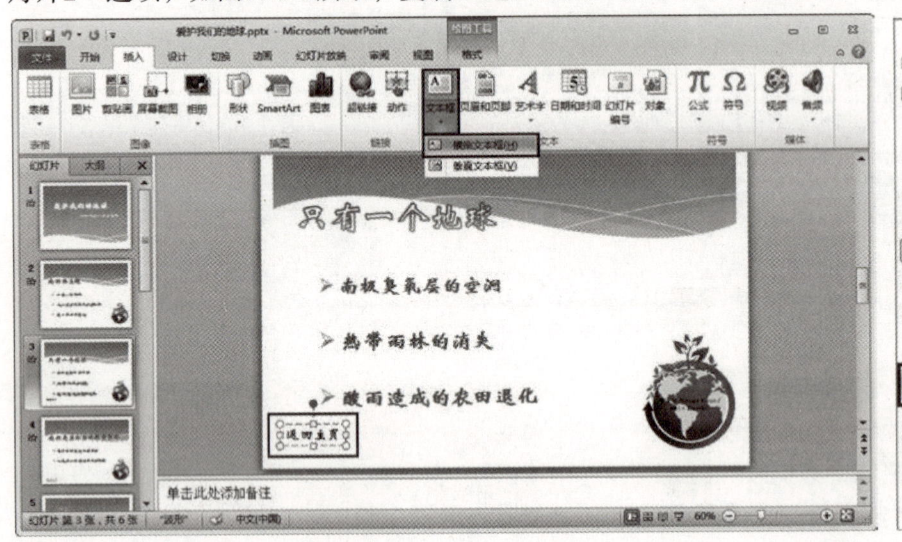

图 18-3-7

图 18-3-8

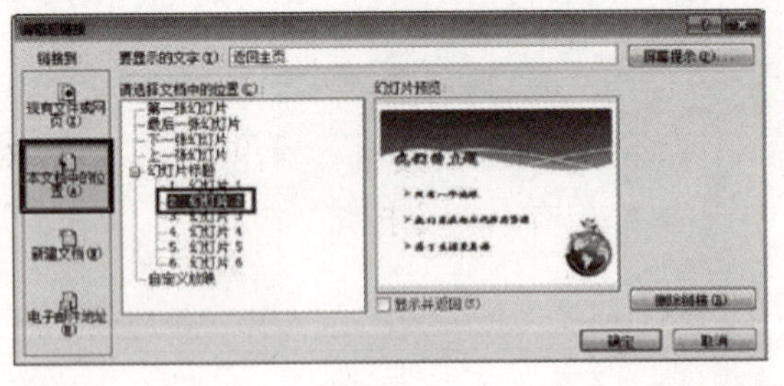

图 18-3-9

5．设置幻灯片切换效果。

选择“切换”选项卡→“切换到此幻灯片”组→“显示”效果，单击“计时”组→“全部应用”命令按钮，如图18-3-10所示。

图 18-3-10

6. 单击“自定义快速访问工具栏”中的“保存”命令按钮。

任务四

请参照图18-4-1所示样张完成幻灯片“水果图片秀”的制作。

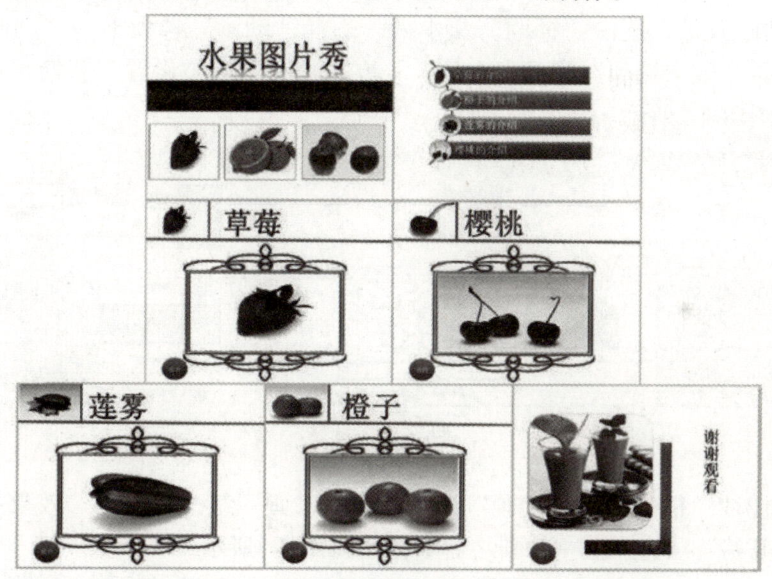

图 18-4-1

题目要求

1. 参照样张各元素制作幻灯片。
2. 第1～2张和第7张幻灯片动画效果自主设计。
3. 第3～6幻灯片动画效果。

① 进入动画效果：标题文本为“擦除（自左侧）”、开始“上一动画之后”；图片（小）为“淡出”、开始“上一动画之后”；

图片（大）为“轮子”、开始“与上一动画同时”、两张图片同时自动播放。

② 退出动画效果：“淡出”，标题和图片进入之后同时自动消失。

③ 将第3～6张内容设置在同一张幻灯片中。

4．幻灯片切换方式

① 第1～2张幻灯片：“涡流(自顶部)”。

② 第3张幻灯片：“立方体(自右侧)”。

③ 第4张幻灯片：“门(垂直)”。

5．保存幻灯片。

操作步骤

1．制作幻灯片（步骤略）。

2．自助设计第1、2、7张幻灯片动画效果（步骤略）。

3．幻灯片动画效果。

① 进入动画效果：选中“标题”文本框，选择“动画”选项卡→“动画”组→“擦除”效果，设置“效果选项”为“自左侧”；在“计时”组中设置“开始”项为“上一动画之后”，如图18-4-2所示。

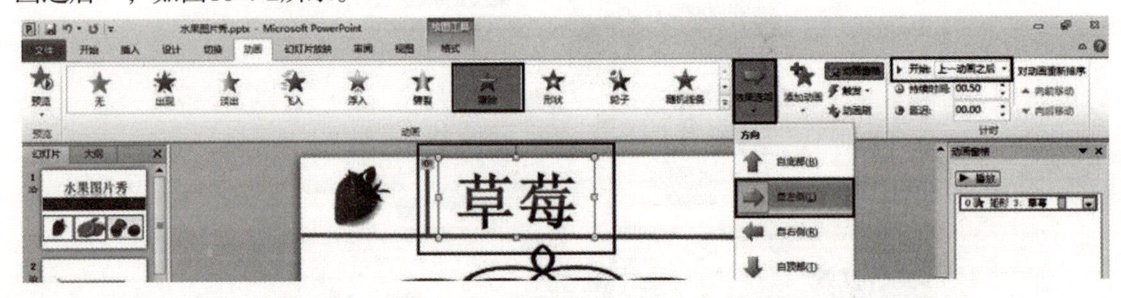

图 18-4-2

选中“小图片”框，选择“动画”选项卡→“动画”组→“淡出”效果；在“计时”组中，设置“开始”项为“上一动画之后”，如图18-4-3所示。

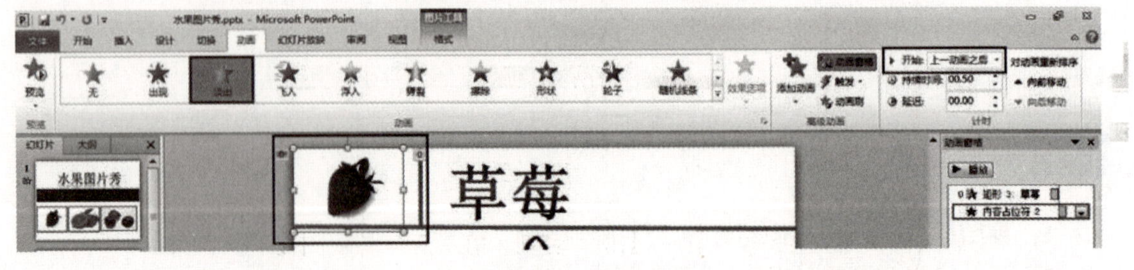

图 18-4-3

选中“大图片”框，选择“动画”选项卡→“动画”组→“轮子”效果；在“计时”组中，设置“开始”项为“与上一动画同时”，如图18-4-4所示。

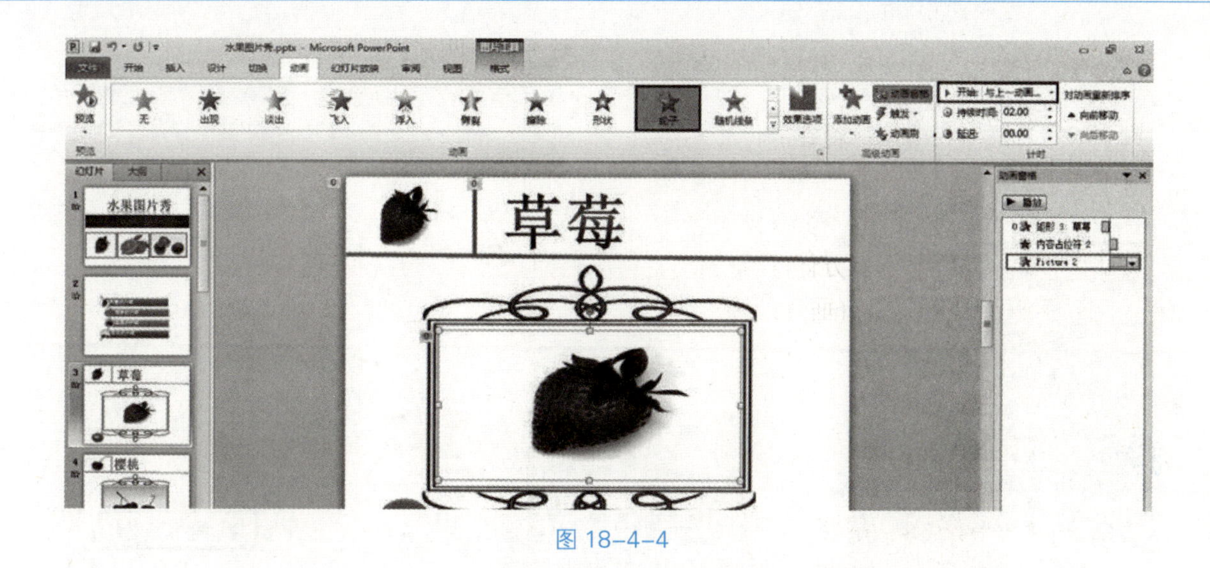

图 18-4-4

② 退出动画效果：按住“Shift”键不动，同时选中标题和两张图片，选择“动画”选项卡→“添加动画”→“更多退出效果”命令，如图18-4-5所示；在弹出“添加退出效果”对话框中，选择“淡出”效果，单击“确定”按钮，如图18-4-6所示。

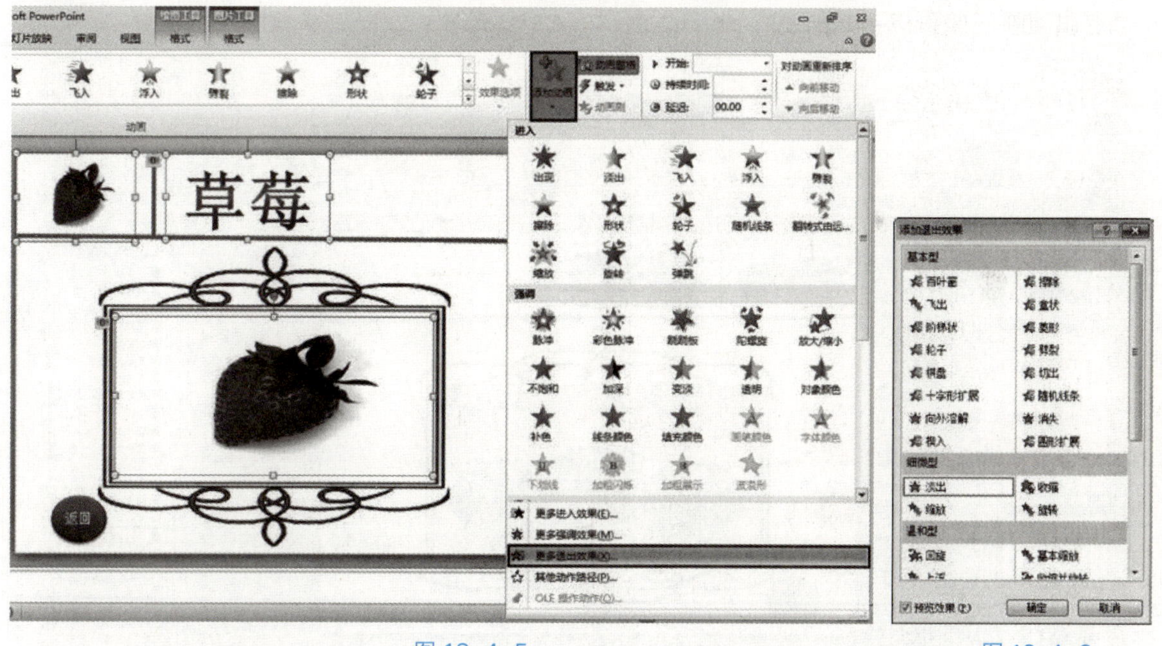

图 18-4-5　　图 18-4-6

在“动画窗格”中选择第一个“退出”动画，在“计时”组中设置“开始”项为“上一动画之后”，如图18-4-7所示，将标题和两张图片设置为在进入之后同时自动消失。

双击“动画刷”，将“标题”和“图片”动画效果应用到第4～6张幻灯片相同的对象中去，如图18-4-8所示，并按“进入”→“退出”调整动画顺序，如图18-4-9所示。

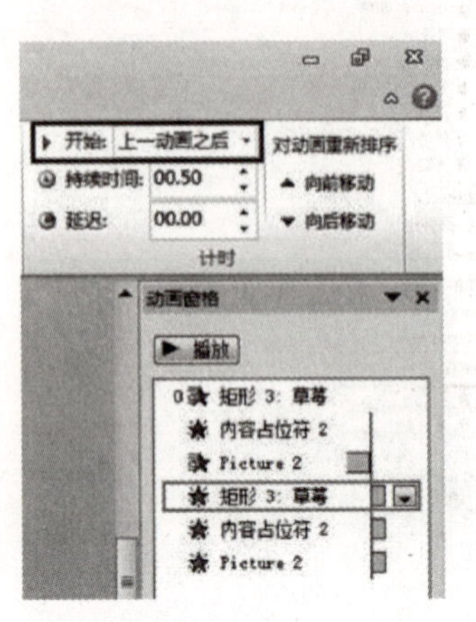

图 18-4-7

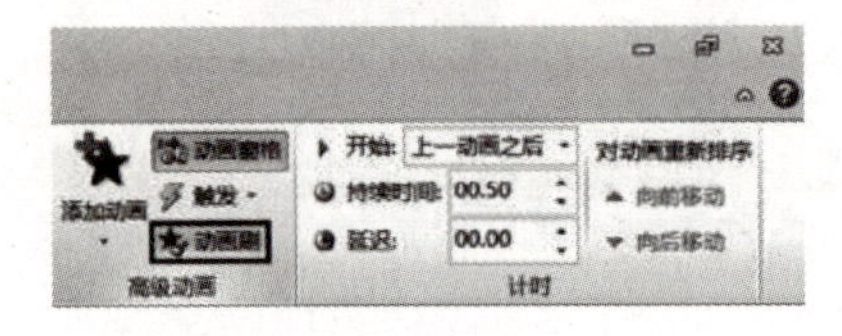

图 18-4-8

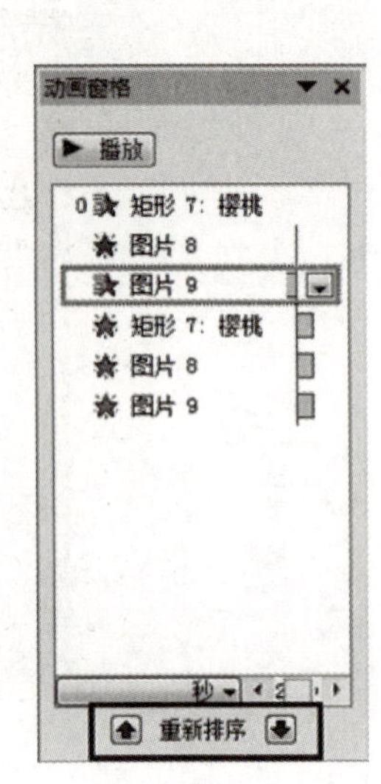

图 18-4-9

③ 依次将第4～6张幻灯片中的标题和图片“剪切”→“粘贴”到第3张幻灯片中，效果如图18-4-10所示；删除第4～6张幻灯片，如图18-4-11所示；删除“动画窗格”中最后3个退出动画，如图18-4-12所示。

图 18-4-10

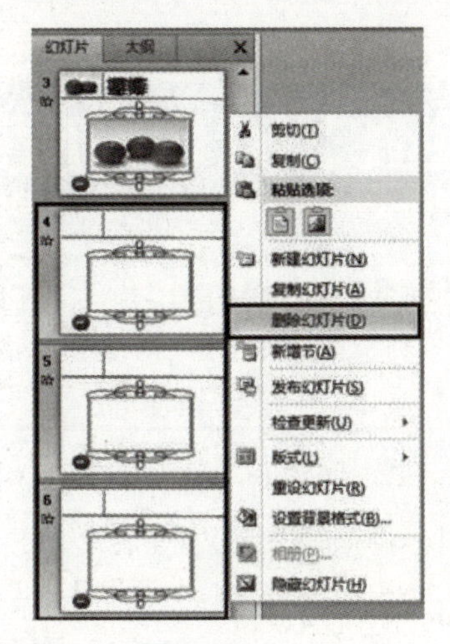

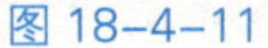
图 18-4-11

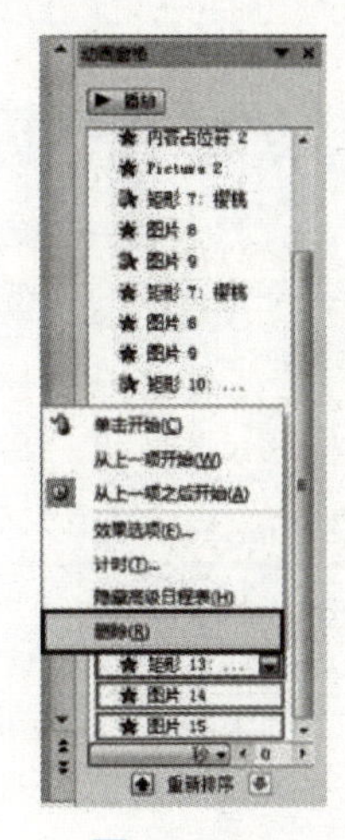

图 18-4-12

4．设置幻灯片切换方式。

① 鼠标选中第1～2张幻灯片，在“切换”选项卡上“切换到此幻灯片”组中，单击下拉列表框右侧的“其他”按钮，图18-4-13所示；在展开的下拉列表中选择“涡流”样式，如图18-4-14所示。

图 18-4-13

图 18-4-14

② 选中第3张幻灯片，重复步骤，设置切换样式为“立方体”。

③ 选中第4张幻灯片，重复步骤，设置切换样式为“门”。

4．单击“自定义快速访问工具栏”中的“保存”命令按钮。

实训十九 PowerPoint 2010的放映方式

实训目的 ⇨ 1. 掌握幻灯片自定义动画和切换方式的设置。

2. 掌握幻灯片放映的设置。

实训内容 ⇨ 参照样张，按照题目要求，完成以下幻灯片的操作。

任务一

请参照图19-1-1所示样张完成幻灯片“商务组十一月总结”的制作。

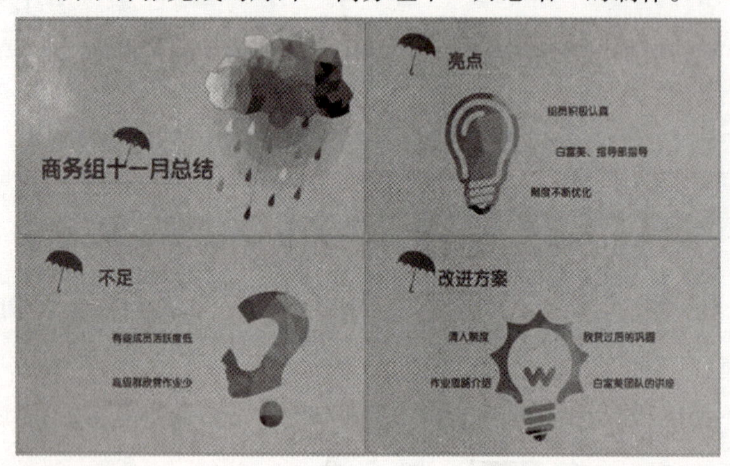

图 19-1-1

题目要求

1．幻灯片切换方式

① 第1张幻灯片：“涡流(自右侧)”，持续4秒。

② 第2、3张幻灯片：“推进(自底部)”，持续1秒。

③ 第4张幻灯片：“自顶部框”，持续1.6秒。

④ 每隔10秒自动切换，取消“单击鼠标时”。

2．幻灯片放映方式：在展台浏览。

3．保存幻灯片。

操作步骤

1．设置幻灯片切换方式。

① 按照路径打开“素材/实训19/商务组十一月总结.pptx”文件，鼠标选中第1张幻灯片，在“切换”选项卡上“切换到此幻灯片”组中，单击下拉列表框右侧的“其他”按钮，图19-1-2所示；在展开的下拉列表中选择“涡流”样式，如图19-1-3所示；设置“效果选项”为“自右侧”、“持续时间”为“04.00”，如图19-1-4所示。

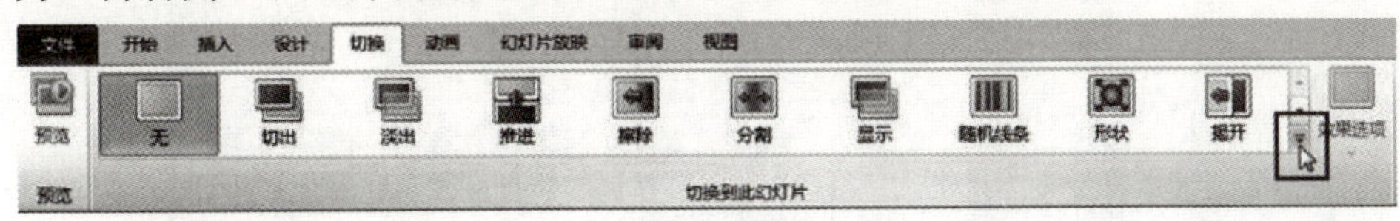

图 19-1-2

图 19-1-3

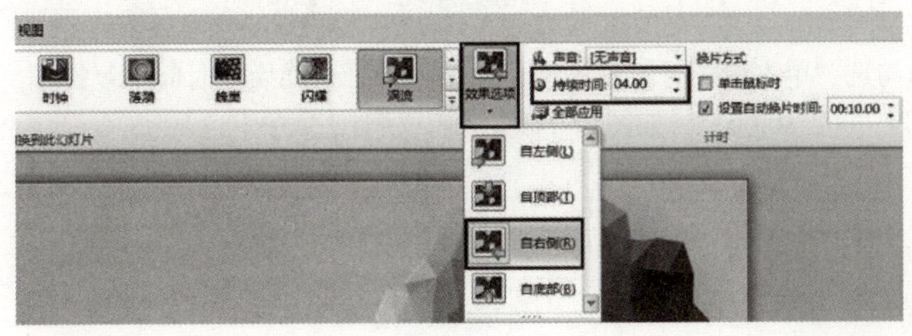

图 19-1-4

② 按住“Shift”键不动，鼠标同时选中第2、3张幻灯片，选择“切换”选项卡→“切换到此幻灯片”组→“推进”效果，设置“效果选项”为“自底部”、“持续时间”为“01.00”，如图19-1-5所示。

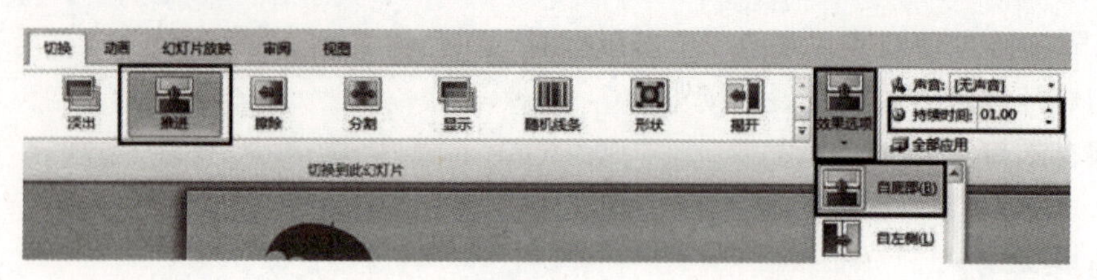

图 19-1-5

③ 选中第4张幻灯片，在“切换”选项卡上“切换到此幻灯片”组中，单击下拉列表框右侧的“其他”按钮，在展开的下拉列表中选择“框”样式，如图19-1-6所示；设置“效果选项”为“自顶部”、“持续时间”为“01.60”，如图19-1-7所示。

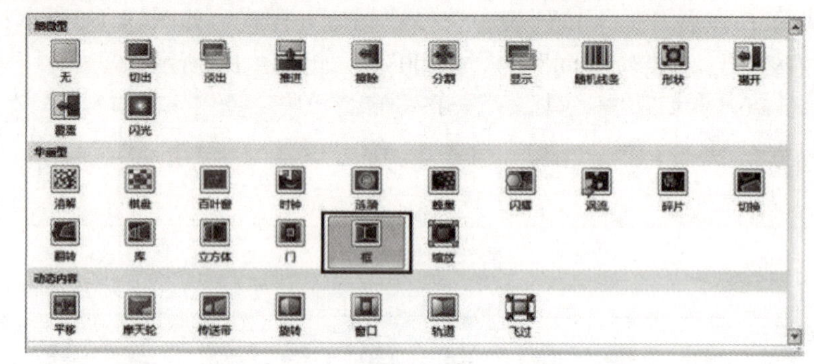

图 19-1-6

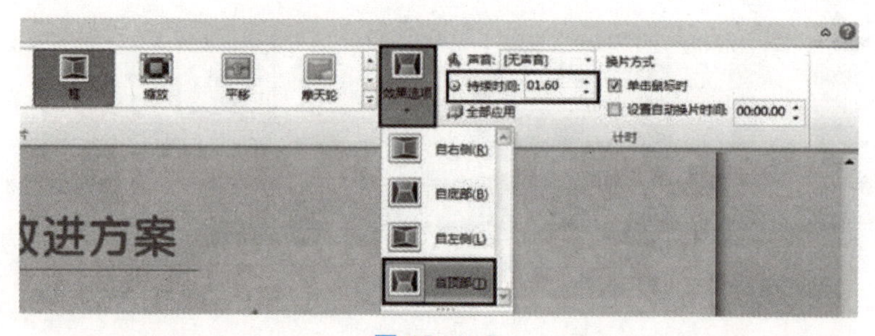

图 19-1-7

④ 取消勾选“单击鼠标时”复选框，勾选“设置自动换片时间”复选框，“设置自动切换时间”为“00：10.00”，如图19-1-8所示。

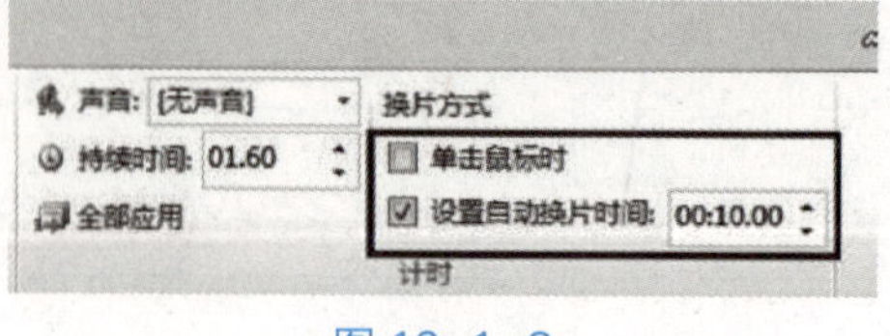

图 19-1-8

2. 设置幻灯片放映方式：选择“幻灯片放映”选项卡→“设置幻灯片放映”命令，如图19-1-9所示。在弹出的“设置放映方式”对话框中，选择“在展台浏览（全屏幕）”项，单击“确定”按钮，如图19-1-10所示。

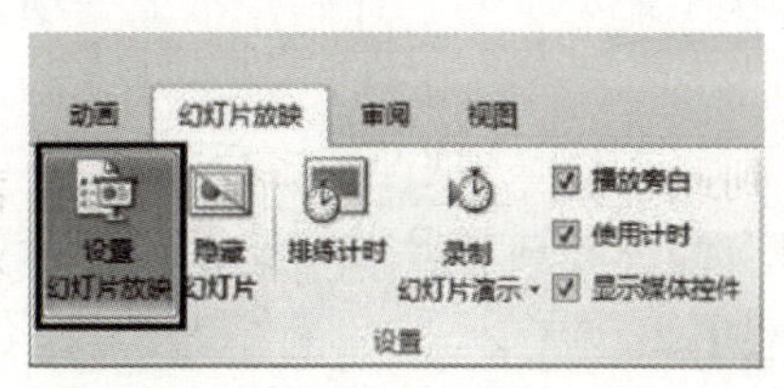
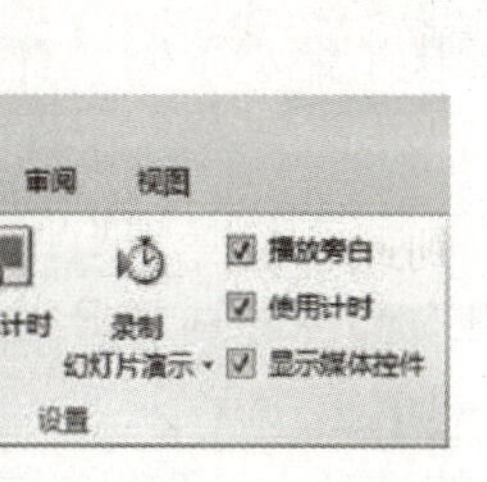

图 19-1-9

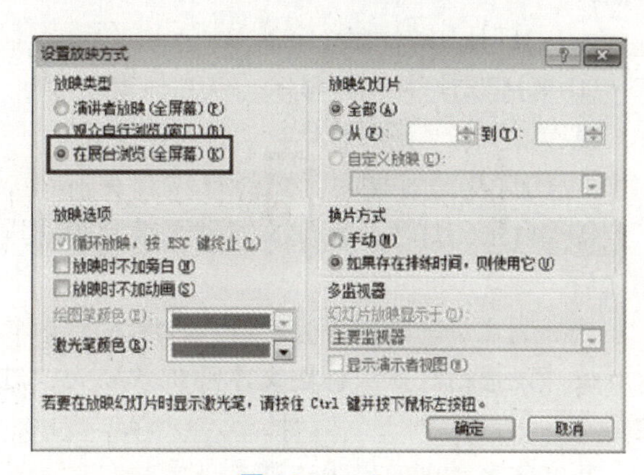

图 19-1-10

3．单击“自定义快速访问工具栏”中的“保存”命令按钮。

任务二

请参照图19-2-1所示样张完成幻灯片“星星电子科技公司简介”的制作。

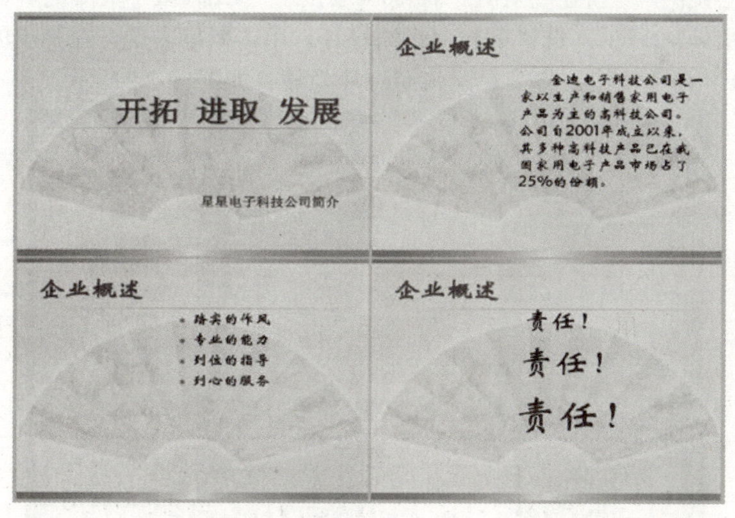

图 19-2-1

题目要求

1．在第3张幻灯片前插入两张新幻灯片，在幻灯片模式下，隐藏幻灯片的第3、4张。

2．幻灯片切换方式。

① 第1张幻灯片："显示（从左侧淡出）"。

② 第2、5、6张幻灯片："自左侧覆盖"。

3．幻灯片动画效果。

① 第1张幻灯片：标题文本动画效果为"进入→形状（缩小）"、开始"从上一项开始之后"；

副标题文本动画效果为"进入→浮入（下浮）"、开始"从上一项开始之后"。

② 第2张幻灯片：标题文本动画效果为"进入→自左侧擦除"、开始"从上一项开始之后"；

正文文字动画效果为"进入→浮入（上浮）"、开始"从上一项开始之后"。

③ 第5、6张幻灯片：同上（第2张幻灯片）。

4．幻灯片放映方式："观众自行浏览（窗口）""循环播放"。

5．以"幻灯片浏览视图"浏览幻灯片，将幻灯片的显示比例设置成100%。

6．保存幻灯片。

操作步骤

1．按照路径打开。

按照路径打开"素材/实训19/商务组十一月总结.pptx"文件，鼠标选中第2张幻灯片，选择"开始"选项卡→"新建幻灯片"命令（或按下"Ctrl+M"快捷键），在下方新建两张幻灯片，如图19-2-2所示；选择第3、4张幻灯片，单击鼠标右键，在弹出的快捷菜单中单击"隐藏幻灯片"命令按钮，将第3、4张幻灯片隐藏，如图19-2-3所示。

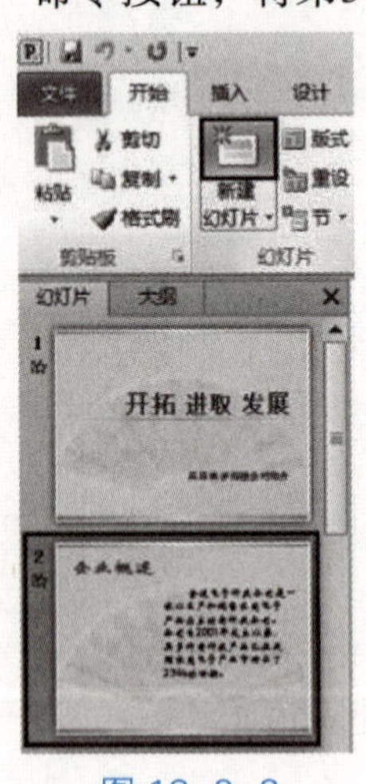

图 19-2-2

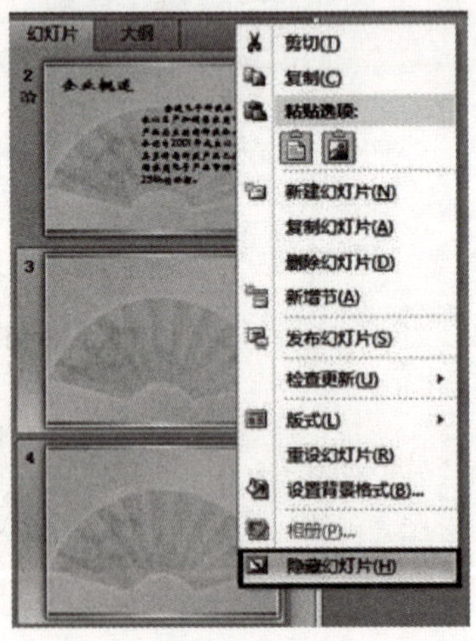

图 19-2-3

2．设置幻灯片切换方式。

① 鼠标选中第1张幻灯片，选择"切换"选项卡→"切换到此幻灯片"组→"显示"效果，设置"效果选项"为"从左侧淡出"，如图19-2-4所示。

图 19–2–4

② 按住“Shift”键不动，鼠标同时选中第2、5、6张幻灯片，在“切换”选项卡上“切换到此幻灯片”组中，单击下拉列表框右侧的“其他”按钮，图19-2-5所示；在展开的下拉列表中选择“覆盖”样式，如图19-2-6所示；设置“效果选项”为“自左侧”，如图19-2-7所示。

图 19–2–5

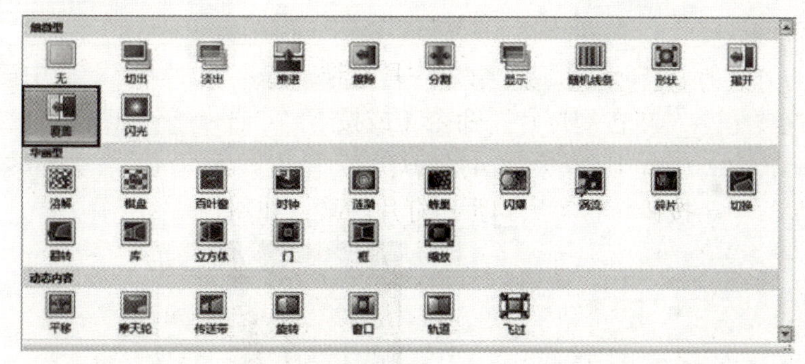

图 19–2–6

图 19–2–7

3．设置幻灯片动画效果。

① 鼠标选中第1张幻灯片中“标题”文本框，选择“动画”选项卡→“动画”组→“形状”效果，设置“效果选项”为“缩小”；在“计时”组中，设置“开始”项为“上一动画之后”，如图19-2-8所示。

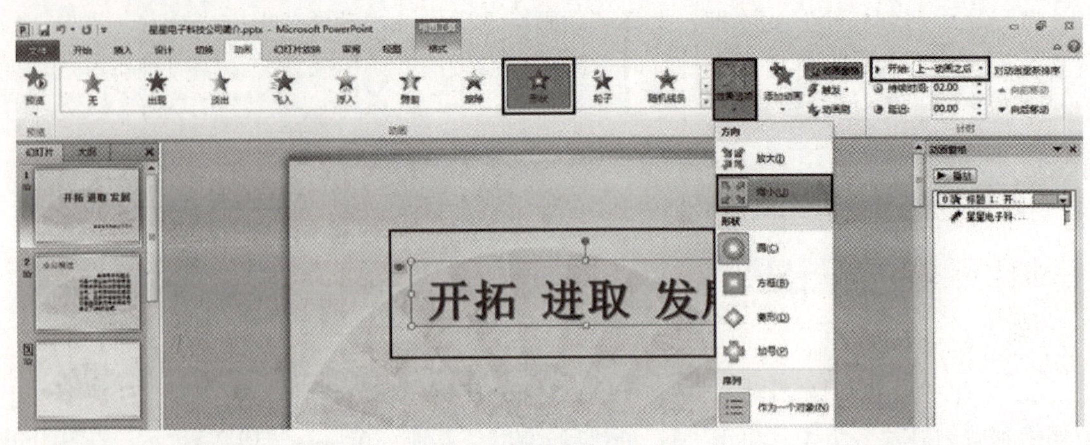

图 19-2-8

鼠标选中“副标题”文本框，选择“动画”选项卡→“动画”组→“浮入”效果，设置“效果选项”为“下浮”；在“计时”组中，设置“开始”项为“上一动画之后”，如图19-2-9所示。

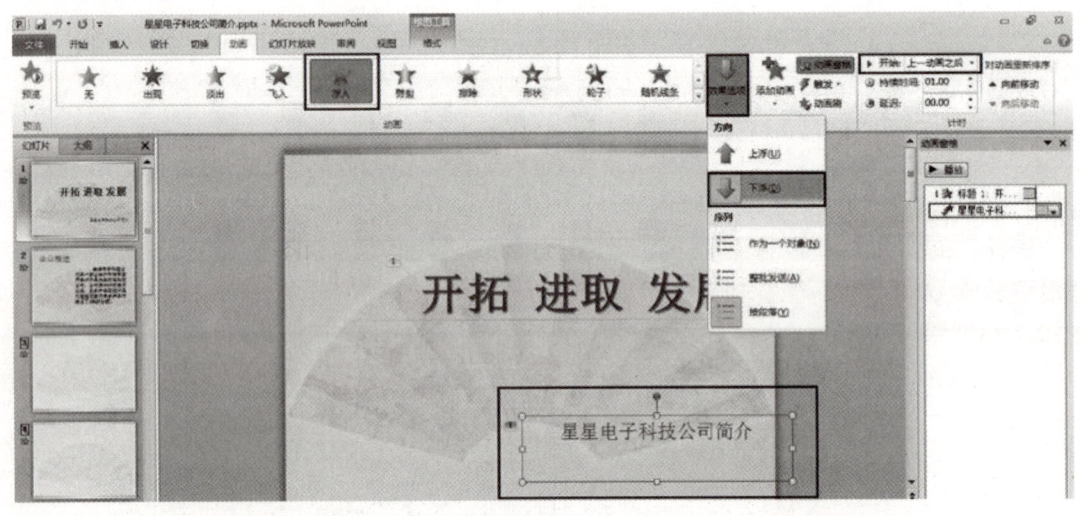

图 19-2-9

② 鼠标选中第2张幻灯片中“标题”文本框，选择“动画”选项卡→“动画”组→“擦除”效果，设置“效果选项”为“自左侧”；在“计时”组中，设置“开始”项为“上一动画之后”，如图19-2-10所示。

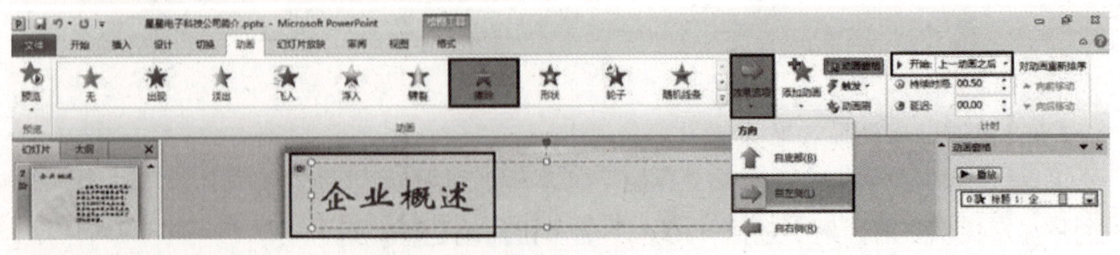

图 19-2-10

鼠标选中“副标题”文本框，选择“动画”选项卡→“动画”组→“浮入”效果，设置“效果选项”为“下浮”；在“计时”组中，设置“开始”项为“上一动画之后”，如图19-2-11所示。

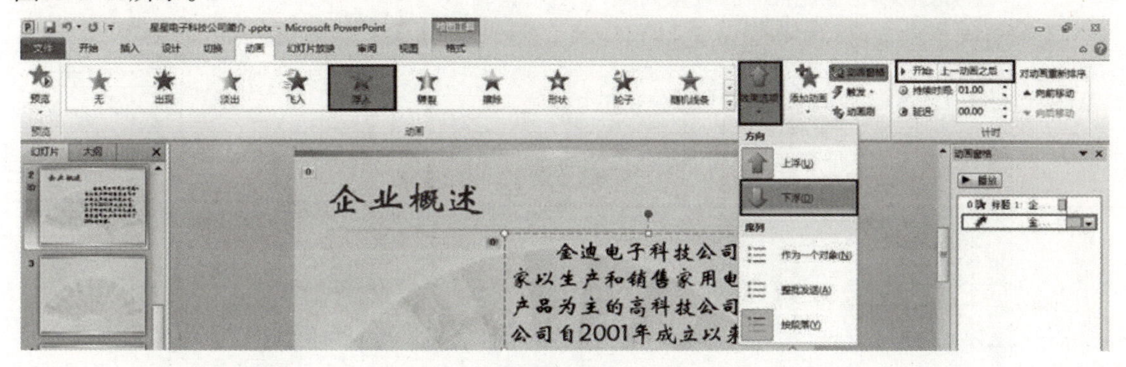

图 19-2-11

③ 双击“动画刷”，如图19-2-12所示；将第2张幻灯片里的动画效果应用到5、6张幻灯片相同的对象中去。

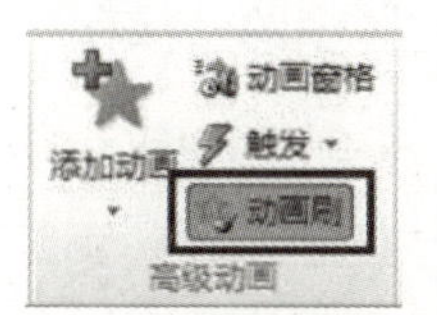

图 19-2-12

4．设置幻灯片放映方式。

选择“幻灯片放映”选项卡→“设置幻灯片放映”命令，如图19-2-13所示，在弹出的“设置放映方式”对话框中，选择“观众自行浏览（窗口）”项，单击“确定”按钮，如图19-2-14所示。

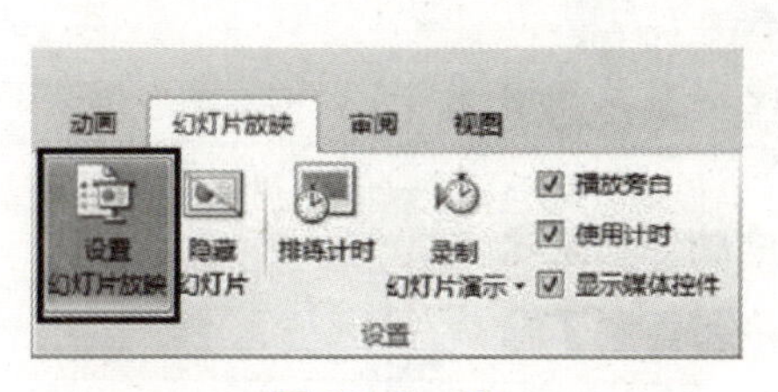

图 19-2-13

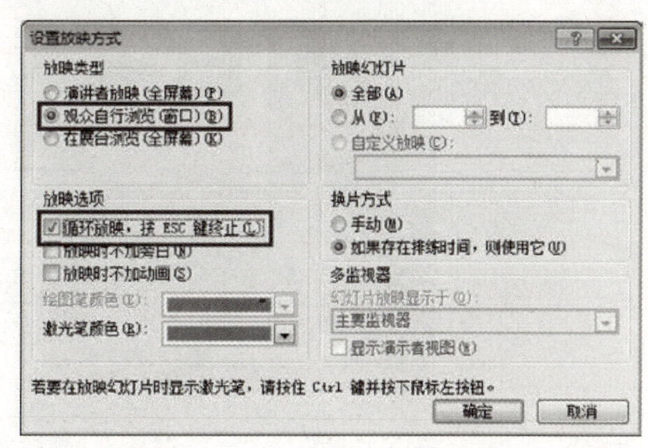

图 19-2-14

5．选择“视图”选项卡。

选择“视图”选项卡→“幻灯片浏览”和“显示比例”命令，如图19-2-15所示，在弹出的“显示比例”对话框中选择“100%”，单击“确定”按钮。

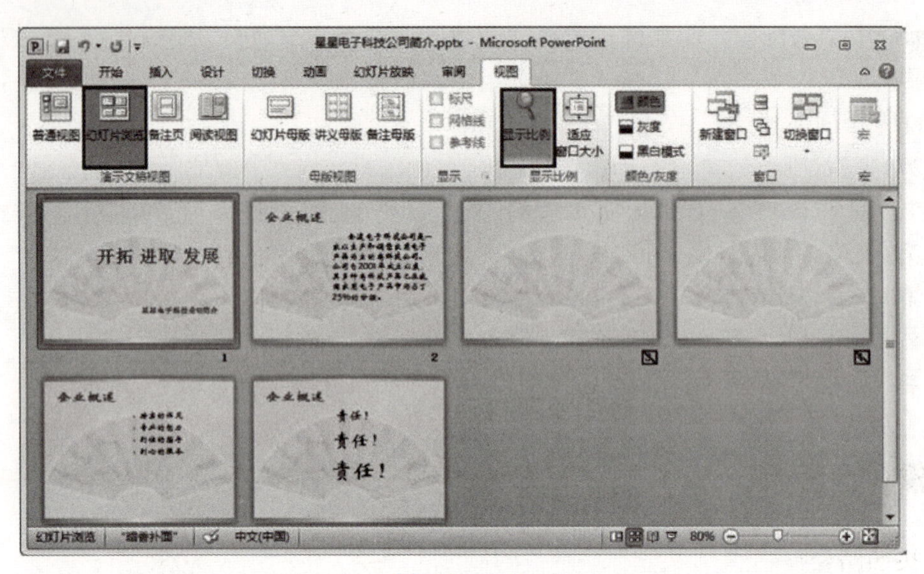

图 19-2-15

6．单击“自定义快速访问工具栏”中的“保存”命令按钮。

任务三

请参照图9-3-1所示样张完成幻灯片“读书笔记”的制作。

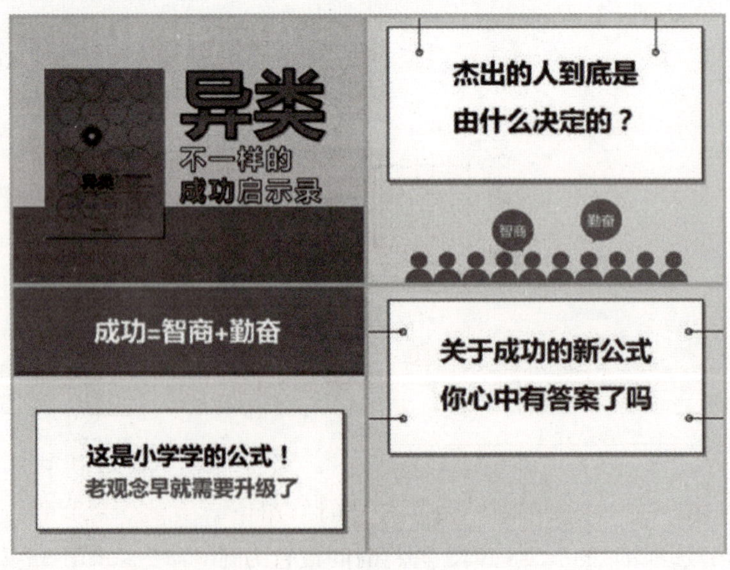

图 19-3-1

题目要求

1．幻灯片切换方式。

① 第1张幻灯片：“涟漪（居中）”，每隔10秒自动切换，取消“单击鼠标时”。

② 第2张幻灯片:“分割（中央向上下展开）”，每隔15秒自动切换，取消“单击鼠标时”。

③ 第3张幻灯片：“窗口（垂直）”，每隔15秒自动切换，取消“单击鼠标时”。

④ 第4张幻灯片：“轨道（自顶部）”，每隔15秒自动切换，取消“单击鼠标时”。

2．幻灯片放映方式：“在展台浏览（全屏幕）”。

3．将演示文稿转换成视频格式，在没有安装PowerPoint的计算机上直接放映。

操作步骤

1．按照路径打开。

① 按照路径打开“素材/实训19/读书笔记.pptx”文件，鼠标选中第1张幻灯片，在“切换”选项卡上“切换到此幻灯片”组中，单击下拉列表框右侧的“其他”按钮，如图19-3-2所示；在展开的下拉列表中选择“涟漪”样式，如图19-3-3所示。

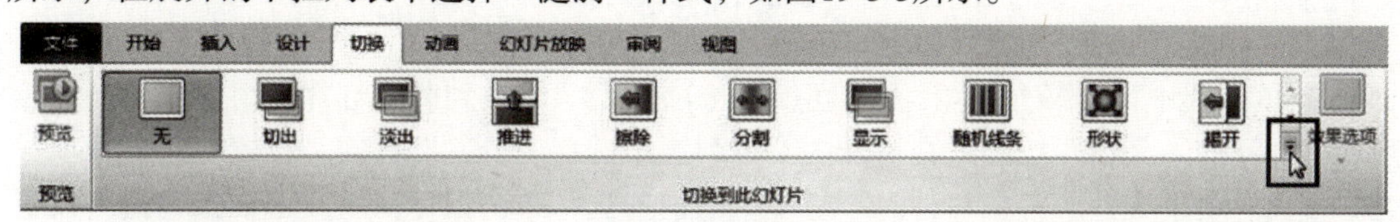

图 19-3-2

图 19-3-3

设置“效果选项”为“自右侧”。在“计时”组中，取消勾选“单击鼠标时”复选框，勾选“设置自动换片时间”复选框，并将时间设置为“00：10.00”，如图19-3-4所示。

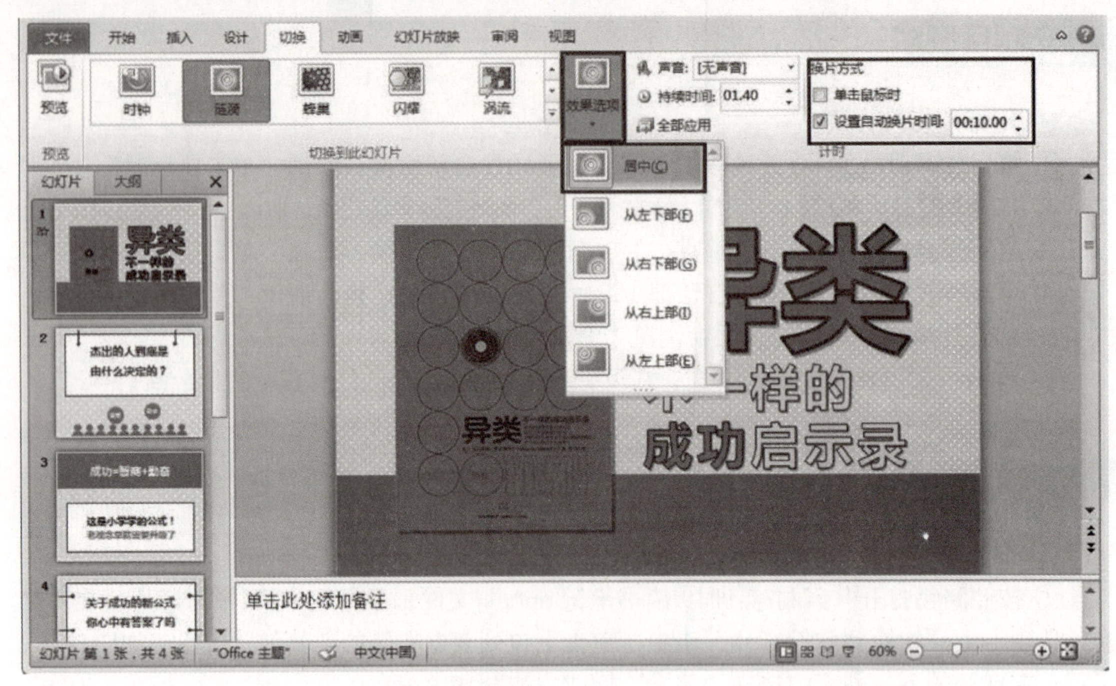

图 19-3-4

② 鼠标选中第2张幻灯片，在“切换”选项卡上“切换到此幻灯片”组中，单击下拉列表框右侧的“其他”按钮，在展开的下拉列表中选择“分割”样式，设置“效果选项”为“中央向上下展开”；在“计时”组中，取消勾选“单击鼠标时”复选框，勾选“设置自动换片时间”复选框，并将时间设置为“00：15.00”，如图19-3-5所示。

图 19-3-5

③ 鼠标选中第3张幻灯片，重复步骤，设置切换样式为“窗口”样式，“效果选项”为“中央向上下展开”；在“计时”组中，取消勾选“单击鼠标时”复选框，勾选“设置自动换片时间”复选框，并将时间设置为“00：15.00”。

④ 鼠标选中第4张幻灯片，重复步骤，设置切换样式为“轨道”样式，“效果选项”为“自顶部”；在“计时”组中，取消勾选“单击鼠标时”复选框，勾选“设置自动换片时间”复选框，并将时间设置为“00：10.00”，

2. 设置幻灯片放映方式：选择“幻灯片放映”选项卡→“设置幻灯片放映”命令，如图19-3-6所示，在弹出的“设置放映方式”对话框中，选择“在展台浏览（全屏幕）”项，单击“确定”按钮，如图19-3-7所示。

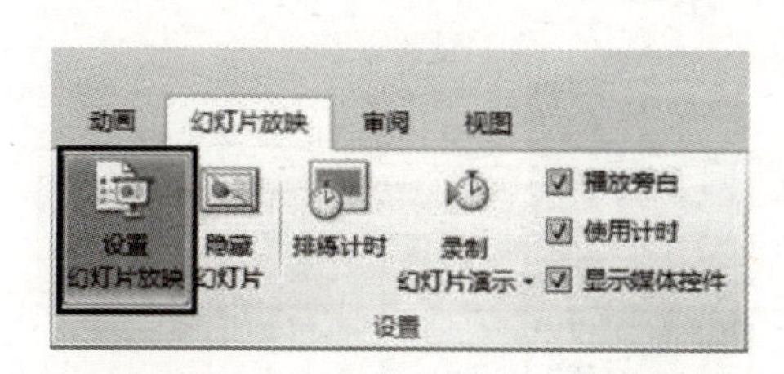

图 19–3–6

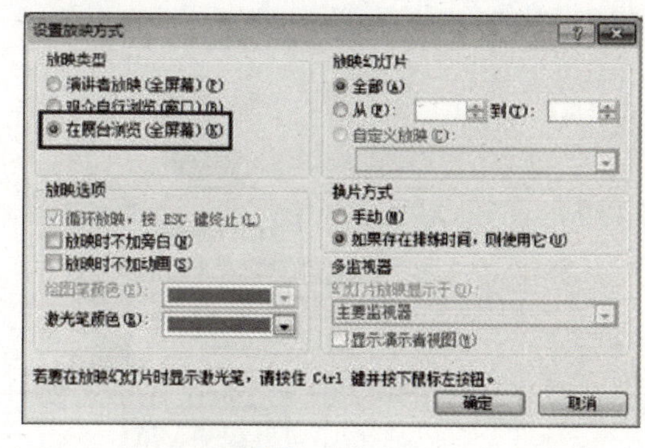

图 19–3–7

3．选择“文件”选项卡

选择“文件”选项卡→“保存”命令，弹出“另存为”对话框，设置好保存位置、文件名，将“保存类型”更改为“Windows Media视频（.wmv）”格式，如图19-3-8所示，即可在没有安装PowerPoint的计算机上直接放映。

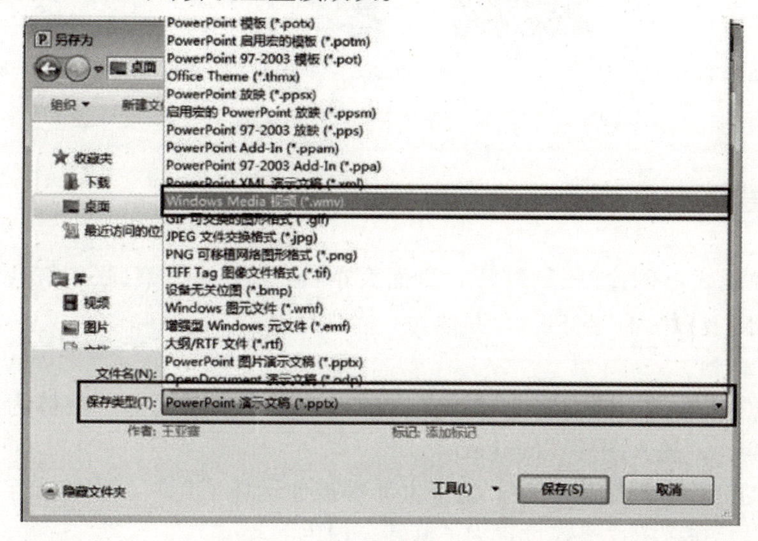

图 19–3–8

任务四

请参照图19-4-1所示样张完成幻灯片“小黄人COS电影明星系列”的制作。

图 19-4-1

题目要求

1．幻灯片版式：创建8张幻灯片，页面大小16：9，其中第1张幻灯片为“标题幻灯片”，第4～7张幻灯片为“空白”，其他为“标题与内容”。

2．幻灯片内容。

① 第1张幻灯片：标题内容为“小黄人COS电影明星系列”，字体为“方正卡通简体”，字号“44”，插入图片“minion1”。

② 第2张幻灯片：标题内容为“整个世界都被他玩坏了！”，字体和字号同上，插入图片“minion”，并将图片格式设置为“旋转，白色”。

③ 第3张幻灯片：标题内容为“猜猜是哪部电影？”，字体字号同上；正文内容为“出自《卑鄙的我》动画中的小黄人一直因蠢萌的特点而受到广大观众的喜爱……(参照样张)”，32号楷体；插入图片“movie”，并调整图片和文字的排列顺序。

④ 第4～7张幻灯片：分别在幻灯片中插入图片“蜘蛛侠”“007”“hobbit”和“mr bean”；设置四张图片的大小为“高度13厘米”。

⑤ 第8张幻灯片：标题内容为“揭晓答案”，字体字号同第1张幻灯片；内容为“蜘蛛侠、007、霍比特人、憨豆先生”及项目符号，楷体32号；插入图片“xhr”，放置合适的位置。

3．幻灯片切换方式。

① 第1张幻灯片：“闪耀（从左侧闪耀的六边形）”。

② 第2张幻灯片：“分割（上下向中央收缩）”。

③ 第3张幻灯片：“飞过（放大）”。

④ 第4～7张幻灯片：“传送带（自右侧）”，声音为“照相机”，每隔5秒自动切

换，取消“单击鼠标时”。

⑤ 第8张幻灯片：“推进（至左侧）”，声音为“鼓掌”。

4．幻灯片放映方式：“观众自行浏览（窗口）”。

5．保存幻灯片。

操作步骤

1．设置幻灯片版式。

① 启动PowerPoint 2010应用程序，创建空白演示文稿，选择“文件”选项卡→“另存为”命令，弹出“另存为”对话框，输入“小黄人COS电影明星系列”文件名将其保存在指定位置。

② 选择“开始”选项卡→“新建幻灯片”命令（或按下“Ctrl+M”快捷键），新建7张幻灯片。

③ 选择“开始”选项卡→“版式”命令，将第1张幻灯片设置为“标题幻灯片”，第4～7张幻灯片为“空白”，其他为“标题与内容”。

④ 选择“设计”选项卡→“页面设置”命令，如图19-4-2所示；弹出“页面设置”对话框，将“幻灯片大小”设置为“全屏显示（16：9）”，如图19-4-3所示。

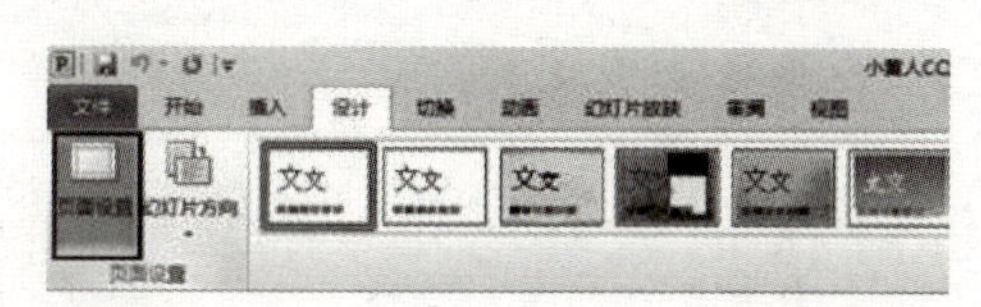

图 19-4-2

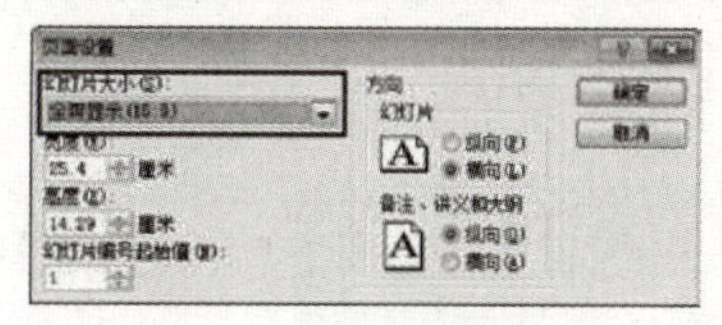

图 19-4-3

2．设置幻灯片内容。

① 在第1张幻灯片中输入标题内容“小黄人COS电影明星系列”，字体设置为“方正卡通简体”、字号“44”，如图19-4-4所示。

选择“插入”→“图片”命令，如图19-4-5所示，弹出“插入图片”对话框，按照路径打开“素材/实训19/小黄人COS电影明星系列/minion1.png”文件，如图19-4-6所示。在指定位置插入图片，设置效果如图19-4-7所示。

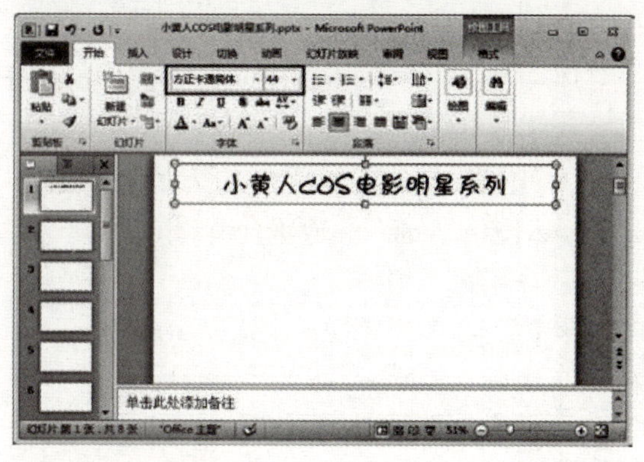

图 19-4-4

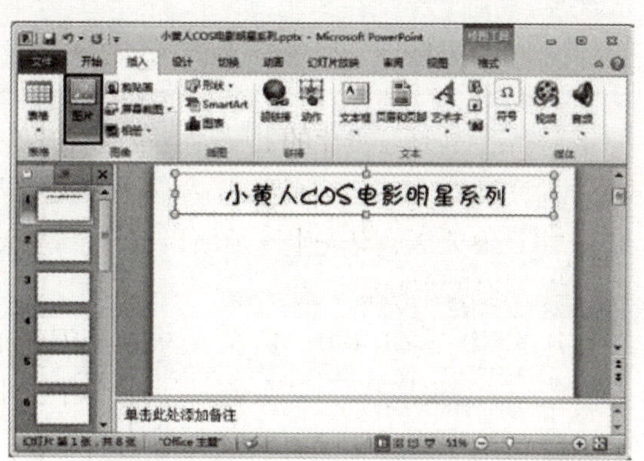

图 19-4-5

图 19-4-6

图 19-4-7

② 在第2张幻灯片中输入标题内容“整个世界都被他玩坏了！”，字体设置为“44号、方正卡通简体”；选择“插入”→“图片”命令，弹出“插入图片”对话框，按照路径打开“素材/实训19/小黄人COS电影明星系列/ minion.png”文件，在指定位置插入图片，设置效果如图19-4-8所示。

图 19-4-8

在“格式”选项卡上“图片样式”组中，单击下拉列表框右侧的“其他”按钮，如图19-4-9所示，在展开的下拉列表中选择“旋转，白色”样式，如图19-4-10所示。

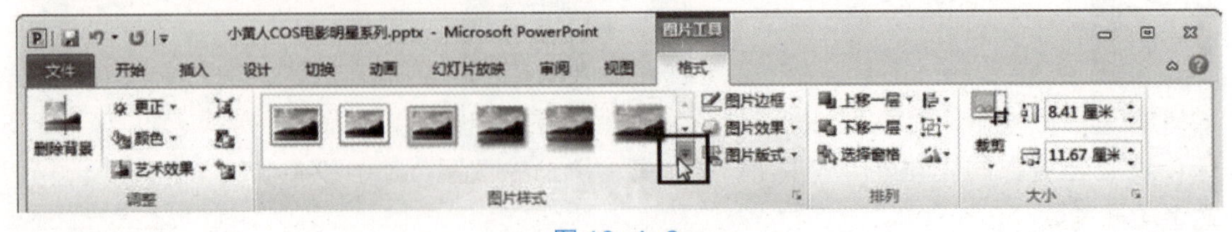

图 19-4-9

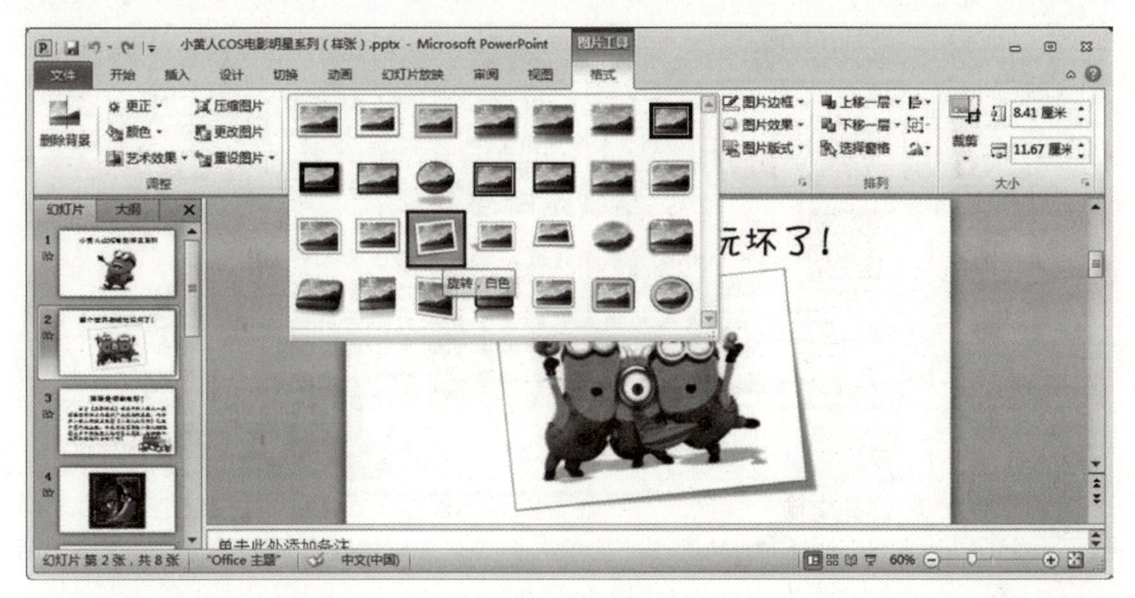

图 19-4-10

③ 在第3张幻灯片中输入标题内容“猜猜是哪部电影？”，字体设置为“44号、方正卡通简体”；输入正文内容“出自《卑鄙的我》动画中的小黄人一直因蠢萌的特点而受到广大观众的喜爱……(参照样张)”，字体设置为“32号、楷体”，设置效果如图19-4-11所示。

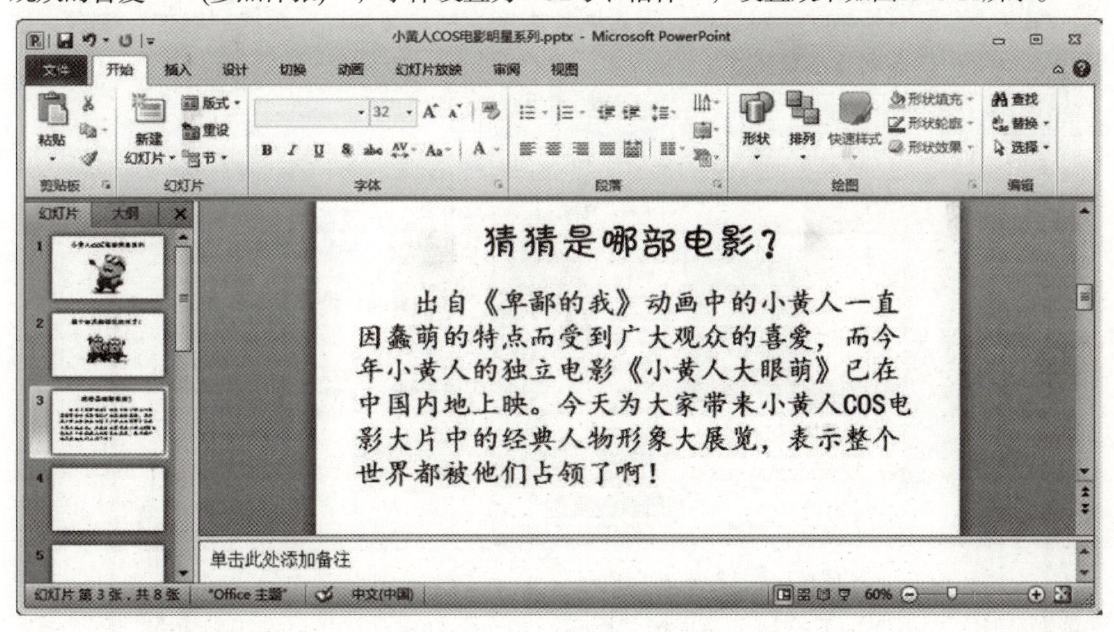

图 19-4-11

选择“插入”→“图片”命令，弹出“插入图片”对话框，按照路径打开“素材/实训19/小黄人COS电影明星系列/ movie.png”文件，在指定位置插入图片；选中图片，单击鼠标右键，在弹出的快捷菜单中单击“置于底层”命令按钮，如图19-4-12所示，调整图片和文字的排列顺序。

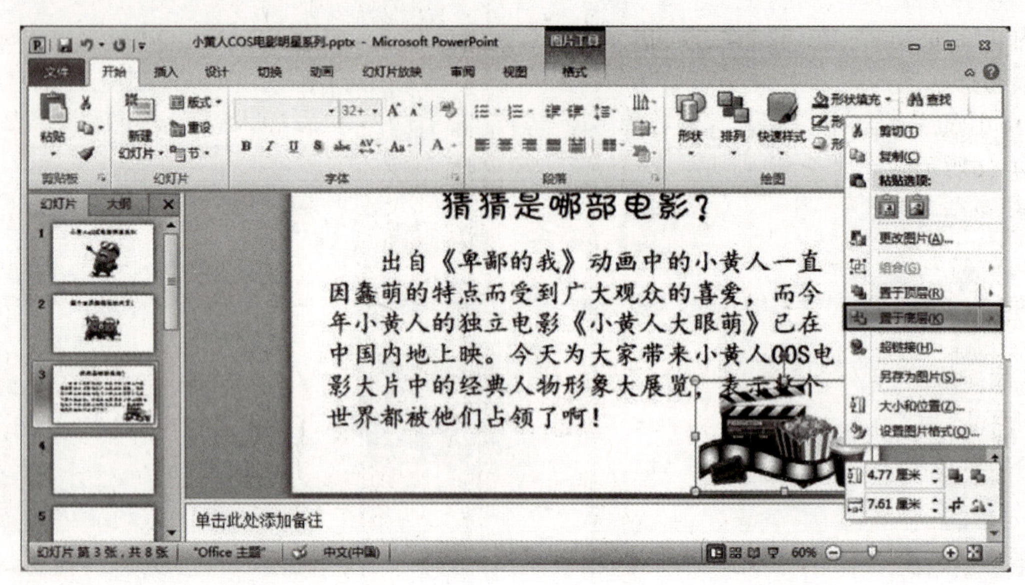

图 19-4-12

④ 在第4张幻灯片中选择“插入”→“图片”命令，弹出“插入图片”对话框，按照路径打开“素材/实训19/小黄人COS电影明星系列/蜘蛛侠.jpg”文件，在指定位置插入图片；单击鼠标右键，在弹出的快捷菜单中单击“大小和位置”命令按钮，如图19-4-13所示；弹出“设置图片格式”对话框，设置图片高度为“13厘米”，单击“确定”按钮，如图19-4-14所示；并调整图片位置。

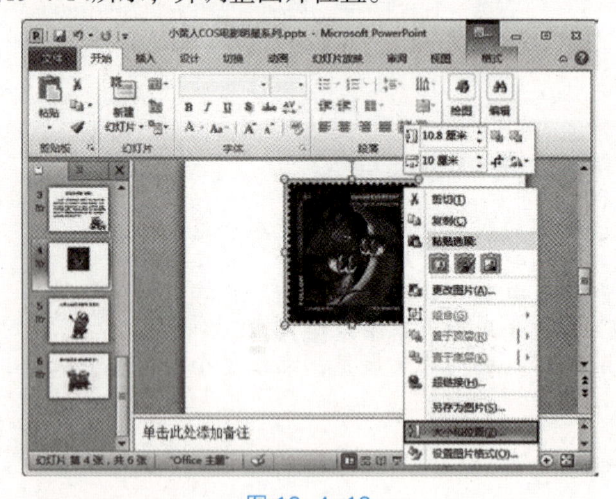

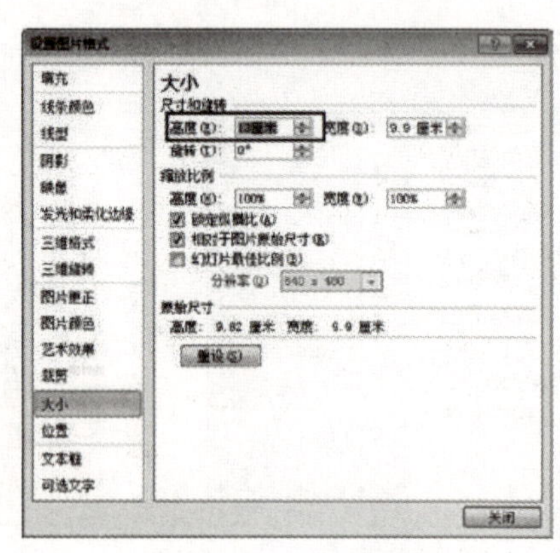

图 19-4-13　　图 19-4-14

重复步骤，在第5～7张幻灯片中分别插入“007”“hobbit”和“mr bean”图片，并设置3张图片的高度为“13厘米”。

⑤ 在第8张幻灯片中输入标题内容“揭晓答案”，字体大小设置为“44号、方正卡通简体”；输入正文内容“蜘蛛侠、007、霍比特人、憨豆先生”，字体大小设置为“32号、楷体”。

鼠标选中“正文内容”文本框，单击“开始”选项卡→“项目符号”命令按钮，为正文内容添加项目符号，设置效果如图19-4-15所示。

选择“插入”→“图片”命令，弹出“插入图片”对话框，按照路径找到“素材/实训19/小黄人COS电影明星系列/xhr.png”文件，在指定位置插入图片，设置效果如图19-4-16所示。

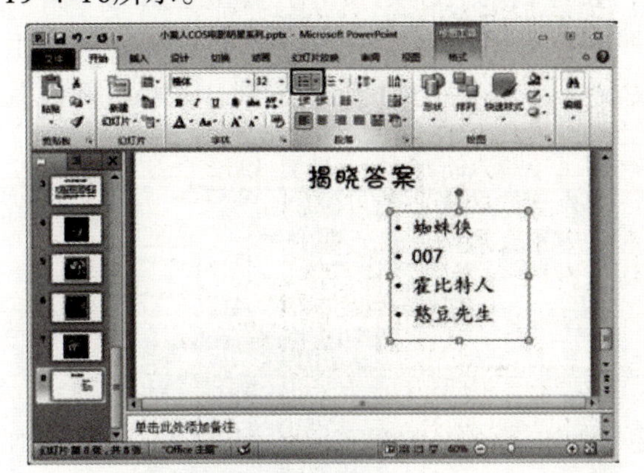

图 19-4-15

图 19-4-16

3．设置幻灯片切换方式。

① 鼠标选中第1张幻灯片，在“切换”选项卡上“切换到此幻灯片”组中，单击下拉列表框右侧的“其他”按钮，如图19-4-17所示；在展开的下拉列表中选择“闪耀”样式，如图19-4-18所示。

图 19-4-17

图 19-4-18

设置“效果选项”为“从左侧闪耀的六边形”，如图19-4-19所示。

图 19-4-19

② 选中第2张幻灯片，重复步骤，设置切换样式为“分割”，切换效果为“上下向中央收缩”。

③ 选中第3张幻灯片，重复步骤，设置切换样式为“飞过”，切换效果为“放大”。

④ 选中第4张幻灯片，重复步骤，设置切换样式为“传送带”，切换效果为“自右侧”；在“计时”组中将“声音”设置为“照相机”，如图19-4-20所示；在“计时”组中，取消勾选“单击鼠标时”复选框，勾选“设置自动换片时间”复选框，并将时间设置为“00：05.00”，如图19-4-21所示。

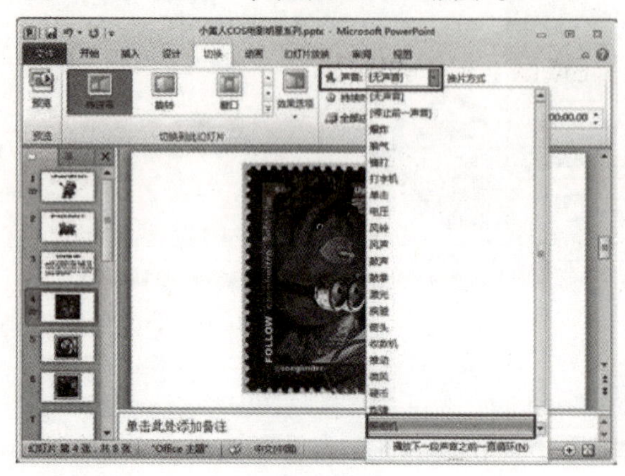

图 19-4-20

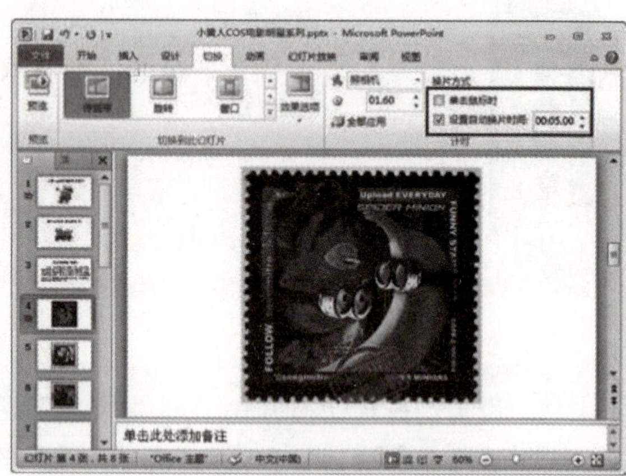

图 19-4-21

重复步骤，为第5～7张幻灯片设置同样的效果。

⑤ 选中第8张幻灯片，重复步骤，设置切换样式为“推进”，切换效果为“自左侧”；在“计时”组中将“声音”设置为“鼓掌”。

4．设置幻灯片放映方式。

选择“幻灯片放映”选项卡→“设置幻灯片放映”命令，如图19-4-22所示，在弹出的“设置放映方式”对话框中，选择“观众自行浏览（窗口）”项，单击“确定”按钮，如图19-4-23所示。

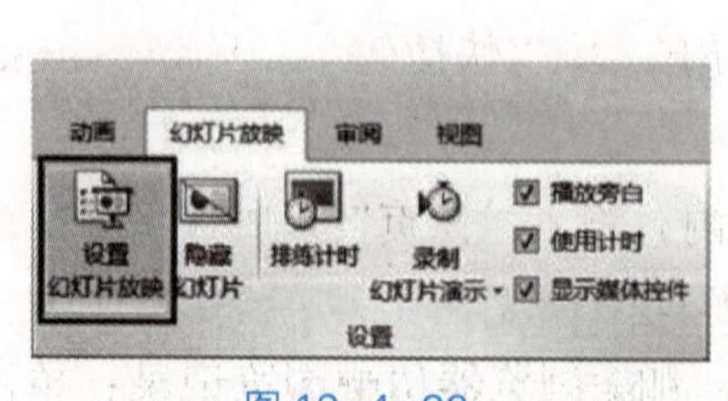

图 19-4-22

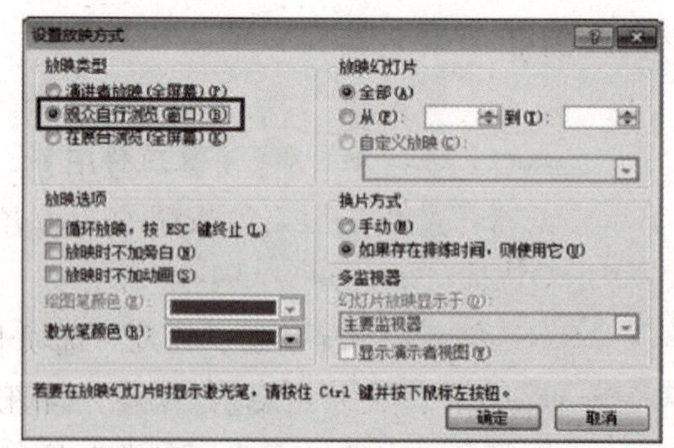

图 19-4-23

5．单击“自定义快速访问工具栏”中的“保存”命令按钮。

实训二十 网络应用操作

实训目的 ⇨ 1．掌握浏览器常规设置的方法。
2．掌握本机文件网络同步的方法。

实训内容 ⇨ 参照样张，按照任务要求，完成以下文档的操作。

任务一

网络应用的常规设置。

任务要求

1．设置IE主页。
2．管理IE历史浏览记录。

操作步骤

1．启动Internet Explorer 11.0（下文统称IE）。

2．单击浏览器右上角快捷工具按钮⚙（或者使用Alt+X快捷键），选择Internet选项（或者使用Alt+O快捷键），如图20-1-1所示。

3．在Internet选项对话框中单击“常规”选项卡内，输入“主页”地址（网址）或者按需求选择系统提供的三个选项按钮进行设置，如图20-1-2所示。

4．在Internet选项对话框中单击“删除”按钮，删除浏览器历史浏览记录；单击“设置”按钮对浏览历史记录进行详细设置，如图20-1-3所示。

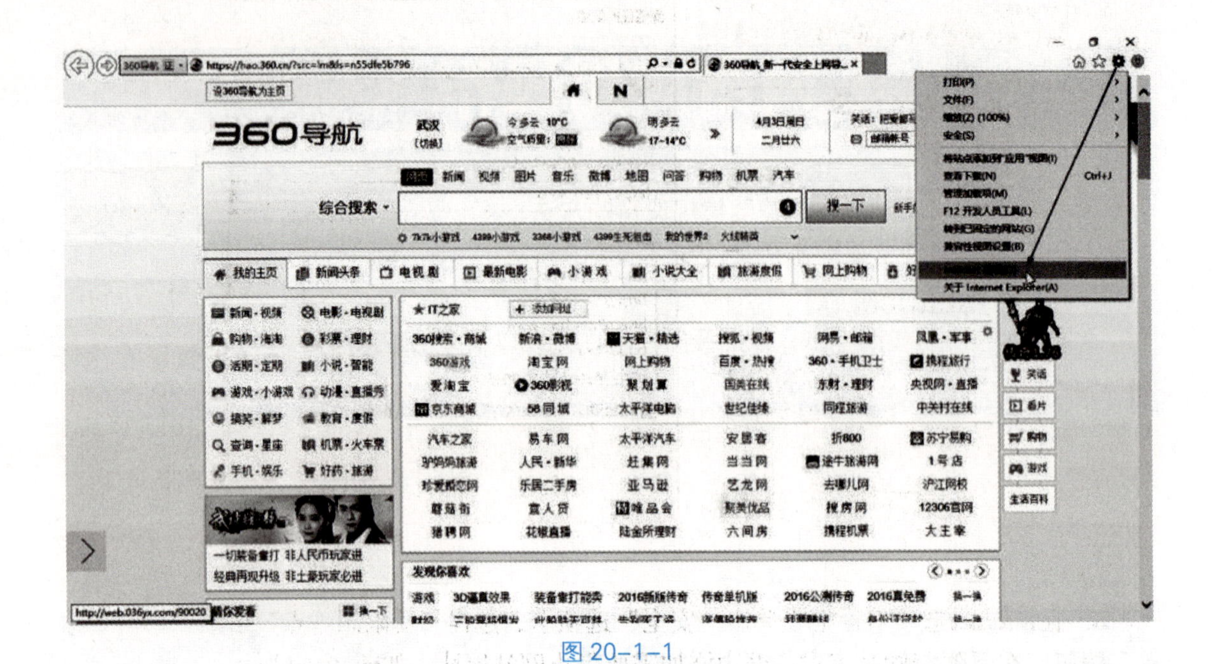

图 20-1-1

图 20-1-2

图 20-1-3

5. 在Internet选项对话框中单击“安全”选项卡，选择“受信任的站点”选项，单击“站点”按钮，在受信任的站点对话框中添加安全的网站地址，如图20-1-4所示。

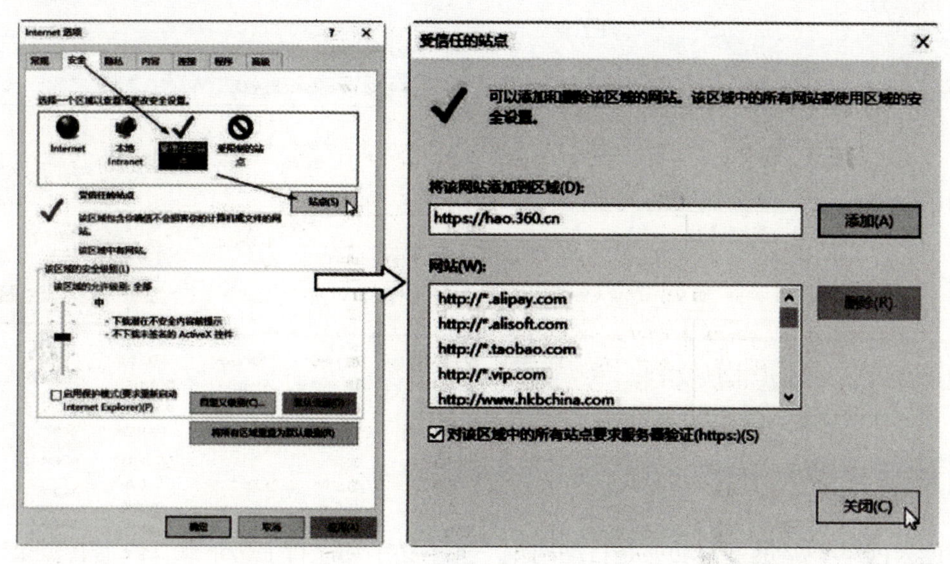

图 20-1-4

6. 在Internet选项对话框中单击“安全”选项卡，选择“受限制站点”选项，单击“站点”按钮，在受限制的站点对话框中添加需要阻止网站地址，如图20-1-5所示。

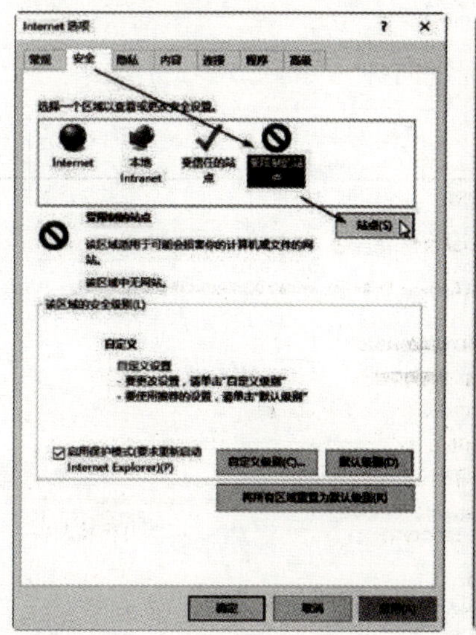
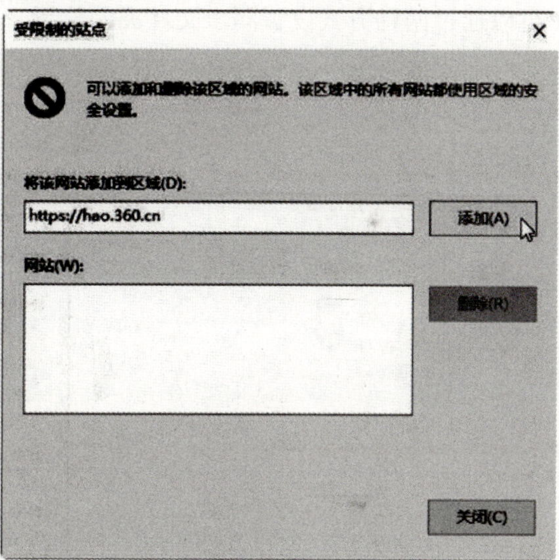

图 20-1-5

注 意

为了使用者浏览网页的方便，浏览器会记录下使用者的上网记录，可通过选择“退出时删除历史浏览记录”设置关闭浏览器时自动清除浏览记录。

任务二

利用网络硬盘设置文档实时同步。

任务要求

使用百度云盘同步本地文档。

操作步骤

百度云PC客户端的基本功能是自动同步。您不必手动进行上传下载，只需在登录时设置一个同步文件夹即可，客户端将对这个文件夹里的文件和服务器上的文件进行自动同步。

1．访问百度云盘主页(http://pan.baidu.com/download)下载云客户端并安装，如图20-2-1所示。

2．可以通过两种方式设置同步文件夹的位置。

方式一：在登录完成之后，客户端会自动弹出配置向导，如图20-2-2所示。

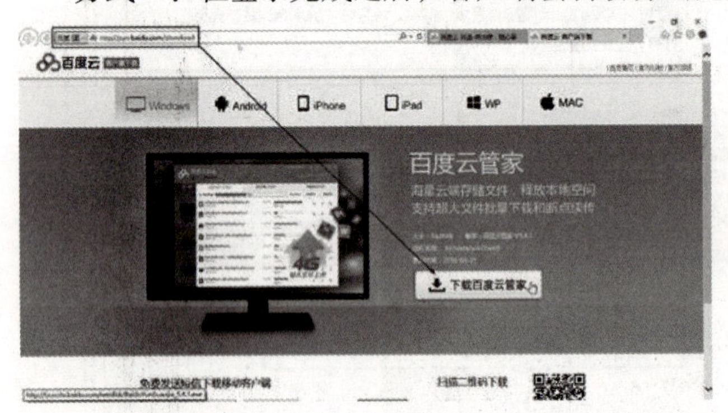

图 20-2-1

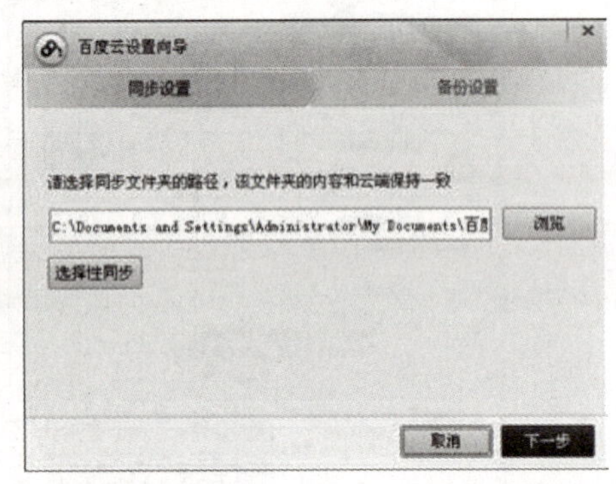

图 20-2-2

选择目标文件夹之后，客户端会自动在该文件夹下面生成名为“百度云”的同步文件夹。

方式二：若在使用中想要更改同步文件夹的位置，可以右击百度云的托盘图标，单击“设置”打开“设置”窗口，选择更改同步目录，如图20-2-3所示。

3．设置好同步文件夹之后，只需通过系统的资源管理器对同步文件夹中的文件进行管理即可，客户端将会自动为用户进行同步，如图20-2-4所示。

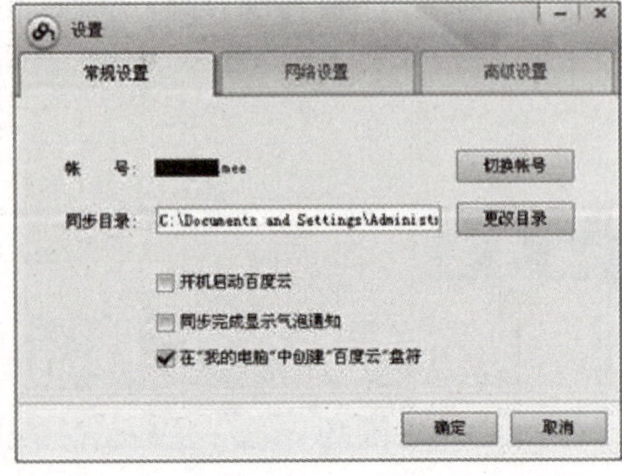

图 20-2-3

自动同步完成之后，如果希望同步文档“百度云”使用说明，只需要把这个文件放入百度云文件夹中（可以放在这个文件夹的任意位置），如图20-2-5所示。

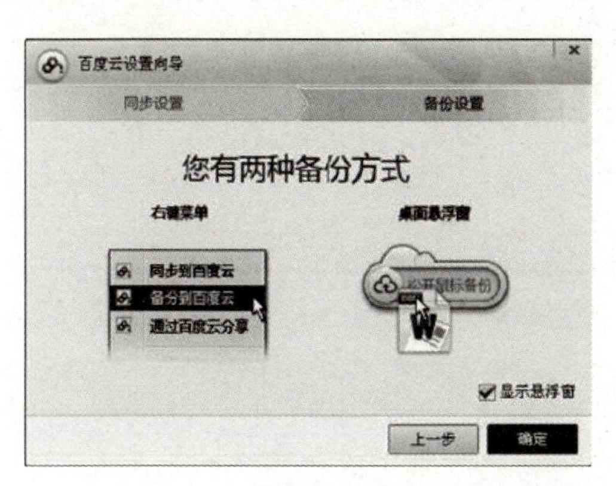

图 20-2-4

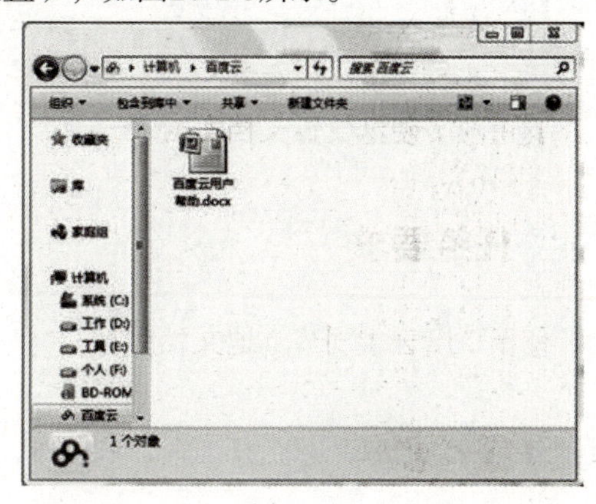

图 20-2-5

4. 在设置页面中对同步目录下的文件夹进行设置，对于不想同步的文件夹，可以设置为不同步，这样，客户端就不再把对这个文件夹中的文件所做的修改同步到网络硬盘中，同样地，网络硬盘中这个文件夹的文件也不会被同步到本地电脑上，如图20-2-6所示。

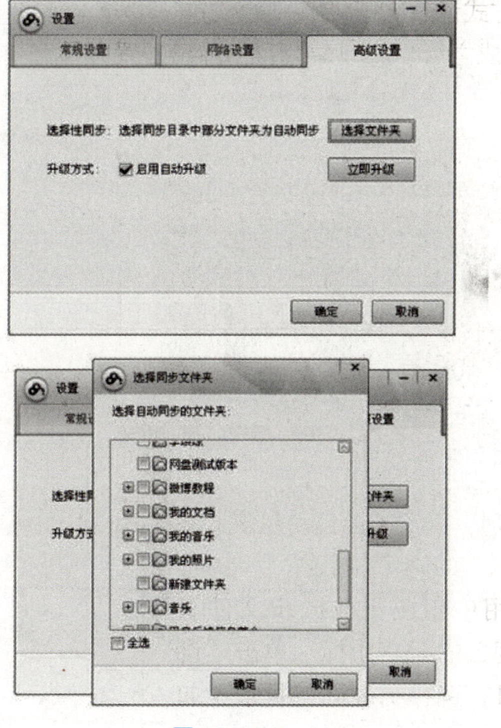

图 20-2-6